建筑工程造价习题集

（第2版）

主　编　唐明怡　石志锋
参　编　石欣然

北京理工大学出版社
BEIJING INSTITUTE OF TECHNOLOGY PRESS

内 容 简 介

本习题集采用了单项选择题、多项选择题、判断改错题、填空题、名词解释、简答题、分析计算题、案例题等多种习题形式，其中案例题部分针对房屋建筑中的各个分部分项工程均有相应的习题供学生练习使用。本习题集的最后一章还针对单位工程设置了完整案例的练习，旨在通过循序渐进的学习方式，使学生掌握单位工程计价方法。

本习题集既可作为普通高等院校建筑工程类专业工程造价类课程的辅导教材，也可作为电大、职大、函大、自考及培训班教学用书，同时可供相关从业人员参考。

图书在版编目（CIP）数据

建筑工程造价习题集 / 唐明怡，石志锋主编. — 2
版. -- 北京：北京理工大学出版社，2023.3
　ISBN 978-7-5763-2213-2

Ⅰ.①建…　Ⅱ.①唐…②石…　Ⅲ.①建筑工程-工
程造价-习题集　Ⅳ.①TU723.3-44

中国国家版本馆 CIP 数据核字（2023）第 051313 号

出版发行 / 北京理工大学出版社有限责任公司
社　　址 / 北京市海淀区中关村南大街 5 号
邮　　编 / 100081
电　　话 /（010）68914775（总编室）
　　　　　（010）82562903（教材售后服务热线）
　　　　　（010）68944723（其他图书服务热线）
网　　址 / http://www.bitpress.com.cn
经　　销 / 全国各地新华书店
印　　刷 / 北京广达印刷有限公司
开　　本 / 787 毫米×1092 毫米　1/16
印　　张 / 20.25　　　　　　　　　　　　责任编辑 / 李　薇
字　　数 / 463 千字　　　　　　　　　　　文案编辑 / 李　硕
版　　次 / 2023 年 3 月第 2 版　2023 年 3 月第 1 次印刷　　责任校对 / 刘亚男
定　　价 / 95.00 元　　　　　　　　　　　责任印制 / 李志强

前　言

本习题集适用于建筑工程专业"工程造价"课程的教学，与北京理工大学出版社出版的《建筑工程造价（第2版）》配套使用。为了便于教学，也为了促使学生尽快掌握每次课程所学的内容，本习题集的章节编排次序与《建筑工程造价（第2版）》一致。在此基础上，还收录了江苏省2005、2007、2009、2011、2014、2015年造价员考试的土建案例真题，并根据最新的规范和定额对试题及答案进行了修订，最后设置了完整的单位工程造价计算的习题，供课程设计之用。

为了让学生能够尽快掌握有关概念，本习题集采用了单项选择题、多项选择题、判断改错题、填空题、名词解释、简答题、分析计算题、案例题等多种习题形式，其中案例题部分针对房屋建筑中的各个分部分项工程均有相应的习题供学生练习使用。本习题集的最后一章还针对单位工程设置了完整案例的练习，旨在通过循序渐进的学习方式，使学生掌握单位工程计价方法。

本习题集是在《建设工程工程量清单计价规范》（GB 50500—2013），《房屋建筑与装饰工程工程量计算规范》（GB 50854—2013），《建筑工程建筑面积计算规范》（GB/T 50353—2013），《江苏省建筑与装饰工程计价定额》（2014版），《江苏省建设工程费用定额》（2014年），财政部、国家税务总局《关于全面推开营业税改征增值税试点的通知》（财税〔2016〕36号），《省住房城乡建设厅关于调整建设工程按质论价等费用计取方法的公告》（〔2018〕第24号），《住房和城乡建设部、人力资源社会保障部关于印发建筑工人实名制管理办法（试行）的通知》（建市〔2019〕18号），《省住房城乡建设厅关于智慧工地费用计取方法的公告》（〔2021〕第16号）《省住房城乡建设厅关于印发建设工程新冠疫情防控费用计取指导标准的通知》（苏建函价〔2022〕333号）的基础上编写而成，在此一并致谢！

本习题集由南京工业大学唐明怡（全国注册造价工程师、全国注册监理工程师）、石志锋主编，既可作为普通高等院校建筑工程类专业工程造价类课程的辅导教材，也可作为电大、职大、函大、自考及培训班教学用书，同时可供相关从业人员参考。

由于时间仓促和编者水平有限，书中不足之处在所难免，恳请同行和读者批评指正，以便再版时加以修改和完善。

编　者

目　　录

第1章　建设工程造价概述

习　题

一、单项选择题（在下列每小题的四个备选答案中选出一个正确的答案，并将其字母标号填入题干的括号内）

1. 在项目建议书和可行性研究阶段编制（　　）。
    A. 初步投资估算
    B. 初步设计总概算
    C. 施工图预算
    D. 结算

2. 在初步设计阶段编制（　　）。
    A. 初步投资估算
    B. 初步设计总概算
    C. 施工图预算
    D. 结算

3. 在施工图设计阶段编制（　　）。
    A. 初步投资估算
    B. 初步设计总概算
    C. 预算
    D. 结算

4. 在建设实施阶段编制（　　）。
    A. 初步投资估算
    B. 初步设计总概算
    C. 决算
    D. 结算

5. 在竣工验收阶段编制（　　）。
    A. 初步投资估算
    B. 初步设计总概算
    C. 决算
    D. 结算

6. 控制拟建项目工程造价最高限额的是（　　）。
    A. 初步投资估算
    B. 初步设计总概算
    C. 投资估算
    D. 决算价

7. 负责编制竣工决算的是（　　）。
    A. 建设单位
    B. 施工单位
    C. 监理单位
    D. 招标单位

8. 工程项目建设程序是指整个建设过程中，各项工作必须遵循的先后工作次序，不得任意颠倒。下列工程项目建设程序表示正确的是（　　　）。

    A. 可行性研究→项目建议书→初步设计→施工图设计→开工准备→工程施工→竣工验收

    B. 可行性研究→项目建议书→初步设计→开工准备→施工图设计→工程施工→竣工验收

    C. 项目建议书→可行性研究→初步设计→开工准备→施工图设计→工程施工→竣工验收

    D. 项目建议书→可行性研究→初步设计→施工图设计→开工准备→工程施工→竣工验收

9. 行政上具有独立的组织形式，经济上实行独立核算的工程是（　　　）。

    A. 建设项目　　　　　　　　　　　　B. 单项工程

    C. 单位工程　　　　　　　　　　　　D. 分部工程

10. 某新建住宅小区工程属于（　　　）。

    A. 建设项目　　　　　　　　　　　　B. 单项工程

    C. 单位工程　　　　　　　　　　　　D. 分部工程

11. 具有独立的设计文件，竣工后可以独立发挥生产设计能力或效益的产品车间生产线或独立工程是（　　　）。

    A. 建设项目　　　　　　　　　　　　B. 单项工程

    C. 单位工程　　　　　　　　　　　　D. 分部工程

12. 某新建工厂的生产车间属于（　　　）。

    A. 建设项目　　　　　　　　　　　　B. 单项工程

    C. 单位工程　　　　　　　　　　　　D. 分部工程

13. 某新建小区中的 01 栋住宅属于（　　　）。

    A. 建设项目　　　　　　　　　　　　B. 单项工程

    C. 单位工程　　　　　　　　　　　　D. 分部工程

14. 不能独立发挥生产能力，但具有独立设计的施工图，可以独立组织施工的工程是（　　　）。

    A. 建设项目　　　　　　　　　　　　B. 单项工程

    C. 单位工程　　　　　　　　　　　　D. 分部工程

15. 某幢住宅的土建工程属于（　　　）。

    A. 建设项目　　　　　　　　　　　　B. 单项工程

    C. 单位工程　　　　　　　　　　　　D. 分部工程

16. 基础工程属于（　　　）。

    A. 建设项目　　　　　　　　　　　　B. 单项工程

    C. 单位工程　　　　　　　　　　　　D. 分部工程

17. 能通过较简单的施工过程生产出来的、可以用适当的计量单位计算并便于测定或计算其消耗的工程基本构成要素是（　　）。

    A. 单位工程　　　　　　　　　　　　B. 单项工程

    C. 分部工程　　　　　　　　　　　　D. 分项工程

18. 属于建筑工程内容的是（　　）。

    A. 建筑物中的给排水工程　　　　　　B. 动力设备的装配工程

    C. 满足固定资产条件的仪器购置　　　D. 勘察设计

19. 属于设备安装工程内容的是（　　）。

    A. 建筑物中的给排水工程　　　　　　B. 附属于被安装设备的管线敷设

    C. 满足固定资产条件的仪器购置　　　D. 生产职工培训

20. 属于工器具及生产家具购置费用的是（　　）。

    A. 建筑物中的给排水工程费用

    B. 附属于被安装设备的管线敷设费用

    C. 达到固定资产标准的设备、工具、器具费用

    D. 不够固定资产标准的设备、仪器、器具费用

21. 属于设备购置费用的是（　　）。

    A. 建筑物中的给排水工程费用

    B. 附属于被安装设备的管线敷设费用

    C. 达到固定资产标准的设备、工具、器具费用

    D. 不够固定资产标准的设备、仪器、器具费用

22. 属于其他工程建设工作内容的是（　　）。

    A. 建筑物中的给排水工程　　　　　　B. 附属于被安装设备的管线敷设

    C. 满足固定资产条件的仪器购置　　　D. 建设单位日常管理

23. 征用土地属于（　　）。

    A. 建筑工程内容　　　　　　　　　　B. 设备安装工程内容

    C. 设备、工器具及生产家具购置内容　D. 其他工程建设工作内容

24. 占工程造价比重越大，意味着生产技术进步和资本有机构成越高的是（　　）。

    A. 设备及工器具购置费　　　　　　　B. 建筑安装工程费

    C. 工程建设其他费用　　　　　　　　D. 预备费

25. 建设单位为保证筹建和建设工作正常进行所需的办公设备、生活家具等购置费应计入（　　）。

    A. 建设单位管理费　　　　　　　　　B. 办公和生活家具购置费

    C. 生产准备费　　　　　　　　　　　D. 建设单位临时设施费

26. 属于工程建设其他费用的是（　　）。

    A. 建设用地费　　　　　　　　　　　B. 预备费

    C. 投资方向调节税　　　　　　　　　D. 建设期贷款利息

27. 环境影响评价费属于（　　）。

    A. 建筑安装工程费　　　　　　　　　B. 设备及工器具购置费

    C. 工程建设其他费用　　　　　　　　D. 预备费

28. 某建设项目设备及工器具购置费为 500 万元，建筑安装工程费为 1 000 万元，工程建设其他费用为 50 万元，建设期贷款利息为 10 万元。若基本预备费率为 10%，则该项目的基本预备费为（　　）万元。

    A. 100　　　　　　　B. 150　　　　　　　C. 155　　　　　　　D. 156

29. 某建设项目建筑安装工程费为 6 000 万元，设备购置费为 1 000 万元，工程建设其他费用为 2 000 万元，建设期利息为 500 万元。若基本预备费费率为 5%，则该建设项目的基本预备费为（　　）万元。

    A. 350　　　　　　　B. 400　　　　　　　C. 450　　　　　　　D. 475

30. 非生产性建设项目总投资等于（　　）。

    A. 工程费用　　　　　　　　　　　　B. 建设投资
    C. 固定资产投资　　　　　　　　　　D. 固定资产投资+流动资金

31. 生产性建设项目总投资等于（　　）。

    A. 工程费用　　　　　　　　　　　　B. 建设投资
    C. 固定资产投资　　　　　　　　　　D. 固定资产投资+流动资金

32. 属于静态投资费用的是（　　）。

    A. 工程建设其他费用　　　　　　　　B. 预备费
    C. 建设期贷款利息　　　　　　　　　D. 固定资产投资方向调节税

33. 属于动态投资费用的是（　　）。

    A. 工程建设其他费用　　　　　　　　B. 预备费
    C. 建设期贷款利息　　　　　　　　　D. 流动资金

34. 建筑安装工程费、设备工器具购置费、工程建设其他费用和预备费组成（　　）。

    A. 建设项目投资　　　　　　　　　　B. 固定资产投资
    C. 建设投资　　　　　　　　　　　　D. 工程总投资

35. 建设投资、建设期贷款利息和固定资产投资方向调节税组成（　　）。

    A. 建设项目投资　　　　　　　　　　B. 固定资产投资
    C. 建设投资　　　　　　　　　　　　D. 工程总投资

36. 按照广义的工程造价的含义，工程造价是指（　　）。

    A. 建设项目总投资　　　　　　　　　B. 建筑项目固定资产投资
    C. 建设工程价格　　　　　　　　　　D. 建筑安装工程投资

37. 广义的工程造价是对应于（　　）。

    A. 建筑安装工程承包商而言的　　　　B. 建筑安装工程发包商而言的
    C. 设备供应商而言的　　　　　　　　D. 建设项目投资者而言的

38. 2014 版《江苏省建筑与装饰工程计价定额》属于（　　）。

    A. 全国统一定额　　　　　　　　　　B. 地区统一定额
    C. 行业统一定额　　　　　　　　　　D. 企业定额

39. 《公路工程预算定额》属于（　　）。

    A. 全国统一定额　　　　　　　　　　B. 地区统一定额
    C. 行业统一定额　　　　　　　　　　D. 企业定额

40. 属于商业秘密的定额是（　　）。

A. 全国统一定额　　　　　　　　　　　　B. 地区统一定额

C. 行业统一定额　　　　　　　　　　　　D. 企业定额

41. 施工定额属于（　　　）。

A. 全国统一定额的性质　　　　　　　　　B. 地区统一定额的性质

C. 行业统一定额的性质　　　　　　　　　D. 企业定额的性质

42. 工程建设定额中分项最细，定额子目最多的一种定额是（　　　）。

A. 施工定额　　　　　　　　　　　　　　B. 预算定额

C. 概算定额　　　　　　　　　　　　　　D. 概算指标

43. 研究对象是工序的定额是（　　　）。

A. 施工定额　　　　　　　　　　　　　　B. 预算定额

C. 概算定额　　　　　　　　　　　　　　D. 概算指标

44. 研究对象是分项工程的定额是（　　　）。

A. 施工定额　　　　　　　　　　　　　　B. 预算定额

C. 概算定额　　　　　　　　　　　　　　D. 概算指标

45. 研究对象是扩大分项工程的定额是（　　　）。

A. 施工定额　　　　　　　　　　　　　　B. 预算定额

C. 概算定额　　　　　　　　　　　　　　D. 概算指标

46. 研究对象是分部工程或单位工程的定额是（　　　）。

A. 施工定额　　　　　　　　　　　　　　B. 预算定额

C. 概算定额　　　　　　　　　　　　　　D. 概算指标

47. 研究对象是建设项目或单项工程的定额是（　　　）。

A. 投资估算指标　　　　　　　　　　　　B. 预算定额

C. 概算定额　　　　　　　　　　　　　　D. 概算指标

48. 属于生产性定额的是（　　　）。

A. 施工定额　　　　　　　　　　　　　　B. 预算定额

C. 概算定额　　　　　　　　　　　　　　D. 概算指标

49. 2014 版《江苏省建筑与装饰工程计价定额》反映的定额水平是（　　　）。

A. 企业先进水平　　　　　　　　　　　　B. 社会平均水平

C. 社会平均先进水平　　　　　　　　　　D. 企业平均水平

50. 根据建筑安装工程定额编制的原则，按平均先进水平编制的是（　　　）。

A. 预算定额　　　　　　　　　　　　　　B. 施工定额

C. 概算定额　　　　　　　　　　　　　　D. 概算指标

51. 与施工定额的定额水平相比，预算定额的定额水平（　　　）。

A. 更高　　　　　　　　　　　　　　　　B. 更低

C. 与施工定额相同　　　　　　　　　　　D. 与施工定额无法比较

52. 只有生产产品的消耗量而没有价格的定额是（　　　）。

A. 施工定额　　　　　　　　　　　　　　B. 预算定额

C. 概算定额　　　　　　　　　　　　　　D. 概算指标

53. 建筑工程预算中，计价的最小单元为（　　　）。

A. 单位工程   B. 分部工程

C. 分项工程   D. 工序

54. 概算定额比预算定额（　　　）。

     A. 详细具体   B. 综合和概括

     C. 精确   D. 包含的内容少

55. 概算定额与预算定额的主要差别在于（　　　）。

     A. 表达的主要内容   B. 表达的主要形式

     C. 基本使用方法   D. 综合扩大程度

56. 江苏省行政区域范围内一般工业与民用建筑的新建、扩建、改建工程及其单独装饰工程应使用（　　　）。

     A. 江苏省建筑与装饰工程计价定额   B. 江苏省市政工程定额

     C. 江苏省修缮工程定额   D. 江苏省仿古建筑及园林工程定额

57. 建筑面积在 300 m² 以内的翻建、搭接、增层工程应使用（　　　）。

     A. 江苏省建筑与装饰工程计价定额   B. 江苏省市政工程定额

     C. 江苏省修缮工程定额   D. 江苏省仿古建筑及园林工程定额

58. 工程建设定额和生产力发展水平相适应，反映出工程建设中生产消费的客观规律的特点是定额的（　　　）。

     A. 科学性特点   B. 系统性特点

     C. 指导性特点   D. 稳定性和时效性特点

59. 工程建设定额中所规定的各种劳动与物化劳动消耗量的多少，是由一定时期的社会生产水平所确定的，有一个相对的执行期，地区和部门定额一般在 3～5 年，国家定额在5～10年。这体现了工程建设定额的（　　　）。

     A. 时效性特征   B. 科学性特征

     C. 统一性特征   D. 稳定性特征

二、多项选择题（在下列每小题的五个备选答案中有二至四个正确答案，请将正确答案全部选出，并将其字母标号填入题干的括号内）

1. 下面属于工程建设定额特性的有（　　　）。

     A. 计划性   B. 科学性

     C. 系统性   D. 强制性

     E. 时效性

2. 下面属于工程费用的有（　　　）。

     A. 建筑安装工程费   B. 经营性项目铺底流动资金

     C. 预备费   D. 建设期贷款利息

     E. 设备及工器具购置费

3. 下面属于建设投资的有（　　　）。

     A. 建筑安装工程费   B. 经营性项目铺底流动资金

     C. 预备费   D. 建设期贷款利息

E. 设备及工器具购置费

4. 下面属于固定资产投资的有（　　　）。

    A. 建筑安装工程费　　　　　　　　B. 经营性项目铺底流动资金

    C. 预备费　　　　　　　　　　　　D. 建设期贷款利息

    E. 设备及工器具购置费

5. 为了建设项目的科学管理和经济核算，将建设项目划分为（　　　）。

    A. 单项工程　　　　　　　　　　　B. 单位工程

    C. 分项工程　　　　　　　　　　　D. 工作过程

    E. 工序

6. 工程造价的特点有（　　　）。

    A. 大额性　　　　　　　　　　　　B. 层次性

    C. 动态性　　　　　　　　　　　　D. 强制性

    E. 计划性

7. 工程建设其他费用构成中，属于固定资产费用的有（　　　）。

    A. 勘察设计费　　　　　　　　　　B. 生产准备费及开办费

    C. 建设单位管理费　　　　　　　　D. 工程监理费

    E. 联合试运转费

8. 建设项目总投资分为两大部分，分别是（　　　）。

    A. 固定资产投资　　　　　　　　　B. 建筑安装工程费

    C. 设备及工器具购置费　　　　　　D. 预备费

    E. 流动资金

9. 工程建设定额按生产要素消耗内容可分为（　　　）。

    A. 劳动定额　　　　　　　　　　　B. 时间消耗定额

    C. 机械消耗定额　　　　　　　　　D. 材料消耗定额

    E. 施工消耗定额

10. 下列关于工程建设项目的表述正确的有（　　　）。

    A. 单项工程是指具有独立的设计文件、在竣工后可以独立发挥效益或生产能力的独立工程

    B. 单位工程是指不能独立发挥生产能力，但具有独立设计的施工图纸和组织施工的工程

    C. 建设项目是指按一个总体设计进行建设施工的一个或几个单项工程的总体

    D. 钢筋工程属于土建工程的分部工程

    E. 管道工程属于安装工程的分部工程

三、判断改错题（在下列每小题后面的括号内，正确的填"√"，错误的填"×"，错误的要在题目的下方写出正确的答案）

1. 对建设工程进行价格计算贯穿了整个建设程序，其中预算就是对建设工程这种产品在施工之前预先进行计算价格。　　　　　　　　　　　　　　　　　　　（　　　）

2. 初步设计阶段按照有关规定编制的初步设计总概算，经有关机构批准，即为控制拟建项目工程造价的最高限额。　　　　　　　　　　　　　　　　（　　）

3. 结算价是对应于承发包双方而言的，决算价是对应于投资和项目法人而言的。（　　）

4. 招投标中，施工单位的投标价、建设单位的招标控制价、中标价都属于结算价。　　　　　　　　　　　　　　　　　　　　　　　　　　　　（　　）

5. 建设工程是人们用各种施工机具、机械设备对各种建筑材料等进行建造和安装，使之成为固定资产的过程。　　　　　　　　　　　　　　　　　　　　　（　　）

6. 工程建设是指建设新的或改造原有的固定资产。　　　　　　　　　　（　　）

7. 在生产性工程建设中，设备及工器具购置费占工程造价比重的减小，意味着生产技术的进步和资本有机构成的提高。　　　　　　　　　　　　　　　　（　　）

8. 价差预备费是指在项目实施中可能发生难以预料的支出，需要预先预留的费用，又称不可预见费。　　　　　　　　　　　　　　　　　　　　　　　（　　）

9. 铺底流动资金是指项目投产后为维持生产经营所必须长期占用的周转金，不包括运营中需要的临时性营运资金。　　　　　　　　　　　　　　　　　（　　）

10. 按照国家有关规定，铺底流动资金目前要求为全部流动资金的20%。　　（　　）

11. 建筑产品的差异性决定了工程造价的层次性。　　　　　　　　　　　（　　）

12. 预算定额的项目划分很细，是工程建设定额中分项最细、定额子目最多的一种定额。　　　　　　　　　　　　　　　　　　　　　　　　　　　　（　　）

13. 预算定额表示在正常施工技术条件下，以分项工程或结构构件为对象编制的定额。　　　　　　　　　　　　　　　　　　　　　　　　　　　　（　　）

四、填空题

1. 一个建设项目一般由若干个单项工程组成，特殊情况下也可以只包含_____单项工程。

2. 在工程造价管理中，将_____工程作为一种"假想的"建筑安装工程产品。

3. 建设项目一般包括以下4个部分的内容：建筑工程，设备安装工程，_____，其他工程建设工作。

4. 广义的工程造价是指建设一项工程预期开支或实际开支的全部_____投资费用。

5. 工程造价管理的改革目标是要努力提高_____效益。

6. 狭义的工程造价是建成一项工程，预计或实际在土地市场、设备市场、技术劳务市场及承包市场等_____活动中所形成的建筑安装工程的价格和建筑工程总价格。

7. 我国现行建设项目总投资由_____、建设期贷款利息、固定资产投资方向调节税和经营性项目铺底流动资金等组成。

8. 建设投资是指用于建设项目的全部工程费用、工程建设其他费用及_____之和。

9. 预备费由基本预备费和_____组成。

10. 固定资产投资由_____、建设期贷款利息、固定资产投资方向调节税组成。

五、名词解释

1. 建设项目
2. 单项工程
3. 单位工程
4. 分项工程
5. 基本预备费
6. 建设期贷款利息
7. 流动资金
8. 铺底流动资金
9. 静态投资
10. 动态投资

六、简答题

1. 简述工程建设程序和对应于建设程序各阶段的计价类型。
2. 简述工程造价的两种含义。
3. 用构成图说明我国建设项目总投资的构成。
4. 简述建筑用地费的定义及其包含的内容。
5. 简述生产准备及开办费的定义及其包含的内容。

七、分析计算题

1. 某建设项目静态投资为 10 000 万元，项目建设前期年限为 1 年，建设期为 2 年，第一年完成投资 40%，第二年完成投资 60%，假定投资费用在年度内是均匀投入的。在年平均价格上涨率为 6% 的情况下，计算该项目建设期的价差预备费。

2. 某建设项目工程费用为 5 000 万元，工程建设其他费用为 1 000 万元。基本预备费率为 8%，年均投资价格上涨率 5%，建设期两年，计划每年完成投资 50%，假定投资费用在年度内是均匀投入的。计算该项目建设期第二年的价差预备费。

3. 某建设项目设备及工器具购置费为 600 万元，建筑安装工程费为 1 200 万元，工程建设其他费用为 100 万元，建设期贷款利息为 20 万元，基本预备费率为 10%，年均投资价格上涨率 5%，建设期两年，计划每年完成投资 50%，假定投资费用在年度内是均匀投入的。计算该项目的固定资产投资费用。

4. 比较各种定额间的关系并填写表 1-1。

表 1-1　各种定额间的关系

定额分类	施工定额	预算定额	概算定额	概算指标	投资估算指标
对象					
用途					

定额分类	施工定额	预算定额	概算定额	概算指标	投资估算指标
项目划分					
定额水平					
定额性质					

习题参考答案

一、单项选择题（在下列每小题的四个备选答案中选出一个正确的答案，并将其字母标号填入题干的括号内）

1. A	2. B	3. C	4. D	5. C	6. B	7. A	8. D	9. A
10. A	11. B	12. B	13. B	14. C	15. C	16. D	17. D	18. A
19. B	20. D	21. C	22. D	23. D	24. A	25. A	26. A	27. C
28. C	29. C	30. C	31. D	32. A	33. C	34. C	35. B	36. B
37. D	38. B	39. C	40. D	41. D	42. A	43. A	44. B	45. C
46. D	47. A	48. A	49. B	50. B	51. B	52. A	53. C	54. B
55. D	56. A	57. C	58. A	59. D				

二、多项选择题（在下列每小题的五个备选答案中有二至四个正确答案，请将正确答案全部选出，并将其字母标号填入题干的括号内）

1. BCE	2. AE	3. ACE	4. ACDE	5. ABC
6. ABC	7. ACDE	8. AE	9. ACD	10. ABCE

三、判断改错题（在下列每小题后面的括号内，正确的填"√"，错误的填"×"，错误的要在题目的下方写出正确的答案）

1. （√）

2. （√）

3. （√）

4. （×）"结算价"改为"施工图预算价"

5. （×）"建设工程"改为"工程建设"

6. （×）"工程建设"改为"建设工程"

7. （×）"减小"改为"增大"

8. （×）"价差预备费"改为"基本预备费"

9. (×)"铺底流动资金"改为"流动资金"

10. (×)"20%"改为"30%"

11. (×)"层次性"改为"个别性和差异性"

12. (×)"预算定额"改为"施工定额"

13. (√)

四、填空题

1. 一个

2. 分项

3. 设备、工器具及生产家具的购置

4. 固定资产

5. 投资

6. 交易

7. 建设投资

8. 预备费

9. 价差预备费

10. 建设投资

五、名词解释

1. 建设项目：按一个总体设计进行施工的一个或几个单项工程的总体。

2. 单项工程：具有独立的设计文件，竣工后可以独立发挥生产设计能力或效益的产品车间（联合企业的分厂）生产线或独立工程。

3. 单位工程：不能独立发挥生产能力，但具有独立设计的施工图，可以独立组织施工的工程。

4. 分项工程：通过较简单的施工过程生产出来的、可以用适当的计量单位计算并便于测定或计算其消耗的工程基本构成要素。

5. 基本预备费：在项目实施中可能发生难以预料的支出，需要预先预留的费用。

6. 建设期贷款利息：建设项目贷款在建设期内发生并应计入固定资产的贷款利息等财务费用。

7. 流动资金：项目投产后为维持生产经营所必须长期占用的周转金，不包括运营中需要的临时性营运资金。

8. 铺底流动资金：在全部流动资金中，按照国家有关规定必须由企业自己准备的部分。

9. 静态投资：以某一基准年、月的建设要素的价格为依据所计算出的建设项目投资的瞬时值，它包含了因工程量误差而引起的工程造价的增减。

10. 动态投资：为完成一个工程项目的建设，预计投资需要量的总和（固定资产投资）。

六、简答题

1. 参考答案：

工程建设程序：项目建议书→可行性研究→初步设计→施工图设计→建设准备→建设实施→生产准备→竣工验收→交付使用。

对应于建设程序各阶段的计价类型如图 1-1 所示。

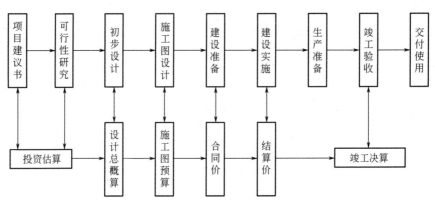

图 1-1　对应于建设程序各阶段的计价类型

2. 参考答案：

工程造价包括为广义的工程造价和狭义的工程造价两种含义。

广义的工程造价：建设一项工程预期开支或实际开支的全部固定资产投资费用，它包括了工程建设所含四部分内容的费用。

狭义的工程造价：即建成一项工程，预计或实际在土地市场、设备市场、技术劳务市场及承包市场等交易活动中所形成的建筑安装工程的价格和建筑工程总价格。

3. 参考答案（见图 1-2）：

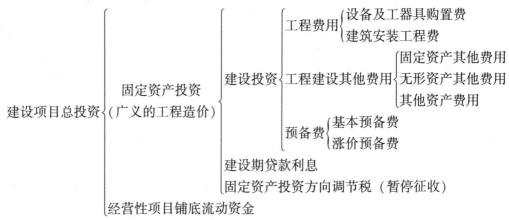

图 1-2　建设项目总投资构成图

4. 参考答案：

定义：按照《中华人民共和国土地管理法》等规定，建设项目征用土地或租用土地应支付的费用。

包含内容：（1）土地征用及补偿费；（2）征用耕地按规定一次性缴纳的耕地占用税；（3）建设单位租用建设项目土地使用权在建设期支付的租地费用。

5. 参考答案：

定义：生产准备及开办费是指建设项目为保证正常生产（或营业、使用）而发生的人员培训费，提前进厂费，以及投产使用必备的生产办公、生活家具用具及工器具等购置费用。

包含内容：（1）人员培训费及提前进厂费；（2）为保证初期正常生产（或营业、使用）所必需的生产办公、生活家具用具购置费；（3）为保证初期正常生产（或营业、使用）必需的第一套不够固定资产标准的生产工具、器具、用具购置费。不包括备品备件费。

七、分析计算题

1. **解**：计算项目建设期的价差预备费：

第一年价差预备费：$10\,000 \times 40\% \times \left[(1+6\%)^1(1+6\%)^{0.5}-1\right] = 365.33$ 万元

第二年价差预备费：$10\,000 \times 60\% \times \left[(1+6\%)^1(1+6\%)^{0.5}(1+6\%)-1\right] = 940.88$ 万元

该项目建设期的价差预备费 $= 365.33 + 940.88 = 1\,306.21$ 万元

答：该项目建设期的价差预备费为 $1\,306.21$ 万元。

2. **解**：基本预备费 $=(5\,000+1\,000) \times 8\% = 480$ 万元

建设期静态投资 $= 5\,000+1\,000+480 = 6\,480$ 万元

第二年价差预备费：$6\,400 \times 50\% \left[(1+5\%)^{0.5}(1+5\%)-1\right] = 246.01$ 万元

答：该项目建设期第二年的价差预备费为 246.01 万元。

3. **解**：基本预备费 $=(600+1\,200+100) \times 10\% = 190$ 万元

建设期静态投资 $= 600+1\,200+100+190 = 2\,090$ 万元

第一年价差预备费：$2\,090 \times 50\% \times \left[(1+5\%)^{0.5}-1\right] = 25.81$ 万元

第二年价差预备费：$2\,090 \times 50\% \times \left[(1+5\%)^{0.5}(1+5\%)-1\right] = 79.35$ 万元

固定资产投资费用 $= 2\,090+25.81+79.35+20 = 2\,215.16$ 万元

答：该项目的固定资产投资费用为 $2\,215.16$ 万元。

4. 参考答案（见表 1-2）：

表 1-2 比较结果

定额分类	施工定额	预算定额	概算定额	概算指标	投资估算指标
对象	工序	分项工程或结构构件	扩大的分项工程或扩大结构构件	分部工程或单位工程	建设项目或单项工程
用途	编制施工预算	编制施工图预算	编制扩大初步设计概算	编制初步设计概算	编制投资估算
项目划分	最细	细	较粗	粗	很粗
定额水平	平均先进	平均	平均	平均	平均
定额性质	生产性定额	计价性定额			

第2章　建筑工程定额原理

习　题

一、单项选择题（在下列每小题的四个备选答案中选出一个正确的答案，并将其字母标号填入题干的括号内）

1. 施工过程中所使用的建筑材料、半成品、构件和配件等属于（　　）。
   A. 劳动力
   B. 劳动对象
   C. 劳动工具
   D. 劳动层次

2. 施工过程中的工人用以改变劳动对象的手段是（　　）。
   A. 劳动力
   B. 劳动对象
   C. 劳动工具
   D. 劳动层次

3. 在江苏省预算定额中，操作机械的人的消耗（　　）。
   A. 含在人工消耗量中
   B. 含在机械消耗量中
   C. 含在人工单价中
   D. 含在机械台班单价中

4. 劳动者、劳动对象和使用的劳动工具均不发生变化是（　　）。
   A. 工序的主要特征
   B. 工作过程的主要特征
   C. 分项工程的主要特征
   D. 综合工作过程的主要特征

5. 劳动者不变、工作地点不变，而材料和工具可以变换是（　　）。
   A. 工序的主要特征
   B. 工作过程的主要特征
   C. 分项工程的主要特征
   D. 综合工作过程的主要特征

6. 人员、工作地点、材料和工具都可以变换是（　　）。
   A. 工序的主要特征
   B. 工作过程的主要特征
   C. 分项工程的主要特征
   D. 综合工作过程的主要特征

7. 工人在正常施工条件下，为完成一定产品（工作任务）所消耗的制定定额的主要依据时间是（　　）。
   A. 有效工作时间
   B. 不可避免的中断时间
   C. 必需消耗的时间
   D. 损失的时间

8. 工人基本工作时间的消耗量与任务大小（   ）。
   A. 成正比
   B. 有关
   C. 无关
   D. 成反比

9. 工人辅助工作时间的消耗量与任务大小（   ）。
   A. 成正比
   B. 有关
   C. 无关
   D. 成反比

10. 工人准备与结束的工作时间与任务大小（   ）。
    A. 成正比
    B. 有关
    C. 无关
    D. 成反比

11. 计入定额的工人工作时间是（   ）。
    A. 工人多余工作时间
    B. 非施工本身原因的停工时间
    C. 施工本身原因的停工时间
    D. 工人准备工作时间

12. 可以索赔的工人工作时间是（   ）。
    A. 工人多余工作时间
    B. 非施工原因的时间损失
    C. 工人辅助工作时间
    D. 工人准备工作时间

13. 不能计价的工人工作时间是（   ）。
    A. 工人多余工作时间
    B. 非施工本身原因的停工时间
    C. 工人辅助工作时间
    D. 工人准备工作时间

14. 使劳动对象直接发生变化的工作是（   ）。
    A. 基本工作
    B. 辅助工作
    C. 准备与结束工作
    D. 多余工作

15. 可以计价的工人工作时间是（   ）。
    A. 工人多余工作时间
    B. 违背劳动纪律时间
    C. 施工本身原因的停工时间
    D. 偶然工作时间

16. 某出租车公司提议：在运载乘客过程中，车辆出现在工作状态下的等待时间要计费，该等待时间属于（   ）。
    A. 不可避免的中断时间
    B. 不可避免的无负荷时间
    C. 机械停工时间
    D. 有根据降低负荷下的工作时间

17. 某出租车公司提议：在运载乘客过程中，车辆出现在熄火状态下的等待时间要计费，该等待时间属于（   ）。
    A. 不可避免的中断时间
    B. 不可避免的无负荷时间
    C. 机械停工时间
    D. 多余工作时间

18. 某出租车公司要求增加空驶费，该空驶时间属于（   ）。
    A. 不可避免的中断时间
    B. 不可避免的无负荷时间
    C. 机械停工时间
    D. 有根据降低负荷下的工作时间

19. 不可以计价的机械工作时间是（   ）。
    A. 不可避免的中断时间
    B. 不可避免的无负荷时间
    C. 多余工作时间
    D. 非施工本身原因的机械停工时间

20. 可以索赔的机械工作时间是（   ）。

　　A. 不可避免的中断时间　　　　　　　　B. 不可避免的无负荷时间

　　C. 多余工作时间　　　　　　　　　　　D. 非施工本身原因的机械停工时间

21. 可以计价的机械工作时间是（   ）。

　　A. 低负荷下的工作时间　　　　　　　　B. 不可避免的无负荷时间

　　C. 多余工作时间　　　　　　　　　　　D. 施工本身原因的机械停工时间

22. 主要用于测定循环工作的工时消耗，而且测定的主要是"有效工作时间"中的"基本工作时间"的测定时间的方法是（   ）。

　　A. 测时法　　　　　　　　　　　　　　B. 写实记录法

　　C. 工作日写实法　　　　　　　　　　　D. 技术测时法

23. 可同时对三个以内的工人进行观察的技术测定方法是（   ）。

　　A. 数示法　　　　　　　　　　　　　　B. 图示法

　　C. 混合法　　　　　　　　　　　　　　D. 测时法

24. 三种写实记录法中精确度较高的一种，可以同时对两名工人以内的工人进行观察的方法是（   ）。

　　A. 数示法　　　　　　　　　　　　　　B. 图示法

　　C. 混合法　　　　　　　　　　　　　　D. 测时法

25. 可以同时对三个以上工人进行观察的技术测定方法是（   ）。

　　A. 数示法　　　　　　　　　　　　　　B. 图示法

　　C. 混合法　　　　　　　　　　　　　　D. 测时法

26. 具有技术简便、费力不多、应用面广和资料全面的优点，且在我国广泛采用的一种用来编制定额的计时观察法是（   ）。

　　A. 测时法　　　　　　　　　　　　　　B. 写实记录法

　　C. 工作日写实法　　　　　　　　　　　D. 混合法

27. 只能对单人进行定额测定的方法是（   ）。

　　A. 测时法　　　　　　　　　　　　　　B. 数示法

　　C. 图示法　　　　　　　　　　　　　　D. 混合法

28. 对 4 人同时进行定额测定采用的方法是（   ）。

　　A. 测时法　　　　　　　　　　　　　　B. 数示法

　　C. 图示法　　　　　　　　　　　　　　D. 混合法

29. 在工人工作时间消耗的分类中，工作的时间长短与所担负的工作量大小无关，但往往和工作内容有关的时间是（   ）。

　　A. 施工本身造成的停工时间　　　　　　B. 准备与结束工作时间

　　C. 不可避免的中断时间　　　　　　　　D. 基本工作时间

30. 在工人工作时间消耗的分类中，与产品生产无关，而与施工组织和技术上的缺点有关，与工人在施工过程的个人过失或某些偶然因素有关的时间消耗是（   ）。

　　A. 损失的时间　　　　　　　　　　　　B. 准备与结束工作时间

　　C. 不可避免的中断时间　　　　　　　　D. 基本工作时间

31. 在工人工作时间消耗的分类中，直接与施工过程的技术操作发生关系的时间消耗是（   ）。

  A. 损失的时间   B. 准备与结束工作时间

  C. 不可避免的中断时间   D. 基本工作时间

32. 工人进行任务以外的不能增加产品数量的工作属于（   ）。

  A. 辅助工作   B. 多余工作

  C. 偶然工作   D. 必然工作

33. 计时观察法最主要的三种方法是（   ）。

  A. 测时法、写实记录法、混合法

  B. 写实记录法、工作日写实法、混合法

  C. 测时法、写实记录法、工作日写实法

  D. 写实记录法、选择测时法、工作日写实法

34. 运输汽车装载保温泡沫板，因体积大但质量不足而引起的汽车在降低负荷情况下的工作时间属于机器工作时间消耗中的（   ）。

  A. 有效工作时间   B. 不可避免的无负荷工作时间

  C. 多余工作时间   D. 低负荷下的工作时间

35. 从施工过程组织的复杂程度上说，浇灌混凝土结构应属于（   ）。

  A. 工序   B. 工作过程

  C. 综合工作过程   D. 非循环施工过程

36. 抹灰工在抹灰时拔掉遗留在墙上的钉子，该时间消耗属于（   ）。

  A. 多余工作时间   B. 偶然工作时间

  C. 必需消耗的时间   D. 基本工作时间

37. 在标定定额中常用的方法是（   ）。

  A. 选择法测时   B. 连续法测时

  C. 写实记录法   D. 工作日写实法

38. 测定的只是定额时间中的基本工作时间的方法是（   ）。

  A. 技术测定法   B. 测时法

  C. 工作日写实法   D. 写实记录法

39. 通过研究具体的劳动来确定其消耗量的是（   ）。

  A. 人工消耗量   B. 材料消耗量

  C. 机械消耗量   D. 资源消耗量

二、多项选择题（在下列每小题的五个备选答案中有二至四个正确答案，请将正确答案全部选出，并将其字母标号填入题干的括号内）

1. 建筑安装施工过程包括生产力的三要素，它们是（   ）。

  A. 劳动力   B. 劳动对象

  C. 劳动工具   D. 劳动资料

  E. 劳动消耗

2. 预算定额中的子目（分项工程）所针对的施工过程往往是（　　）。

    A. 工序   B. 操作

    C. 动作   D. 工作过程

    E. 综合工作过程

3. 在下列工人工作时间中，包含在定额中或在定额中给予合理考虑的时间有（　　）。

    A. 休息时间   B. 多余工作时间

    C. 不可避免的中断时间   D. 偶然工作时间

    E. 非施工本身造成的停工时间

4. 在下列施工机械工作时间中，应计入定额时间或在定额中给予适当考虑的时间有（　　）。

    A. 不可避免的无负荷工作时间   B. 不可避免的中断时间

    C. 多余工作时间   D. 低负荷下的有效工作时间

    E. 非施工本身造成的停工时间

5. 计时观察法分为（　　）。

    A. 测时法   B. 图示法

    C. 写实记录法   D. 工作日写实法

    E. 混合法

6. 在下列人工工作时间中，不予计价的时间有（　　）。

    A. 休息时间   B. 多余工作时间

    C. 违背劳动纪律时间   D. 偶然工作时间

    E. 非施工本身造成的停工时间

7. 在下列施工机械工作时间中，不予计价的时间有（　　）。

    A. 不可避免的无负荷工作时间   B. 不可避免的中断时间

    C. 多余工作时间   D. 低负荷下的工作时间

    E. 非施工本身造成的停工时间

8. 下列时间中应该计入定额时间的有（　　）。

    A. 休息时间

    B. 多余工作时间

    C. 施工本身造成的停工时间

    D. 与施工过程工艺特点有关的工作中断时间

    E. 与施工过程工艺特点无关的工作中断时间

9. 根据工人工作时间分类，下列属于必需消耗时间的有（　　）。

    A. 工人下班前工具整理所耗的时间

    B. 钢筋工在钢筋下料前熟悉图纸所耗的时间

    C. 墙体砌筑工等待砂浆所耗的时间

    D. 因短暂停电而导致配合机械工作的工人停工所耗的时间

    E. 工人交接班所耗的时间

10. 由同一工人或同一工人班组所完成的在技术操作上相互联系的工序的综合，称为工作过程。其特点有（　　）。

    A. 劳动者可以变换　　　　　　　　　B. 工作地点可以变换

    C. 材料可以变换　　　　　　　　　　D. 工具可以变换

    E. 工作时间不变

11. 一个工人（或一个小组）在一个工作地上，对同一个（或几个）劳动对象所完成的一切连续活动的综合，称为工序。工序的主要特征有（　　）。

    A. 劳动者不变　　　　　　　　　　　B. 劳动对象不变

    C. 劳动工具不变　　　　　　　　　　D. 劳动者可以变换

    E. 劳动对象可以变换

12. 凡是同时进行的，并在组织上彼此有直接关系而又为一个最终产品结合起来的各个工作过程的综合，称为综合工作过程。综合工作过程的特点有（　　）。

    A. 劳动者不变　　　　　　　　　　　B. 劳动对象不变

    C. 劳动工具不变　　　　　　　　　　D. 劳动者可以变换

    E. 劳动对象可以变换

13. 在下列人工工作时间中，应采用索赔方式进行计价的时间有（　　）。

    A. 休息时间　　　　　　　　　　　　B. 多余工作时间

    C. 违背劳动纪律时间　　　　　　　　D. 偶然工作时间

    E. 非施工本身造成的停工时间

14. 属于损失时间但应该计价的有（　　）。

    A. 休息时间　　　　　　　　　　　　B. 不可避免中断时间

    C. 偶然工作时间　　　　　　　　　　D. 施工本身造成的停工时间

    E. 非施工本身造成的停工时间

15. 下列对于施工过程的描述中，属于动作的有（　　）。

    A. 把钢筋放在工作台上　　　　　　　B. 走向钢筋堆放处

    C. 弯腰拿起钢筋　　　　　　　　　　D. 弯曲钢筋

    E. 将钢筋移到支座前面

三、判断改错题（在下列每小题后面的括号内，正确的填"√"，错误的填"×"，错误的要在题目的下方写出正确的答案）

1. 所谓工时研究，是在一定的标准测定条件下，确定工人工作活动所需时间总量的一套程序和方法。其目的是确定施工的时间。　　　　　　　　　　　　　　　（　　）

2. 从施工的技术操作和组织的观点看，工序是最简单的施工过程。　　　　（　　）

3. 电气安装工程使用的合梯（人字梯），木工使用的工作台，砖瓦工使用的灰浆槽等属于机具。　　　　　　　　　　　　　　　　　　　　　　　　　　　　（　　）

4. 施工过程中的劳动工具可分为手动工具和机械两类。　　　　　　　　　（　　）

5. 测定定额需分解和标定到工序为止。　　　　　　　　　　　　　　　　（　　）

6. 工人进行的任务以外的而又不能增加产品数量的工作为偶然工作。　　　（　　）

7. 工作日写实法是一种精确度比较高的计时观察法，主要用于测定循环工作的工时消耗，而且测定的主要是"有效工作时间"中的"基本工作时间"。 （   ）

8. 从劳动过程的观点看，工序可以分解为许多操作，而操作本身又由若干动作所组成。 （   ）

9. 必需消耗的机械工作时间全部计入定额。 （   ）

10. 工作时间，指的是工作班延续时间（不包括午休）。 （   ）

四、填空题

1. 工时研究的目的是确定施工的_____标准。

2. 建筑工人以其所担任的_____不同而分为不同的专业工种。

3. 工人的技术等级越高，其技术熟练程度越_____。

4. 编制施工定额时，_____是基本的施工过程，是主要的研究对象。

5. 施工过程中的劳动工具可分为三大类：手动工具、机具和_____。

6. 工序可以分解为许多操作，而操作本身又由若干_____所组成。

7. 工人在工作班内消耗的工作时间，按其消耗的性质，基本可以分为两大类：必需消耗的时间和_____。

8. 基本工作时间的消耗量与任务大小成_____比。

9. 准备与结束的工作时间与所担负的工作量大小_____关。

10. 我国目前广为采用的基本定额测定方法是_____。

五、名词解释

1. 劳动对象
2. 劳动工具
3. 工序
4. 必需消耗的时间
5. 损失的时间
6. 偶然工作

六、简答题

1. 简述工时研究的定义及目的。
2. 简述研究工人和机械作业时间的目的。
3. 简述我国人工费、材料费和机械费的计算方法。
4. 简述定额中和通过索赔考虑的工人工作时间内容。
5. 简述定额中和通过索赔考虑的机械工作时间内容。
6. 简要说明技术测定法制定定额的思路。

七、分析计算题

1. 某人工挖土的基本工作时间为 30 min，由工时规范查得，该工序的辅助工作时间占工序作业时间的 6%，规范时间占定额时间的 12%，求该工序的定额时间。

2. 某市出租车公司提议：当出租车低速行驶时（时速小于 12 km），每行驶 2.5 min 加收 1 元钱，遇红灯等待每 2.5 min 加收 1 元钱。根据定额原理说明该提议是否合理？为什么？

3. 某工人砌墙 2 m³，经验收不合格，推倒重砌，第二次验收合格，项目经理只认可 2 m³ 的砌墙工作量，是否合理？为什么？

4. 某建筑工地联系了一辆卡车准备将场内垃圾运到垃圾场，卡车到达后，因情况有变暂不需要使用卡车，因此要求卡车回程，卡车司机要求支付一定的费用，工地负责人认为卡车没有运垃圾，不肯支付费用。卡车司机的要求是否合理？为什么？

5. 对某施工队浇捣混凝土的时间进行定额测定，经过 1 天（8 h）的跟踪测定，整理数据如下：基本工作时间 4.0 h，辅助工作时间 1.25 h，准备与结束时间 0.25 h，休息时间 0.75 h，多余工作时间 1 h，违背劳动纪律时间 0.75 h，计算该工序的定额时间。

6. 根据计时观察法测得工人工作时间：基本工作时间 61 min，辅助工作时间 9 min，准备与结束工作时间 13 min，不可避免的中断时间 6 min，休息时间 9 min，求其作业时间、规范时间和定额时间。

7. 对某小组砌筑 1 砖厚清水墙的施工过程进行定额时间的测定，经过 8 h 的跟踪测定，整理数据如下：有效工作时间 985 min，休息时间 126 min，多余和偶然工作时间 87 min，施工本身原因停工 255 min，非施工本身原因停工 98 min，违背劳动纪律时间 70 min，求该施工过程的定额时间。

8. 施工单位施工中由于机械损坏引起机械停工，该机械停工时间能否计价？说明原因。

9. 施工单位施工中遇到供电公司停电 3 天，导致机械停工，该机械停工时间能否计价？说明原因。

10. 施工单位施工中收到监理工程师错误指令，导致机械停工，该机械停工时间能否计价？说明原因。

11. 为测算一新工艺的时间定额，通过现场观测，测得完成该工艺每米所需的基本工作时间 0.625 工日、辅助工作时间 0.120 工日、准备与结束时间 0.075 工日、必须休息时间 0.150 工日、因避雨停工时间 0.330 工日、不可避免的中断时间 0.250 工日和机具故障停工时间 0.160 工日，求该工艺的时间定额。

习题参考答案

一、单项选择题（在下列每小题的四个备选答案中选出一个正确的答案，并将其字母标号填入题干的括号内）

1. B　　2. C　　3. D　　4. A　　5. B　　6. D　　7. C　　8. A　　9. B

10. C	11. D	12. B	13. A	14. A	15. D	16. D	17. A	18. B
19. C	20. D	21. B	22. A	23. B	24. A	25. C	26. C	27. A
28. D	29. B	30. A	31. D	32. B	33. C	34. A	35. C	36. B
37. A	38. B	39. B						

二、多项选择题（在下列每小题的五个备选答案中有二至四个正确答案，请将正确答案全部选出，并将其字母标号填入题干的括号内）

1. ABC	2. DE	3. AC	4. AB	5. ACD
6. BC	7. CD	8. AD	9. ABE	10. CD
11. ABC	12. DE	13. DE	14. CE	15. BCE

三、判断改错题（在下列每小题后面的括号内，正确的填"√"，错误的填"×"，错误的要在题目的下方写出正确的答案）

1.（×）"时间"改为"时间标准"或"时间定额"或"产量定额"

2.（√）

3.（×）"机具"改为"用具"

4.（×）"手动工具和机械两类"改为"手动工具、机具和机械三类"

5.（√）

6.（×）"偶然工作"改为"多余工作"

7.（×）"工作日写实法"改为"测时法"

8.（√）

9.（√）

10.（√）

四、填空题

1. 时间

2. 工作

3. 高

4. 工序

5. 机械

6. 动作

7. 损失的时间

8. 正

9. 无

10. 工作日写实法

五、名词解释

1. 劳动对象：施工过程中所使用的建筑材料、半成品、构件和配件等。

2. 劳动工具：施工过程中的工人用以改变劳动对象的手段。

3. 工序：在组织上分不开的和技术上相同的施工过程，即一个工人（或一个小组）在一个工作地点，对同一个（或几个）劳动对象所完成的一切连续活动的综合。

4. 必需消耗的时间：人工在正常施工条件下，为完成一定产品（工作任务）所消耗的时间。它是制定定额的主要根据。

5. 损失时间：与产品生产无关，而与施工组织和技术上的缺点有关，与工人在施工过程的个人过失或某些偶然因素有关的时间消耗。

6. 偶然工作：工人在计划任务之外进行的零星的偶然发生的工作。

六、简答题

1. 参考答案：所谓工时研究，是在一定的标准测定条件下，确定工人工作活动所需时间总量的一套程序和方法。其目的是确定施工的时间标准（时间定额或产量定额）。

2. 参考答案：目的是把工人和机械在整个生产过程中所消耗的作业时间，根据其性质、范围和具体情况，予以科学地划分、归纳和分析，确定哪些时间为定额时间，哪些时间为非定额时间；哪些时间能计价，哪些时间不能计价。进而研究具体措施以减少或消除不能计价的时间，保证工作时间的充分利用，促进劳动生产率的提高。

3. 参考答案：人工费 = 人工消耗量×人工工日单价；材料费 = 材料消耗量×材料预算单价；机械费 = 机械消耗量×机械台班单价。

4. 参考答案：工人工作时间中需在定额中考虑的时间包括有效工作时间、与工艺有关的不可避免的中断时间和休息时间；通过索赔考虑的时间包括非施工方原因的与工艺无关的不可避免的中断时间（非施工方原因）、偶然工作时间和非施工本身原因的停工时间。

5. 参考答案：机械工作时间中需在定额中考虑的时间包括有效工作时间、不可避免的中断时间、不可避免的无负荷工作时间；通过索赔考虑的时间有非施工本身原因的停工时间。

6. 参考答案：通过对施工过程中的具体活动进行实地观察，详细地记录施工中的工人和机械的工作时间消耗、完成产品的数量及有关影响因素，并将记录的结果予以整理，去伪存真，客观地分析各种因素对于产品的工作时间消耗量的影响，在取舍的基础上获得可靠的数据资料，从而为制定劳动定额或标准工时规范提供科学依据。

七、分析计算题

1. **解**：工序作业时间 $= \dfrac{基本工作时间}{1-辅助时间百分比} = \dfrac{30}{1-6\%} = 31.91$ min

定额时间 $= \dfrac{工序作业时间}{1-规范时间百分比} = \dfrac{31.91}{1-12\%} = 36.3$ min

答：该工序的定额时间为 36.3 min。

2. 参考答案：该提议合理。低速行驶和遇红灯等待（不熄火）属于有根据降低负荷下的工作时间，遇红灯等待（熄火）属于不可避免的无负荷工作时间，这些时间都是可以计价的。

3. 参考答案：该决定是合理的。计价最基本的前提就是合格产品，对不合格产品是不计价的。

4. 参考答案：卡车司机的要求是合理的。因为卡车发生了不可避免的无负荷时间，该时间是应该计价的。

5. **解**：定额时间=有效工作时间+不可避免的中断时间+休息时间

=基本工作时间+辅助工作时间+准备与结束的时间+

不可避免的中断时间+休息时间

=4+1.25+0.25+0.75=6.25 h

答：该施工过程的定额时间为 6.25 h。

6. **解**：工序作业时间=基本工作时间+辅助工作时间=61+9=70 min

规范时间=准备与结束的时间+不可避免的中断时间+休息时间

=13+6+9=28 min

定额时间=工序作业时间+规范时间=70+28=98 min

答：该工作的作业时间为 70 min，规范时间为 28 min，定额时间为 98 min。

7. **解**：定额时间=有效工作时间+不可避免的中断时间+休息时间

=985+0+126

=1 111 min

答：该施工过程的定额时间为 1 111 min。

8. 参考答案：不能计价。该时间属于施工本身原因造成的停工时间，施工方有责任，不予计价。

9. 参考答案：可以计价。该时间属于非施工本身原因造成的停工时间，施工方无责任，产生时间损失，需要索赔计价。

10. 参考答案：可以计价。该时间属于非施工本身原因造成的停工时间，施工方无责任，产生时间损失，需要索赔计价。

11. **解**：定额时间=基本工作时间+辅助工作时间+准备与结束时间+

不可避免的中断时间+休息时间

=0.625+0.12+0.075+0.15+0.25

=1.22 工日/m

答：该施工过程的定额时间为 1.22 工日/m。

第3章 施工定额

习 题

一、单项选择题（在下列每小题的四个备选答案中选出一个正确的答案，并将其字母标号填入题干的括号内）

1. 某砌砖班组有 12 名工人，砌筑某办公楼 1.5 砖混水外墙需 8 天完成，砌砖墙的时间定额为 1.25 工日/m³，该班组完成的砌筑工程量是（　　）。

   A. 80 m³
   B. 76.8 m³
   C. 115.2 m³
   D. 120 m³

2. 某瓦工班组 20 人，砌 1 砖厚砖基础，基础埋深 1.3 m，5 天完成 89 m³ 的砌筑工程量，砌筑砖基础的时间定额是（　　）。

   A. 0.89 工日/m³
   B. 1.12 m³/工日
   C. 0.89 m³/工日
   D. 1.12 工日/m³

3. 劳动定额的主要表现形式是时间定额，但同时也表现为产量定额，时间定额与产量定额的关系是（　　）。

   A. 互为倒数
   B. 独立关系
   C. 正比关系
   D. 相关关系

4. 已知挖 50 m³ 土方，按现行劳动定额计算共需 20 工日，则其时间定额和产量定额分别为（　　）。

   A. 0.4；0.4
   B. 0.4；2.5
   C. 2.5；0.4
   D. 2.5；2.5

5. 直接性材料的消耗量是指（　　）。

   A. 摊销量
   B. 净用量
   C. 周转使用量
   D. 材料用量

6. 周转性材料的消耗量是指（　　）。

   A. 摊销量
   B. 一次使用量
   C. 周转使用量
   D. 一次使用量加合理损耗

7. 1名工人工作4 h，其工日数为（　　　）。

    A. 4　　　　　　　　B. 8　　　　　　　　C. 0.5　　　　　　　　D. 1

8. 一混凝土搅拌机搅拌一次延续时间为120 s（包括上料、搅拌、出料时间），一次生产混凝土0.2 m³，一个工作班的纯工作时间为4 h，计算该搅拌机的正常利用系数和产量定额分别为（　　　）。

    A. 0.5；48　　　　　　　　　　　　　　B. 2；48

    C. 0.5；24　　　　　　　　　　　　　　D. 2；24

9. 直接性材料必需消耗量等于（　　　）。

    A. 净用量+总损耗量　　　　　　　　　　B. 净用量+运输损耗量

    C. 净用量+操作损耗量　　　　　　　　　D. 净用量+不可避免损耗量

10. 已知钢筋必需消耗量为300 t，损耗率为2%，那么钢筋的净用量为（　　　）t。

    A. 306　　　　　　　B. 306.1　　　　　　C. 294.1　　　　　　D. 294

11. 对一3人小组的砌墙工作进行定额测定，该组工人经过1天的工作（其中共损失4 h时间），砌筑了25 m³的墙体，该组工人的产量定额为（　　　）。

    A. 0.1　　　　　　　B. 10　　　　　　　C. 0.12　　　　　　D. 8.33

12. 对于水泥砂浆等配比类材料，定额中是按（　　　）。

    A. 水泥计算其消耗量　　　　　　　　　　B. 水泥+砂计算其消耗量

    C. 水泥+砂+水计算其消耗量　　　　　　D. 水泥砂浆计算其消耗量

13. 对于块体类材料，计算其定额材料消耗量的方法是（　　　）。

    A. 观测法　　　　　　　　　　　　　　　B. 试验室试验法

    C. 统计法　　　　　　　　　　　　　　　D. 理论计算法

14. 在目前的招投标中按周转状况计算材料量的是（　　　）。

    A. 材料净用量　　　　　　　　　　　　　B. 材料损耗量

    C. 材料摊销量　　　　　　　　　　　　　D. 材料用量

15. 材料损耗率的计算公式，可以表示为（　　　）。

    A. 损耗量/净用量×100%　　　　　　　　B. 净用量/损耗量×100%

    C. 损耗量/总用量×100%　　　　　　　　D. 净用量/总用量×100%

16. 采用试验室试验法确定材料消耗量的是（　　　）。

    A. 水泥　　　　　　　　　　　　　　　　B. 石子

    C. 黄沙　　　　　　　　　　　　　　　　D. 油漆

17. 在编制机械台班定额时，机械纯工作时间是指（　　　）。

    A. 正常负荷下的工作时间　　　　　　　　B. 有效工作时间

    C. 必需消耗的时间　　　　　　　　　　　D. 机械一台班工作时间

18. 地砖规格为200 mm×200 mm，灰缝1 mm，其损耗率为1.5%，则100 m² 地面地砖消耗量为（　　　）。

    A. 2 475 块　　　　　　　　　　　　　　B. 2 513 块

    C. 2 479 块　　　　　　　　　　　　　　D. 2 472 块

19. 主要通过工地的工程任务单、限额领料单等有关记录取得需要的资料，进而编制定额的方法是（　　）。

　　A. 技术测定法　　　　　　　　　　B. 比较类推法

　　C. 统计分析法　　　　　　　　　　D. 经验估计法

20. 已知双面清水墙时间定额为 1.270 工日/m³，某包工包料工程砌墙班组砌墙工程量为 100 m³，需耗费人工（　　）。

　　A. 127 工时　　　　　　　　　　　B. 64 工时

　　C. 127 工日　　　　　　　　　　　D. 64 工日

21. 属于机械时间定额测定方法的是（　　）。

　　A. 技术测定法　　　　　　　　　　B. 比较类推法

　　C. 统计分析法　　　　　　　　　　D. 经验估计法

22. 将机械的纯工作时间转化为定额时间的是（　　）。

　　A. 机械的工作班时间　　　　　　　B. 机械的辅助时间

　　C. 机械的正常利用系数　　　　　　D. 机械的正常生产率

23. 确定混凝土材料消耗定额的方法是（　　）。

　　A. 现场观察法　　　　　　　　　　B. 试验室试验法

　　C. 统计分析法　　　　　　　　　　D. 理论计算法

24. 适用于计算按件论块的现成制品材料消耗定额的方法是（　　）。

　　A. 现场观察法　　　　　　　　　　B. 试验室试验法

　　C. 统计分析法　　　　　　　　　　D. 理论计算法

25. 主要通过工地的工程任务单、限额领料单等有关记录取得所需要资料的方法是（　　）。

　　A. 现场观察法　　　　　　　　　　B. 试验室试验法

　　C. 统计分析法　　　　　　　　　　D. 理论计算法

26. 通常用于制定材料的损耗量的方法是（　　）。

　　A. 现场观察法　　　　　　　　　　B. 试验室试验法

　　C. 统计分析法　　　　　　　　　　D. 理论计算法

27. 测定劳动定额最基本的方法是（　　）。

　　A. 技术测定法　　　　　　　　　　B. 比较类推法

　　C. 统计分析法　　　　　　　　　　D. 经验估计法

28. 矩形柱木模板产量定额为 0.394（10 m²）/工日，10 名工人工作 1 天，应完成模板工程量为（　　）。

　　A. 0.039 4 m²　　　　　　　　　　B. 0.394 m²

　　C. 3.94 m²　　　　　　　　　　　 D. 39.4 m²

29. 广场铺装荷兰砖，其长、宽、厚分别是 200 mm、100 mm、50 mm，有嵌缝，缝宽 10 mm，定额损耗率为 2.5%，根据理论计算，该荷兰砖每 10 m² 的定额消耗量为（　　）。

　　A. 434 块　　　　　　　　　　　　B. 1 553 块

　　C. 444 块　　　　　　　　　　　　D. 813 块

30. 对于一些类型相同的项目，可以采用测定定额的方法是（　　　）。

    A. 技术测定法　　　　　　　　　　B. 比较类推法

    C. 统计分析法　　　　　　　　　　D. 经验估计法

二、多项选择题（在下列每小题的五个备选答案中有二至四个正确答案，请将正确答案全部选出，并将其字母标号填入题干的括号内）

1. 施工定额中直接性材料消耗定额的制定方法有（　　　）。

    A. 现场观察法　　　　　　　　　　B. 理论计算法

    C. 比较类推法　　　　　　　　　　D. 经验估计法

    E. 统计分析法

2. 施工定额的作用表现在（　　　）。

    A. 是企业计划管理的依据

    B. 是企业提高劳动生产率的手段

    C. 是企业计算工人劳动报酬的依据

    D. 是编制施工预算、加强企业成本管理的基础

    E. 是企业组织和指挥施工生产的有效工具

3. 施工定额中人工消耗定额的制定方法有（　　　）。

    A. 现场观察法　　　　　　　　　　B. 理论计算法

    C. 比较类推法　　　　　　　　　　D. 经验估计法

    E. 统计分析法

4. 下列包含在定额直接性材料的消耗量中的有（　　　）。

    A. 材料净用量　　　　　　　　　　B. 不可避免的施工操作损耗

    C. 不可避免的施工废料　　　　　　D. 损失的材料

    E. 摊销量

5. 下列说法正确的有（　　　）。

    A. 施工定额主要用于与甲方计算工程造价

    B. 施工定额主要用于与甲方核算

    C. 施工组织设计是编制施工定额的依据

    D. 施工定额用于下达施工任务书和限额领料单

    E. 施工定额是编制施工作业计划的依据

6. 采用试验室试验法确定材料消耗量的有（　　　）。

    A. 混凝土　　　　　　　　　　　　B. 钢筋

    C. 碎石　　　　　　　　　　　　　D. 涂料

    E. 沥青

7. 根据材料消耗的情况，可以将材料分为（　　　）。

    A. 直接性材料　　　　　　　　　　B. 必需消耗量

    C. 损失的量　　　　　　　　　　　D. 周转性材料

    E. 不可避免的材料损耗

8. 采用试验室试验法确定材料消耗量的有（　　　）。

    A. 烧结实心砖
              B. 混凝土

    C. 门窗
                    D. 水泥砂浆

    E. 砂子

9. 采用理论计算法确定材料消耗量的有（　　　）。

    A. 烧结实心砖
              B. 水泥

    C. 砂子
                    D. 地砖

    E. 大理石

10. 项目经理在现场施工管理活动中一般应熟练使用（　　　）。

    A. 估算指标
              B. 概算定额

    C. 预算定额
               D. 结算定额

    E. 施工定额

三、判断改错题（在下列每小题后面的括号内，正确的填"√"，错误的填"×"，错误的要在题目的下方写出正确的答案）

1. 施工定额是企业定额，反映了企业施工的平均水平。（　　　）

2. 同类企业和同一地区的企业之间存在施工定额水平的差距，这样在建筑市场上才能具有竞争能力。（　　　）

3. 施工企业应将施工定额的水平对外作为商业秘密进行保密。（　　　）

4. 在市场经济条件下，国家定额和地区定额是强加给施工企业的约束和指令。（　　　）

5. 施工组织设计在企业计划管理方面的作用，表现在它是企业编制施工定额的依据。（　　　）

6. 施工现场的平面规划将影响相关资源的需要量，因此，施工定额应根据施工现场的平面规划进行编制。（　　　）

7. 企业组织和指挥施工，是按照作业计划通过下达施工任务书和限额领料单来实现的。（　　　）

8. 限额领料单是施工队随施工任务单同时签发的领取材料的凭证，根据施工任务的材料定额填写。（　　　）

9. 劳动消耗定额指的是在正常的技术条件、合理的劳动组织下生产单位产品所消耗的合理活劳动时间。（　　　）

10. 产量定额指的是生产单位合格产品所消耗的工日数。（　　　）

11. 时间定额指的是单位时间生产的产品的数量。（　　　）

12. 时间定额和产量定额的关系可以表示为：时间定额×产量定额=1。（　　　）

13. 直接性材料是指在施工过程中能多次使用、周转的工具型材料。（　　　）

14. 周转性材料是指在建筑工程施工中，一次性消耗并直接构成工程实体的材料。（　　　）

15. 直接性材料是不允许随意让利的，而措施性材料可以随意让利。（　　　）

16. 木模板材料消耗量的计算公式如下：摊销量=周转使用量−回收量×回收折价率。

                            （ ）

17. 定额中，钢模板比木模板多计算一项回库修理和保养费。   （ ）

18. 测定时间确定定额消耗的方法利用的是经济学中关于"社会必要劳动时间决定产品价值"的观点。   （ ）

19. 劳动定额测定方法中的经验估计法准确度较高。   （ ）

20. 按照周转材料的不同，摊销量的计算方法也不同，主要有周转摊销和平均摊销两种计算方法。   （ ）

四、填空题

1. 施工定额在企业计划管理方面的作用，表现在它既是企业编制施工组织设计的依据，也是企业编制_____计划的依据。

2. 企业组织和指挥施工，是按照作业计划通过下达_____和限额领料单来实现的。

3. 根据材料消耗的情况，可以将材料分为非周转性材料（直接性材料）和_____。

4. 在试验室条件下测定混凝土、沥青、砂浆、油漆涂料等材料消耗定额的方法是_____。

5. 周转性材料在材料消耗定额中，以_____表示。

6. 按照周转材料的不同，摊销量的计算方法也不同，主要有周转摊销和_____两种。

7. 周转性材料摊销量计算中，对于易损耗材料（现浇构件木模板）采用_____计算。

8. 周转性材料摊销量计算中，对于损耗小的材料（定型模板、钢材等）采用_____计算。

9. 一般采用现场观测法或_____来测定材料周转次数，或者查相关手册。

10. 周转摊销量=周转使用量−_____。

11. 平均摊销量=一次使用量÷_____。

五、名词解释

1. 限额领料单
2. 劳动消耗定额
3. 人工时间定额
4. 人工产量定额
5. 施工机械消耗定额
6. 机械时间定额
7. 机械产量定额
8. 材料消耗定额
9. 非周转性材料

10. 试验室试验法

11. 周转性材料

12. 材料的周转次数

六、简答题

1. 简述施工定额的作用。

2. 简述制定劳动定额的方法。

3. 简述制定非周转性材料消耗定额的方法。

七、分析计算题

1. 某抹灰班组有 13 名工人，抹某住宅楼混砂墙面，施工 25 天完成任务。已知产量定额为 10.2 m²/工日，试计算抹灰班完成的抹灰面积。

2. 对一 3 人小组进行砌墙施工过程的定额测定，3 人经过 2 天的工作（其中损失 4 h 时间），砌筑完成 8 m³ 的合格墙体，计算该组工人的时间定额和产量定额。

3. 某载重汽车进行循环装、卸货工作，装货和卸货点距离为 15 km，平均行驶速度（重车与返回空车速度的平均值）为 60 km/h，装车、卸车和等待时间分别为 15 min、10 min 和 5 min，汽车额定平均装载量为 5 t，载重汽车的时间利用系数为 0.8，计算该载重汽车的产量定额。

4. 计算用烧结实心砖（240 mm×115 mm×53 mm）砌筑 1 m³ 1/2 砖厚内墙（灰缝 10 mm）所需砖、砂浆定额用量（砖、砂浆损耗率按 1% 计算）。

5. 某教室地面图形如图 3-1 所示，拟粘贴 600 mm×600 mm 的地砖（灰缝 2 mm），计算地砖定额用量（地砖损耗率按 2% 计算）。

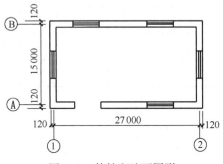

图 3-1　某教室地面图形

6. 将第 5 题中的地砖改为 500 mm×500 mm（无缝粘贴），其余条件不变，计算地砖定额用量（地砖损耗率按 2% 计算）。

7. 计算用 KM1 砖（190 mm×190 mm×90 mm）砌筑 1 m³ 1 砖厚内墙（灰缝 10 mm）所需砖、砂浆定额用量（砖、砂浆损耗率按 1% 计算）。

8. 按某施工图计算一层现浇混凝土柱接触面积为 100 m²，混凝土构件体积为 16 m³，采用木模板，每平方米接触面积需模量 1.1 m²，模板施工制作损耗率为 5%，周转补损率为 12%，周转次数为 8 次，计算所需模板单位面积、单位体积摊销量。

9. 按某施工图计算一层现浇混凝土柱接触面积为 100 m², 混凝土构件体积为 16 m³, 采用组合钢模板, 每平方米接触面积需模量 1.1 m², 模板施工制作损耗率为 3%, 周转次数为 50 次, 计算所需模板单位面积、单位体积摊销量。

10. 已知某工程工期 400 天, 其中 80% 的施工时间需使用自有脚手架, 一次使用量为 1 000 t, 每吨脚手架价格为 3 000 元, 若脚手架残值率为 5%, 耐用期为 2 000 天, 脚手架的搭、拆、运输费为 20 000 元, 计算本工程分摊的脚手架费。

11. 已知工程使用某周转使用临时设施, 面积为 500 m², 每平方米造价为 2 000 元, 预计可使用 6 年, 年利用率为 80%, 该工程预计工期为 200 天, 周转使用临时设施的一次性拆除费为 5000 元, 计算该工程分摊的周转使用临时设施费。

12. 有 140 m³ 2 砖厚混水外墙, 由 11 人砌筑小组负责施工, 产量定额为 0.862 m³/工日, 试计算其施工天数。

13. 已知国家劳动定额中 1 砖圆弧形砖基础的时间定额, 按过程测得的数据分别为调制砂浆 0.11 工日/m³、运输 0.55 工日/m³、砌砖 0.47 工日/m³。现某砌筑施工班组 10 人, 完成一项 1 砖圆弧形砖基础工程需要 10 天, 根据该劳动定额计算出该砖基础工程的砌筑体积。

14. 人工挖宽度在 3 m 以内的地槽干土, 已知作为基本项目的一类土在 1.5 m、3 m、4 m 及 4 m 以上四种情况的工时消耗, 同时已获得几种不同土壤的耗工时比例 (见表 3-1)。用比较类推法计算其余状态下的工时消耗。

表 3-1 不同土壤的耗工时比例

土壤类别	耗工时比例 p	各挖地槽干土深度所需工时/(工时·m⁻³)			
		1.5 m	3 m	4 m	4 m 以上
一类土（基本项目）	1.00	0.20	0.28	0.33	0.40
二类土	1.25				
三类土	1.96				
四类土	2.80				

习题参考答案

一、单项选择题（在下列每小题的四个备选答案中选出一个正确的答案, 并将其字母标号填入题干的括号内）

1. B   2. D   3. A   4. B   5. D   6. A   7. C   8. C   9. D
10. C   11. B   12. D   13. D   14. C   15. A   16. D   17. A   18. B
19. C   20. C   21. A   22. C   23. B   24. D   25. C   26. A   27. A
28. D   29. C   30. B

二、多项选择题（在下列每小题的五个备选答案中有二至四个正确答案，请将正确答案全部选出，并将其字母标号填入题干的括号内）

1. ABE   2. ACDE   3. CDE   4. ABC   5. DE
6. ADE   7. AD   8. BD   9. ADE   10. CE

三、判断改错题（在下列每小题后面的括号内，正确的填"√"，错误的填"×"，错误的要在题目的下方写出正确的答案）

1. （×）"平均水平"改为"平均先进水平"

2. （√）

3. （√）

4. （×）"是"改为"不再是"

5. （×）"施工组织设计……施工定额……"改为"施工定额……施工组织设计……"

6. （×）"施工定额应根据施工现场的平面规划进行编制"改为"对现场进行平面规划应在施工定额的指导下进行"

7. （√）

8. （√）

9. （×）"单位产品"改为"单位合格产品"

10. （×）"产量定额"改为"时间定额"

11. （×）"时间定额"改为"产量定额"

12. （√）

13. （×）"直接性材料"改为"周转性材料"

14. （×）"周转性材料"改为"直接性材料"

15. （√）

16. （×）"摊销量＝周转使用量−回收量×回收折价率"改为"摊销量＝周转使用量−回收量"

17. （√）

18. （√）

19. （×）"较高"改为"较低"

20. （√）

四、填空题

1. 施工作业

2. 施工任务书

3. 周转性材料（措施性材料）

4. 试验室试验法

5. 摊销量

6. 平均摊销

7. 周转摊销

8. 平均摊销

9. 统计分析法

10. 回收量

11. 周转次数

五、名词解释

1. 限额领料单：施工队随施工任务单同时签发的领取材料的凭证，根据施工任务的材料定额填写。

2. 劳动消耗定额：在正常的技术条件、合理的劳动组织下生产单位合格产品所消耗的合理活劳动时间，或者是活劳动一定的时间所生产的合理产品数量。

3. 人工时间定额：生产单位合格产品所消耗的工日数。

4. 人工产量定额：单位时间生产的产品的数量。

5. 施工机械消耗定额：在正常的技术条件、合理的劳动组织下生产单位合格产品所消耗的合理的机械工作时间，或者是机械工作一定的时间所生产的合理产品数量。

6. 机械时间定额：生产单位产品所消耗的机械台班数。

7. 机械产量定额：在正常的技术条件、合理的劳动组织下，每一个机械台班时间所生产的合格产品的数量。

8. 材料消耗定额：在正常的技术条件、合理的劳动组织下生产单位合格产品所消耗的合理的品种、规格的建筑材料（包括半成品、燃料、配件、水、电等）的数量。

9. 非周转性材料：在建筑工程施工中，一次性消耗并直接构成工程实体的材料。

10. 试验室试验法：专业材料试验人员，通过试验仪器设备确定材料消耗定额的一种方法。

11. 周转性材料：在施工过程中能多次使用、周转的工具型材料。

12. 材料的周转次数：周转材料从第一次使用起可重复使用的次数。

六、简答题

1. 参考答案：（1）施工定额是施工单位计划管理的依据；（2）施工定额是组织和指挥生产的有效工具；（3）施工定额是计算工人劳动报酬的依据；（4）施工定额有利于推广先进技术；（5）施工定额是编制施工预算，加强企业成本管理的基础。

2. 参考答案：（1）技术测定法；（2）比较类推法；（3）统计分析法；（4）经验估计法。

3. 参考答案：（1）现场观察法；（2）试验室试验法；（3）统计分析法；（4）理论计算法。

七、分析计算题

1. **解**：总工日数＝13×25＝325 工日

总抹灰面积工程量＝325×10.2＝3 315 m²

答：该抹灰班完成的抹灰面积为 3 315 m²。

2. 解：消耗总工日数＝(3×2×8-4)h÷8 h/工日＝5.5 工日

完成总产量数＝8 m³

时间定额＝5.5 工日÷8 m³＝0.69 工日/m³

产量定额＝8 m³÷5.5 工日＝1.45 m³/工日

答：该组工人的时间定额为 0.69 工日/m³，产量定额为 1.45 m³/工日。

3. 解：机械一次循环时间＝2×15÷60+(15+10+5)÷60＝1.0 h

机械纯工作 1 h 正常循环次数＝1 h÷1.0 h/次＝1 次

载重汽车的产量定额＝1 次/h×5 t/次×8 h/台班×0.8＝32 t/台班

答：该载重汽车的产量定额为 32 t/台班。

4. 解：砖净耗量(块)＝$\dfrac{1}{(砖长+灰缝)×(砖宽+灰缝)×(砖厚+灰缝)}$

$$＝\dfrac{1}{(0.24+0.01)×0.115×(0.053+0.01)}＝552.1 块$$

砂浆净耗量＝砖墙体积-砖体积

＝1-0.24×0.115×0.053×552.1＝0.192 m³

砖消耗量(块)＝砖净用量+砖损耗量

＝砖净用量×(1+损耗率)＝552.1×(1+1%)＝558 块

砂浆消耗量＝砂浆净用量×(1+损耗率)＝0.192×(1+1%)＝0.194 m³

答：砌筑 1 m³ 1/2 砖墙定额用量砖 558 块，砂浆 0.194 m³。

5. 解：地砖净耗量(块)＝$\dfrac{地面面积}{(地砖长+灰缝)×(地砖宽+灰缝)}$

$$＝\dfrac{(27-0.24)(15-0.24)}{(0.6+0.002)×(0.6+0.002)}＝1 089.9 块$$

地砖定额消耗量＝面层净用量×(1+损耗率)＝1 089.9×(1+2%)＝1 112 块

答：地砖定额消耗量为 1 112 块。

6. 解：地砖净耗量(块)＝$\dfrac{地面面积}{(地砖长+灰缝)×(地砖宽+灰缝)}$

$$＝\dfrac{(27-0.24)×(15-0.24)}{0.5×0.5}＝1 579.9 块$$

地砖定额消耗量＝面层净用量×(1+损耗率)＝1 579.9×(1+2%)＝1 612 块

答：地砖定额消耗量为 1 612 块。

7. 解：砖净耗量(块)＝$\dfrac{1}{(砖长+灰缝)×(砖宽+灰缝)×(砖厚+灰缝)}$

$$＝\dfrac{1}{(0.19+0.01)×0.19×(0.09+0.01)}＝263.2 块$$

砂浆净耗量＝砖墙体积-砖体积

＝1-0.19×0.19×0.09×263.2＝0.145 m³

砖消耗量（块）=砖净用量+砖损耗量

$\qquad$=砖净用量×(1+损耗率)=263.2×(1+1%)=266 块

砂浆消耗量=砂浆净用量×(1+损耗率)=0.145×(1+1%)=0.146 m³

答：砌筑该砖墙定额用量砖 266 块，砂浆 0.146 m³。

8. **解**：一次使用量=混凝土和模板接触面积×每平方米接触面积模板用量×

$\qquad$（1+模板制作安装损耗率）

$\qquad$=100×1.1×(1+5%)=115.5 m²

投入使用总量=一次使用量+一次使用量×(周转次数−1)×补损率

$\qquad$=115.5+115.5×(8−1)×12%=212.52 m²

周转使用量=投入使用总量÷周转次数=212.52÷8=26.565 m²

回收量=一次使用量×$\left(\dfrac{1-补损率}{周转次数}\right)$=115.5×$\dfrac{1-12\%}{8}$=12.705 m²

摊销量=周转使用量−周转回收量=26.565−12.705=13.86 m²

模板单位面积摊销量=摊销量÷模板接触面积=13.86÷100=0.139 m²/m²

模板单位体积摊销量=摊销量÷混凝土构件体积=13.86÷16=0.866 m²/m³

答：所需模板单位面积摊销量为 0.139 m²，单位体积摊销量为 0.866 m²。

9. **解**：一次使用量=混凝土和模板接触面积×每平方米接触面积模板用量×

$\qquad$（1+模板制作安装损耗率）

$\qquad$=100×1.1×(1+3%)=113.3 m²

摊销量=一次使用量÷周转次数=113.3÷50=2.266 m²

模板单位面积摊销量=2.266÷100=0.023 m²/m²

模板单位体积摊销量=摊销量÷混凝土构件体积=2.266÷16=0.142 m²/m³

答：所需模板单位面积摊销量为 0.023 m²，单位体积摊销量为 0.142 m²。

10. **解**：扣除残值后消耗脚手架的总费用为：1 000×3 000×(1−5%)=2 850 000 元

本工程的摊销量=2 850 000×$\dfrac{400×80\%}{2\,000}$=456 000 元

本工程分摊的脚手架费=456 000+20 000=476 000 元

答：本工程分摊的脚手架费为 476 000 元。

11. **解**：消耗临时设施的总费用为：500×2 000=1 000 000 元

本工程的摊销量=1 000 000×$\dfrac{200}{6×365×80\%}$=114 155.3 元

本工程分摊的临时设施费=114 155.3+5 000=119 155.3 元

答：本工程分摊的临时设施费为 119 155.3 元。

12. **解**：小组每工日完成的工程量=11×0.862=9.48 m³

施工天数=140÷9.48=14.77 天≈15 天

答：该砌墙工作的施工天数为 15 天。

13. **解**：砖基础工程的时间定额=0.11+0.55+0.47=1.13 工日/m³

本工程的总工日数=10×10=100 工日

本工程砌筑体积 = 100÷1.13 = 88.5 m³

答：该砖基础的砌筑体积为 88.5 m³。

14. **答：**计算结果如表 3-2 所示。

表 3-2 计算结果

土壤类别	耗工时比例 p	各挖地槽干土深度所需工时/（工时·m⁻³）			
		1.5 m	3 m	4 m	4 m 以上
一类土（基本项目）	1.00	0.20	0.28	0.33	0.40
二类土	1.25	1.25×0.20	1.25×0.28	1.25×0.33	1.25×0.40
三类土	1.96	1.96×0.20	1.96×0.28	1.96×0.33	1.96×0.40
四类土	2.80	2.80×0.20	2.80×0.28	2.80×0.33	2.80×0.40

第4章 建筑工程预算定额

习 题

一、单项选择题（在下列每小题的四个备选答案中选出一个正确的答案，并将其字母标号填入题干的括号内）

1. 预算定额的人工工日消耗量包括（　　）。
    A. 基本用工、其他用工
    B. 基本用工、辅助用工
    C. 基本用工、人工幅度差
    D. 基本用工、其他用工、人工幅度差

2. 劳动定额已综合考虑将材料从仓库或集中堆放地搬运至操作现场的水平运输用工，运距为（　　）。
    A. 50 m
    B. 100 m
    C. 150 m
    D. 200 m

3. 实际工程现场运距超过预算定额取定运距时，可另行计算（　　）。
    A. 材料运输费
    B. 材料运杂费
    C. 现场二次搬运费
    D. 场外二次搬运费

4. 机械土方工程配合用工是在预算定额的（　　）。
    A. 基本用工中考虑的
    B. 辅助用工中考虑的
    C. 人工幅度差中考虑的
    D. 超运距用工中考虑的

5. 材料加工（洗石、淋化石膏）用工是在预算定额的（　　）。
    A. 基本用工中考虑的
    B. 辅助用工中考虑的
    C. 人工幅度差中考虑的
    D. 超运距用工中考虑的

6. 电焊点火用工是在预算定额的（　　）。
    A. 基本用工中考虑的
    B. 辅助用工中考虑的
    C. 人工幅度差中考虑的
    D. 超运距用工中考虑的

7. 各工种间的工序搭接及交叉作业相互配合或影响所发生的停歇用工是在预算定额的（　　）。
    A. 基本用工中考虑的
    B. 辅助用工中考虑的
    C. 人工幅度差中考虑的
    D. 超运距用工中考虑的

8. 某砌筑工程，工程量为 10 m³，每 1 m³ 砌体需要基本用工 0.85 工日，辅助用工和超运距用工分别是基本用工的 25% 和 15%，人工幅度差系数为 10%，则该砌筑工程的人工幅度差为（　　）。

    A. 1.19   B. 1.42   C. 1.32   D. 1.57

9. 设 1 m² 分项工程，其中基本用工 2 工日，超运距用工 0.5 工日，辅助用工 1 工日，人工幅度差系数 15%，则该工程预算定额人工消耗量为（　　）。

    A. 3.8 工日   B. 3.875 工日
    C. 4.025 工日   D. 3.725 工日

10. 施工机械在单位工程之间转移及临时水电线路移动所造成的停工是在预算定额的（　　）。

    A. 基本用工中考虑的   B. 辅助用工中考虑的
    C. 人工幅度差中考虑的   D. 超运距用工中考虑的

11. 质量检查和隐蔽工程验收工作的时间是在预算定额的（　　）。

    A. 基本用工中考虑的   B. 辅助用工中考虑的
    C. 人工幅度差中考虑的   D. 超运距用工中考虑的

12. 班组操作地点转移用工是在预算定额的（　　）。

    A. 基本用工中考虑的   B. 辅助用工中考虑的
    C. 人工幅度差中考虑的   D. 超运距用工中考虑的

13. 工序交接时后一工序对前一工序不可避免的修整用工是在预算定额的（　　）。

    A. 基本用工中考虑的   B. 辅助用工中考虑的
    C. 人工幅度差中考虑的   D. 超运距用工中考虑的

14. 以"元"的形式列在定额材料栏之下（可不列材料名称及耗用量）的是（　　）。

    A. 主要材料   B. 辅助材料
    C. 周转性材料   D. 其他材料

15. 在人工单价的组成内容中，生产工人探亲、定期休假的工资属于（　　）。

    A. 奖金   B. 津贴补贴
    C. 加班加点工资   D. 特殊情况下支付的工资

16. 在人工单价的组成内容中，停工学习、执行国家或社会义务的工资属于（　　）。

    A. 奖金   B. 津贴补贴
    C. 加班加点工资   D. 特殊情况下支付的工资

17. 在人工单价的组成内容中，因病、工伤、产假、计划生育、婚丧假、事假、探亲假的工资属于（　　）。

    A. 奖金   B. 津贴补贴
    C. 加班加点工资   D. 特殊情况下支付的工资

18. 江苏省对人工工日单价实行动态管理的具体手段是（　　）。

    A. 发布建设工程人工定额价   B. 发布建设工程人工市场价
    C. 发布建设工程人工指导价   D. 发布建设工程人工指导系数

19. 预算定额中从材料的集中堆放地到操作地点的水平运距是按照 (   )。

　　A. 50 m 考虑的　　　　　　　　　　　　B. 100 m 考虑的

　　C. 150 m 考虑的　　　　　　　　　　　　D. 200 m 考虑的

20. 因购买的黄砂不合要求，需要对其进行筛砂处理，该人工消耗包含在 (   )。

　　A. 基本用工内　　　　　　　　　　　　　B. 辅助用工内

　　C. 超运距用工内　　　　　　　　　　　　D. 人工幅度差内

21. 在预算定额人工工日消耗量计算时，已知完成单位合格产品的基本用工为 22 工日，超运距用工为 4 工日，辅助用工为 2 工日，人工幅度差系数为 12%，则预算定额中的人工工日消耗量为 (   ) 工日。

　　A. 3.36　　　　　　B. 25.36　　　　　　C. 28　　　　　　D. 31.36

22. 预算定额的材料消耗量中包括了 (   )。

　　A. 施工操作损耗　　　　　　　　　　　　B. 施工现场堆放损耗

　　C. 场内运输损耗　　　　　　　　　　　　D. 场外运输损耗

23. 材料装车、卸材料及运至集中地或仓库的费用为 (   )。

　　A. 材料原件　　　　　　　　　　　　　　B. 运输费

　　C. 杂费　　　　　　　　　　　　　　　　D. 采保费

24. 仓储费和仓储损耗包含在 (   )。

　　A. 材料原件中　　　　　　　　　　　　　B. 运输费中

　　C. 杂费中　　　　　　　　　　　　　　　D. 采保费中

25. 施工机械一天 24 h 工作或一天 24 h 停置，其工作台班和停置台班量分别为 (   )。

　　A. 3；1　　　　　　B. 1；3　　　　　　C. 1；1　　　　　　D. 3；3

26. 机械大修周期与寿命期内大修理次数的关系应该是 (   )。

　　A. 大修周期＝寿命期内大修理次数＋1

　　B. 大修周期＝寿命期内大修理次数

　　C. 大修周期＝寿命期内大修理次数－1

　　D. 大修周期＝寿命期内大修理次数＋经常修理次数

27. 某施工机械设计使用 6 年，耐用总台班为 1 500 台班，使用期内大修理周期为 3，一次大修理费为 6 000 元，则台班大修理费为 (   )。

　　A. 16 元　　　　　　B. 8 元　　　　　　C. 2 元　　　　　　D. 1.33 元

28. 为保障机械正常运转所需替换设备与随机配备工具附具的摊销和维护费用包含在 (   )。

　　A. 机械折旧费中　　　　　　　　　　　　B. 机械大修理费中

　　C. 机械经常修理费中　　　　　　　　　　D. 机械其他费用中

29. 自行式铲运机、平地机、轮胎式装载机及水平运输机械等，其场外运输费（含回程费）(   )。

　　A. 按机械台班定额中的场外运输费计算　　B. 按 1 个台班量计算

　　C. 包含在机械台班单价中，不另外计算　　D. 按机械台班定额中的其他费用计算

30. 大型施工机械在施工现场内单位工程或幢号之间的转移，按其场外运输费用的（　　　）。

    A. 25%计算   B. 50%计算

    C. 75%计算   D. 100%计算

31. 材料预算单价中的采购及保管费不包括（　　　）。

    A. 工地保管费   B. 仓储费

    C. 装卸费   D. 仓储损耗

32. 已知一批材料的原价为100万元，其中含包装费10万元；运杂费15万元，其中含包装费3万元，运输损耗率为2%，则运输损耗为（　　　）。

    A. 2.00万元   B. 1.80万元

    C. 2.30万元   D. 2.04万元

33. 根据我国现行建筑安装工程费用项目组成的规定，直接从事建筑安装工程施工的生产工人的法定节假日工作的加班工资应计入（　　　）。

    A. 人工费   B. 规费

    C. 企业管理费   D. 现场管理费

34. 根据我国现行建筑安装工程费用项目组成的规定，直接从事建筑安装工程施工的生产工人的工伤期间工资应计入（　　　）。

    A. 人工费   B. 规费

    C. 企业管理费   D. 现场管理费

35. 按照我国现行建筑安装工程费用项目组成的规定，材料费的组成内容中不包括（　　　）。

    A. 运输损耗费   B. 材料运杂费

    C. 采购及保管费   D. 材料二次搬运费

36. 某施工队为某工程施工购买水泥，从甲单位购买水泥100 t，单价280元/t；从乙单位购买水泥100 t，单价260元/t；从丙单位购买水泥200 t，单价240元/t（这里的单价均指材料原价），该水泥的材料原价为（　　　）。

    A. 260元   B. 255元

    C. 280元   D. 240元

37. 材料预算价格是指（　　　）。

    A. 材料出厂价   B. 材料出厂价与采购保管费之和

    C. 从其来源地运到工地仓库后的出库价格   D. 材料供应价

38. 材料的场内运输损耗包含在（　　　）。

    A. 材料损耗量内   B. 材料运杂费内

    C. 材料保管费内   D. 材料预算单价内

39. 材料入库后到使用期间的损耗包含在（　　　）。

    A. 材料原价内   B. 运杂费内

    C. 保管费内   D. 采购费内

40. 机械台班单价中的折旧费计算公式为 （　　）。

    A. 台班折旧费＝机械预算价格×（1–残值率）

    B. 台班折旧费＝机械预算价格×（1–残值率）/耐用总台班数

    C. 台班折旧费＝机械预算价格×（1–残值率）×贷款利息系数/耐用总台班数

    D. 台班折旧费＝机械预算价格×（1–残值率）×贷款利息系数

41. 根据我国现行建筑安装工程费用项目组成的规定，职工上下班交通补贴费包含在（　　）。

    A. 人工费内   B. 材料费内

    C. 现场经费内   D. 企业管理费内

42. 根据我国现行建筑安装工程费用项目组成的规定，集体福利费包含在（　　）。

    A. 人工费内   B. 材料费内

    C. 现场经费内   D. 企业管理费内

43. 根据我国现行建筑安装工程费用项目组成的规定，夏季防暑降温、冬季取暖补贴包含在（　　）。

    A. 人工费内   B. 材料费内

    C. 现场经费内   D. 企业管理费内

44. 根据我国现行建筑安装工程费用项目组成的规定，企业为施工生产提供履约担保的费用包含在（　　）。

    A. 人工费内   B. 材料费内

    C. 现场经费内   D. 企业管理费内

45. 建筑物的沉降观测费（　　）。

    A. 包含在工程定额复测费中   B. 包含在施工企业管理费中

    C. 由建设单位另行支付   D. 包含在建设单位支付的工程款中

46. 对构件（如幕墙、预制桩、门窗）做破坏性试验所发生的试样费用（　　）。

    A. 在建安工程费中列支   B. 在工程建设其他费用中列支

    C. 在设备及工器具购置费中列支   D. 在预备费中列支

47. 施工现场生活用水电费包含在（　　）。

    A. 人工费中   B. 材料费中

    C. 机械费中   D. 企业管理费中

48. 土建工程的企业管理费和利润是按费率计算的，其费率计算基础为（　　）。

    A. 人工费   B. 人工费+机械费

    C. 人工费+材料费+机械费   D. 分部分项工程费

49. 属于企业管理费的是（　　）。

    A. 工程排污费   B. 医疗保险费

    C. 住房公积金   D. 办公费

50. 建筑工程类别的划分与（　　）。

    A. 施工难易程度有关   B. 施工单位资质等级有关

    C. 施工单位资质类别有关   D. 施工工期有关

51. 江苏省 2014 计价定额中的企业管理费是按照一般建筑工程、打桩工程的（　　　）。

  A. 一类工程标准的费率计算的　　　　　B. 二类工程标准的费率计算的

  C. 三类工程标准的费率计算的　　　　　D. 四类工程标准的费率计算的

52. 大型土石方工程指在一个单位工程内挖方或填方在（　　　）。

  A. 2 000 m³ 以上的工民建土石方工程　　B. 3 000 m³ 以上的工民建土石方工程

  C. 4 000 m³ 以上的工民建土石方工程　　D. 5 000 m³ 以上的工民建土石方工程

53. 在工程类别划分中，不同层数组成的单位工程，按高层的指标确定工程类别的前提是高层部分的面积（竖向切分）占总面积的（　　　）。

  A. 30%以上　　　　　　　　　　　　　B. 50%以上

  C. 60%以上　　　　　　　　　　　　　D. 70%以上

54. 江苏省 2014 计价定额中企业管理费的取费费率与（　　　）。

  A. 檐口高度有关　　　　　　　　　　　B. 建筑面积有关

  C. 层数有关　　　　　　　　　　　　　D. 工程类别有关

55. 根据建筑工程类别划分规定，单独承包地下室工程的最低工程类别为（　　　）。

  A. 一类　　　　　　　　　　　　　　　B. 二类

  C. 三类　　　　　　　　　　　　　　　D. 四类

56. 根据建筑工程类别划分规定，有地下室的建筑物的最低工程类别为（　　　）。

  A. 一类　　　　　　　　　　　　　　　B. 二类

  C. 三类　　　　　　　　　　　　　　　D. 四类

57. 根据建筑工程类别划分规定，与建筑物配套的围墙、道路、下水道、挡土墙等零星项目，工程类别为（　　　）。

  A. 一类　　　　　　　　　　　　　　　B. 二类

  C. 三类　　　　　　　　　　　　　　　D. 四类

58. 根据建筑工程类别划分规定，强夯法加固地基、基础钢支撑的工程类别为（　　　）。

  A. 一类　　　　　　　　　　　　　　　B. 二类

  C. 三类　　　　　　　　　　　　　　　D. 四类

59. 根据建筑工程类别划分规定，深层搅拌桩、粉喷桩、基坑锚喷护壁的工程类别为（　　　）。

  A. 一类　　　　　　　　　　　　　　　B. 二类

  C. 三类　　　　　　　　　　　　　　　D. 四类

60. 某建筑工程中包含 6 000 m³ 的土方开挖及开挖后打预制桩的内容，该土方工程应按（　　　）。

  A. 建筑工程类别计取企业管理费　　　　B. 打预制桩类别计取企业管理费

  C. 制作兼打桩类别计取企业管理费　　　D. 大型土石方类别计取企业管理费

61. 某建筑工程中包含 6 000 m³ 的土方开挖及开挖后打预制桩的内容，该预制桩工程应按（　　　）。

  A. 建筑工程类别计取企业管理费　　　　B. 打预制桩类别计取企业管理费

  C. 制作兼打桩类别计取企业管理费　　　D. 大型土石方类别计取企业管理费

62. 施工现场完成加工制作的钢结构工程费用标准按照（　　　）。

    A. 建筑工程执行　　　　　　　　　　B. 单独预制构件制作执行

    C. 单独构件吊装执行　　　　　　　　D. 制作兼打桩执行

63. 施工企业自有的加工厂完成制作，到施工现场安装的钢结构工程（包括网架屋面），费用标准按照（　　　）。

    A. 建筑工程执行　　　　　　　　　　B. 单独预制构件制作执行

    C. 单独构件吊装执行　　　　　　　　D. 制作兼打桩执行

64. 钢结构为企业成品购入的，应以成品预算价格计入材料费，费用标准按照（　　　）。

    A. 建筑工程执行　　　　　　　　　　B. 单独预制构件制作执行

    C. 单独构件吊装执行　　　　　　　　D. 制作兼打桩执行

65. 确定工程类别时，空间可利用的坡屋顶或顶楼的跃层，当净高超过 2.1 m 部分的水平面积与标准层建筑面积相比（　　　）。

    A. 达到 20% 以上时应计算层数　　　　B. 达到 30% 以上时应计算层数

    C. 达到 40% 以上时应计算层数　　　　D. 达到 50% 以上时应计算层数

66. 江苏省 2014 计价定额中的檐高是指（　　　）。

    A. 设计室外地面至檐口的高度　　　　B. 实际室外地面至檐口的高度

    C. 设计室内地面至檐口的高度　　　　D. 实际室内地面至檐口的高度

67. 某钢筋混凝土现浇圈梁，截面尺寸 $b \times h = 240$ mm×180 mm，梁长 3 m，该梁的含模量为（　　　）。

    A. 19.44 m^2/m^3　　　　　　　　B. 13.89 m^2/m^3

    C. 11.11 m^2/m^3　　　　　　　　D. 8.33 m^2/m^3

68. 某钢筋混凝土现浇单梁，截面尺寸 $b \times h = 240$ mm×180 mm，梁长 3 m，该梁的含模量为（　　　）。

    A. 19.44 m^2/m^3　　　　　　　　B. 13.89 m^2/m^3

    C. 11.11 m^2/m^3　　　　　　　　D. 8.33 m^2/m^3

69. 不需要拆卸安装自身能开行的机械（履带式除外），如自行式铲运机、平地机、轮胎式装载机及水平运输机械等，其场外运输费（含回程费）按（　　　）。

    A. 1 个台班费计算　　　　　　　　　B. 2 个台班费计算

    C. 3 个台班费计算　　　　　　　　　D. 4 个台班费计算

70. 已知 1 m^3 C25 混凝土含 32.5 水泥 470 kg，中砂 0.682 t，碎石 1.176 t，水 0.21 m^3；水泥预算价 0.28 元/kg，中砂预算价 38.00 元/t，碎石预算价 27.80 元/t，水预算价 2.80 元/m^3，该 1 m^3 混凝土的材料预算价为（　　　）。

    A. 190.21　　　　　　　　　　　　　B. 190.80

    C. 280.00　　　　　　　　　　　　　D. 345.80

71. 江苏省 2014 建筑与装饰工程计价定额中遇有两个或两个以上系数时，应（　　　）。

    A. 乘以较小的系数计算　　　　　　　B. 乘以较大的系数计算

    C. 乘以两个或两个以上系数的平均数　　D. 连乘法计算

72. 根据江苏省 2014 计价定额规定，除特殊说明外，计取超高增加费的檐高下限为（   ）。

    A. 20 m   B. 30 m

    C. 40 m   D. 50 m

73. 由于我国幅员辽阔、各地气候条件差别较大，故将全国划分为Ⅰ、Ⅱ、Ⅲ类地区，分别制定工期定额。江苏属于（   ）。

    A. Ⅰ类地区   B. Ⅱ类地区

    C. Ⅲ类地区   D. Ⅰ和Ⅱ类地区

74. 由于我国幅员辽阔、各地气候条件差别较大，故将全国划分为Ⅰ、Ⅱ、Ⅲ类地区，分别制定工期定额。北京属于（   ）。

    A. Ⅰ类地区   B. Ⅱ类地区

    C. Ⅲ类地区   D. Ⅰ和Ⅱ类地区

75. 由于我国幅员辽阔、各地气候条件差别较大，故将全国划分为Ⅰ、Ⅱ、Ⅲ类地区，分别制定工期定额。新疆属于（   ）。

    A. Ⅰ类地区   B. Ⅱ类地区

    C. Ⅲ类地区   D. Ⅰ和Ⅱ类地区

76. 一个承包方同时承包两个以上（含两个）单项、单位工程时，工期计算以一个单项、单位工程的最大工期为基数，另加其他单项、单位工程工期综合乘相应系数计算，则另加的上限数量为（   ）。

    A. 4 个   B. 5 个

    C. 6 个   D. 8 个

77. 根据工期定额确定工程的定额工期时，计算层数的是（   ）。

    A. 出屋面的楼梯间   B. 出屋面的电梯间

    C. 出屋面的水箱间   D. 层高在 2.2 m 以内的技术层

78. 开挖一层土方后，再打护坡桩的工程，护坡桩施工的工期承发包双方可按施工方案确定增加天数，但应（   ）。

    A. ≤20 天   B. ≤30 天

    C. ≤40 天   D. ≤50 天

79. 《建筑安装工程工期定额》（TY 01-89-2016）中，基础部分工期的确定需要考虑（   ）。

    A. 土壤类别   B. 工程类别

    C. 地域类别   D. 企业资质

80. 确定企业管理费率时，不区分工程类别执行统一标准的工程是（   ）。

    A. 建筑工程   B. 单独预制构件制作

    C. 制作兼打桩   D. 大型土石方工程

81. 建设单位完成了采购和运输并将材料运至施工工地仓库交施工单位保管的甲供材，施工单位退价时应按实际发生的预算价格除以 1.01 退给建设单位，其中的 0.01 属于（　　）。

    A. 运输费　　　　　　　　　　　　B. 杂费

    C. 采购费　　　　　　　　　　　　D. 保管费

82. 建设单位供应木材中板材（厚度在 25 mm 以内）到现场退价时，按定额分析用量和每立方米预算价格除以 1.01 再减 105 元，其中的 105 元属于（　　）。

    A. 加工费　　　　　　　　　　　　B. 运杂费

    C. 采购费　　　　　　　　　　　　D. 保管费

83. 一般计税方式下包含、简易计税方式下不包含的企业管理费组成内容为（　　）。

    A. 税金　　　　　　　　　　　　　B. 企业技术研发费

    C. 财务费　　　　　　　　　　　　D. 附加税

84. 由于我国幅员辽阔、各地气候条件差别较大，因此应分别制定工期定额。目前工期定额中将全国划分为（　　）。

    A. 2 类地区　　　　　　　　　　　B. 3 类地区

    C. 4 类地区　　　　　　　　　　　D. 5 类地区

85. 《建筑安装工程工期定额》（TY 01-89-2016）规定，框架-剪力墙结构计算工期按照（　　）。

    A. 框架结构计算　　　　　　　　　B. 剪力墙结构计算

    C. 筒体结构计算　　　　　　　　　D. 其他结构计算

二、多项选择题（在下列每小题的五个备选答案中有二至四个正确答案，请将正确答案全部选出，并将其字母标号填入题干的括号内）

1. 预算定额的人工费是支付给（　　）。

    A. 建筑安装施工的生产工人的费用　　B. 现场技术管理人员的费用

    C. 现场管理人员的费用　　　　　　　D. 附属生产单位工人的费用

    E. 公司管理人员的费用

2. 预算定额中人工工日消耗量的组成包括（　　）。

    A. 基本用工　　　　　　　　　　　B. 企业管理人员用工

    C. 其他用工　　　　　　　　　　　D. 现场管理人员用工

    E. 人工幅度差

3. 预算定额的人工消耗量中的人工幅度差包含（　　）。

    A. 质量检查和隐蔽工程验收工作的时间

    B. 工序交接时后一工序对前一工序不可避免的修整用工

    C. 机械土方工程配合用工

    D. 电焊点火用工

    E. 材料加工（筛砂、洗石、淋化石膏）用工

4. 材料预算价格包含（　　　）。

　　A. 材料原价　　　　　　　　　　　　B. 运输损耗费

　　C. 运杂费　　　　　　　　　　　　　D. 采保费

　　E. 保险费

5. 定额的材料损耗量包括（　　　）。

　　A. 场外运输损耗　　　　　　　　　　B. 场内运输损耗

　　C. 加工制作损耗　　　　　　　　　　D. 施工操作损耗

　　E. 仓储损耗

6. 自有施工机械台班单价的组成内容包括（　　　）。

　　A. 操作人员人工费　　　　　　　　　B. 车船使用税

　　C. 大修理费　　　　　　　　　　　　D. 机械租赁费

　　E. 机械保险费

7. 在下列项目中，建筑安装工程人工工资单价的组成包括（　　　）。

　　A. 计件工资　　　　　　　　　　　　B. 津贴补贴

　　C. 奖金　　　　　　　　　　　　　　D. 加班加点工资

　　E. 集体福利费

8. 使用江苏省机械台班单价表计算台班单价，其中可以调价的费用有（　　　）。

　　A. 折旧费　　　　　　　　　　　　　B. 大修理费

　　C. 经常修理费　　　　　　　　　　　D. 燃料动力费

　　E. 机械操作人员的人工费

9. 在计取机械台班费之外，可另外计取场外运费的机械有（　　　）。

　　A. 混凝土搅拌机　　　　　　　　　　B. 自行式铲运机

　　C. 污水泵　　　　　　　　　　　　　D. 塔式起重机

　　E. 钢筋弯曲机

10. 根据江苏省施工机械台班单价表的规定，停置机械台班单价的组成包括（　　　）。

　　A. 机械操作人员人工费　　　　　　　B. 折旧费

　　C. 大修理费　　　　　　　　　　　　D. 机械租赁费

　　E. 其他费用

11. 根据江苏省施工机械台班单价表的规定，其他费用包含（　　　）。

　　A. 机械操作人员人工费　　　　　　　B. 车船使用税

　　C. 大修理费　　　　　　　　　　　　D. 保险费

　　E. 年检费

12. 施工现场生产用水电的费用包含在（　　　）。

　　A. 人工费中　　　　　　　　　　　　B. 材料费中

　　C. 机械费中　　　　　　　　　　　　D. 企业管理费中

　　E. 利润中

13. 根据 2014 江苏省费用定额规定，施工中由建设单位直接付给第三方的费用有（　　）。

    A. 临时设施费　　　　　　　　　　B. 沉降观测费

    C. 工程定位复测费　　　　　　　　D. 混凝土试块检测费

    E. 施工现场生活用水电费

14. 根据 2014 江苏省费用定额规定，土建工程企业管理费的计费基础包括（　　）。

    A. 人工费　　　　　　　　　　　　B. 材料费

    C. 施工机具使用费　　　　　　　　D. 分部分项工程费

    E. 措施项目费

15. 确定工程类别时，计入层数的有（　　）。

    A. 地下室　　　　　　　　　　　　B. 半地下室

    C. 地面以上层高 2.5 m 的车库　　　D. 层高 2 m 的技术层

    E. 最低净高 2.1 m 的坡屋顶层

16. 江苏省 2014 计价定额中的综合单价包括（　　）。

    A. 人工费　　　　　　　　　　　　B. 机械费

    C. 规费　　　　　　　　　　　　　D. 利润

    E. 税金

17. 营改增后，在江苏省行政区域内计算建筑工程造价时，需要在税前扣除的费用有（　　）。

    A. 甲供材料费　　　　　　　　　　B. 甲供设备费

    C. 乙供材料费　　　　　　　　　　D. 乙供设备费

    E. 规费

18. 关于二次搬运费说法正确的有（　　）。

    A. 对原材料不能计算二次搬运费

    B. 对预制构件可以计算二次搬运费

    C. 由于建筑处于小巷之中，汽车无法进入，因此可以计算二次搬运费

    D. 建设单位未能按正常的施工组织设计提供材料堆放场地，可以计算二次搬运费

    E. 材料运到现场后，需再次搬运到加工地点，可以计算二次搬运费

19. 属于预算定额机械台班消耗量中机械幅度差的有（　　）。

    A. 供电线路故障检修而发生的机械运转中断时间

    B. 气候变化影响机械工时利用的时间

    C. 工程收尾和工作量不饱满造成的机械停歇时间

    D. 配合机械施工的工人因与其他工种交叉造成的间歇时间

    E. 运输车辆在装货和卸货时的停车时间

20. 材料运杂费包含（　　）。

    A. 包装费　　　　　　　　　　　　B. 装卸费

    C. 运输损耗　　　　　　　　　　　D. 调车费

    E. 运输费

21. 材料采购保管费包含（　　　）。
　　A. 场内运输费　　　　　　　　　B. 场外运输费
　　C. 装卸费　　　　　　　　　　　D. 仓储损耗
　　E. 仓储费
22. 材料的到库价格包含（　　　）。
　　A. 材料原价　　　　　　　　　　B. 运杂费
　　C. 运输损耗费　　　　　　　　　D. 采购费
　　E. 保管费
23. 套预算定额获得分项工程综合单价的方法有（　　　）。
　　A. 直接套用　　　　　　　　　　B. 换算套用
　　C. 做补充定额　　　　　　　　　D. 检测定额
　　E. 标定定额

三、判断改错题（在下列每小题后面的括号内，正确的填"√"，错误的填"×"，错误的要在题目的下方写出正确的答案）

1. 预算定额中人工工日消耗量是由分项工程所综合的各个工序劳动定额包括的基本用工、其他用工和人工幅度差三部分组成的。　　　　　　　　　　　　　　（　　）

2. 人工幅度差是指在劳动定额中未包括而在正常施工情况下不可避免但又容易精确计算的用工和各种工时损失。　　　　　　　　　　　　　　　　　　　　　　（　　）

3. 人工幅度差=（基本用工+超运距用工+辅助用工）×人工幅度差系数。　（　　）

4. 津贴补贴是指对超额劳动和增收节支支付给个人的劳动报酬。　　　　（　　）

5. 辅助材料指用量较少，难以计量的零星用量，如棉纱、编号用的油漆等。（　　）

6. 辅助材料是构成工程实体除主要材料以外的其他材料，如垫木钉子、钢丝等。（　　）

7. 辅助材料以"元"的形式列在定额材料栏之下（可不列材料名称及耗用量）。（　　）

8. 在定额用工中已考虑将材料从仓库或集中堆放地搬运至操作现场的水平运输用工。劳动定额综合按 50 m 运距考虑，而预算定额是按 100 m 运距考虑的。　　（　　）

9. 材料预算价格指的是从材料购买地开始一直到施工现场的集中堆放地或仓库的费用。
　　　　　　　　　　　　　　　　　　　　　　　　　　　　　　　　　（　　）

10. 材料从购买地到施工现场的费用为运输费，装车（上力）、下材料（下力）及运至集中地或仓库的费用为杂费。　　　　　　　　　　　　　　　　　　　　（　　）

11. 采购费与保管费是按照材料到库价格（材料原价+材料运杂费）的费率进行计算的。
　　　　　　　　　　　　　　　　　　　　　　　　　　　　　　　　　（　　）

12. 江苏省规定，清包工工程、甲供工程、合同开工日期在 2016 年 4 月 30 日前的建设工程可采用简易计税方法计价。　　　　　　　　　　　　　　　　　　　（　　）

13. 在简易计税方法模式下材料的预算单价应为扣除原材料中的税金之后的预算单价（除税材料预算单价）。　　　　　　　　　　　　　　　　　　　　　　　（　　）

14. 配比材料在定额中是以成品形式来记录其消耗量和单价的。　　　　（　　）

15. 机械 1 个台班是按 8 h 计算的，一天 24 h，机械台班一天最多可以算 3 个。（　　）

16. 不需要拆卸安装自身能开行的机械（履带式除外），其场外运输费（含回程费）按 1 个台班费计算。 （ ）

17. 大型施工机械在施工现场内单位工程或幢号之间转移，不计机械转移费。 （ ）

18. 机械停置台班单价=机械折旧费+人工费+其他费用。 （ ）

19. 企业管理费中包含了 4 h 以内的临时停水停电费用。 （ ）

20. 江苏省 2014 建筑与装饰工程计价定额中的人工工日单价与工人等级无关。 （ ）

21. 材料的购买有几种来源的，按照不同来源加权平均后获得定额中的材料原价。

（ ）

22. 在预算定额中，材料的购买有几种来源的，按照不同来源的单价平均后获得定额中的材料原价。 （ ）

23. 建筑物、构筑物高度是指设计室内地面至檐口顶标高。 （ ）

24. 根据江苏省 2014 费用定额的规定，有地下室的建筑物，工程类别不低于三类。

（ ）

25. 施工现场完成加工制作的钢结构工程费用标准按照建筑工程执行。 （ ）

26. 钢结构为企业成品购入的，以成品预算价格计入材料费，费用标准按照建筑工程执行。 （ ）

27. 2014 江苏省建筑与装饰工程计价定额中的单价为综合单价，由人工费、材料费、机械费、管理费、利润等五项费用组成。 （ ）

28. 2014 江苏省建筑与装饰工程计价定额项目中带括号的材料价格包含在综合单价内。

（ ）

29. 家庭室内装饰不可以执行 2014 江苏省建筑与装饰工程计价定额。 （ ）

30. 2014 江苏省建筑与装饰工程计价定额中，凡注明规格的木材及周转木材单价中，均已包括方板材改制成定额规格木材或周转木材的加工费。 （ ）

31. 预算定额是指在一定的经济和社会条件下，在一定时期内由建设行政主管部门制定并发布的工程项目建设消耗时间标准。 （ ）

32. 工程类别划分是根据不同的单项工程，按施工难易程度，结合建筑市场历年来的项目管理水平确定的。 （ ）

四、填空题

1. 人工费采用人工工日消耗量乘以_____的形式进行计算。

2. 预算定额中人工工日消耗量是由分项工程所综合的各个工序劳动定额包括的_____、其他用工两部分组成的。

3. 材料费采用材料消耗量乘以材料_____的形式进行计算。

4. 材料的采购及保管费包括采购费、仓储费、工地保管费、_____。

5. 机械报废时可回收一部分价值，这部分价值是按照机械原值的一定比例进行取定的，这个比例称为_____。

6. 大型施工机械在施工现场内单位工程或幢号之间的机械转移费按其场外运输费用的_____计算。

7. 机械停置台班单价 = 机械折旧费 + ＿＿＿＿＿＿＿＿＿ + 其他费用。

8. 建筑工程的企业管理费和利润是以人工费和＿＿＿＿＿＿＿＿＿之和为计算基础计取一定的费率而得。

9. 建筑工程管理费的费率是与工程＿＿＿＿＿＿＿＿＿挂钩的。

10. 2014 江苏省建筑与装饰工程计价定额中的单价为综合单价，由人工费、材料费、机械费、＿＿＿＿＿＿＿＿＿、利润等五项费用组成。

11. 《建筑安装工程工期定额》（TY 01-89-2016）包括民用建筑工程、工业及其他建筑工程、构筑物工程、＿＿＿＿＿＿＿＿＿四部分内容。

五、名词解释

1. 预算定额
2. 预算定额的辅助用工
3. 预算定额的人工幅度差
4. 材料原价
5. 材料的运杂费
6. 机械的耐用总台班
7. 机械的大修理费
8. 机械的经常修理费
9. 机械的安拆费
10. 机械的场外运费
11. 机械台班单价中的人工费
12. 施工企业管理费
13. 甲供材
14. 工期定额

六、简答题

1. 简述人工幅度差的内容组成。
2. 简述机械幅度差的内容组成。
3. 简述机械台班单价中未包括安拆和场外运费的三种情况。
4. 简述预算定额使用的三种形式及其适用情况。

七、分析计算题

1. 已知完成某一施工过程单位产量套劳动定额得到的基本用工 12.5 工日、超运距用工 0.8 工日、辅助用工 1.05 工日、人工幅差系数采用 12%，计算该施工过程单位产量的预算定额人工工日消耗量。

2. 某砌筑工程，工程量为 10 m³，每 1 m³ 砌体需要基本用工 0.92 工日，辅助用工和超运距用工分别是基本用工的 15% 和 10%，人工幅度差系数为 12%，计算该砌筑工程的人工工日消耗量。

3. 某工地水泥从两个地方采购，从甲地采购 300 t，单价 240 元/t，运杂费 20 元/t，运输损耗率 0.5%，采购及保管费率 2%；从乙地采购 200 t，单价 250 元/t，运杂费 15 元/t，运输损耗率 0.4%，采购及保管费率 2%。计算该工地水泥的预算单价。

4. 某施工队为某工程施工购买钢筋，从甲单位购买钢筋 100 t，单价 4 000 元/t；从乙单位购买钢筋 200 t，单价 3 800 元/t；从丙单位购买钢筋 500 t，单价 3 700 元/t（这里的单价均指材料原价）。采用汽车运输，甲地距工地 40 km，乙地距工地 60 km，丙地距工地 80 km。根据该地区公路运价标准：汽运货物运费为 0.6 元/（t·km），装、卸费各为 10 元/t，采保费率各为 1%，其余不计，求此钢筋的预算价格。

5. 说明表 4-1 中水泥强度等级为 32.5 级的 C30 混凝土材料预算单价的由来。

表 4-1　现浇混凝土、现场预制混凝土配合比表　　　　　计量单位：m³

代码编号			80210134		80210135	
项目	单位	单价/元	碎石最大粒径 31.5 mm，坍落度 35~50 mm			
			混凝土强度等级			
			C30			
			数量	合价/元	数量	合价/元
基价		元	278.82		264.98	
材料	32.5 级水泥	kg	0.31	486.00	150.66		
	42.5 级水泥	kg	0.35			365.00	127.75
	中砂	t	69.37	0.625	43.36	0.69	47.87
	碎石 5~31.5 mm	t	68.00	1.234	83.91	1.301	88.47
	水	m³	4.70	0.19	0.89	0.19	0.89

6. 已知某挖土机挖土，一次正常循环工作时间为 40 s，每次循环平均挖土量为 0.3 m³，机械正常利用系数为 0.8，机械幅度差为 25%。计算该机械挖土方 1 000 m³ 的预算定额机械耗用台班量。

7. 由于甲方出现变更，造成施工方两台斗容量为 1.5 m³ 的履带式单斗挖掘机各停置 2 天，根据表 4-2 计算由此产生的停置机械费用。

表 4-2　江苏省施工机械台班单价表示例

编码	机械名称	规格型号	机型	台班单价	费用组成						
					折旧费	大修理费	经常修理费	安拆费及场外运费	人工费	燃料动力费	其他费用
				元	元	元	元	元	元	元	元
99010321	履带式单斗挖掘机	斗容量/m³	1	大	1 039.54	165.87	59.77	166.16		205.00	442.74	
99010322		1.5	大		1 282.14	178.09	64.17	178.40		205.00	656.48	

8. 某桩基工程，共需打 500 根钻孔灌注桩，其中设计桩长 50 m 的桩 100 根，40 m 的桩 60 根，25 m 的桩 340 根，请根据表 4-3 确定该打桩工程的工程类别。

表 4-3　建筑工程工程类别划分标准表

工程类别		单位	工程类别划分标准		
			一类	二类	三类
桩基础工程	预制混凝土（钢板）桩长	m	≥30	≥20	<20
	灌注混凝土桩长	m	≥50	≥30	<30

9. 某工程砌筑 KP1 多孔砖 1 砖墙，砌筑砂浆采用水泥砂浆 M7.5，其余与定额规定相同，根据表 4-4 求其综合单价。

表 4-4　KP1 多孔砖墙定额子目示例　　　　　　　　计量单位：m³

定额编号					4-28	
项目		单位	单价/元		KP1 多孔砖墙（1砖）	
					240×115×90	
					数量	合价/元
综合单价		元			311.14	
其中	人工费	元			97.58	
	材料费	元			171.24	
	机械费	元			4.54	
	管理费	元			25.53	
	利润	元			12.25	
二类工		工日	82.00		1.19	97.58
材料	04135500 标准砖 240×115×53	百块	42.00		0.15	6.30
	04130904 KP1 砖 240×115×90	百块	38.00		3.36	127.68
	80050104 混合砂浆 M5	m³	193.00		0.185	35.71
	80050105 混合砂浆 M7.5	m³	195.20		(0.185)	(36.11)
	80050106 混合砂浆 M10	m³	199.56		(0.185)	(36.92)
	31150101 水	m³	4.70		0.117	0.55
	其他材料费					1.00
机械	99050503 灰浆拌合机拌筒容量 200 L	台班	122.64		0.037	4.54

10. 请说明表4-5中的人工费、材料费和机械费的由来（参考表4-6）。

表4-5 方木定额示例 计量单位：m³ 竣工木料

定额编号				9-63	
项目		单位	单价/元	柱	
				方木	
				数量	合价/元
综合单价		元		2 507.95	
其中	人工费	元		366.05	
	材料费	元		1 987.03	
	机械费	元		14.18	
	企业管理费	元		95.06	
	利润	元		45.63	
二类工		工日	82.00	3.96	324.72
材料	05030600 普通木成材	m³	1 600.00	1.186	1 897.60
	5-27 铁件制作	t	9 192.70	0.018	165.47

表4-6 铁件制作定额示例 计量单位：t

定额编号				5-27	
项目		单位	单价/元	铁件制作	
				数量	合价/元
综合单价		元		9 192.70	
其中	人工费	元		2 296.00	
	材料费	元		4 968.25	
	机械费	元		787.54	
	企业管理费	元		770.89	
	利润	元		370.02	
二类工		工日	82.00	28	2 296.00
材料	01270100 型钢	t	4 080.00	1.05	4 284.00
	03410205 电焊条 J422	kg	5.80	30	174.00
	12370305 氧气	m³	3.3	43.50	143.55
	12370336 乙炔气	m³	16.38	18.90	309.58
	11030303 防锈漆	kg	15.00	2.42	36.30
	12030107 油漆溶剂油	kg	14.00	0.25	3.50
	其他材料费	元			17.32
机械	99250306 交流弧焊机容量 40 kV·A	台班	135.37	5.52	747.24
	其他机械费	元			40.30

11. 某工程砌筑 KP1 多孔砖 1 砖墙，砌筑砂浆采用混合砂浆 M5，砂浆中的水泥采用 42.5 水泥，已知 32.5 水泥 0.31 元/kg，42.5 水泥 0.35 元/kg，其余与定额规定相同，根据表 4-4、表 4-7 求其综合单价。

表 4-7 砌筑砂浆配合比表　　　　　　　　　　　　　　　　　　　　计量单位：m^3

代码编号			80050104		80050105	
项目	单位	单价/元	混合砂浆			
			砂浆强度等级			
			M5		M7.5	
			数量	合价/元	数量	合价/元
基价		元	193.00		195.20	
材料 32.5 水泥	kg	0.31	202.00	62.62	230.00	71.30
中砂	t	69.37	1.61	111.69	1.61	111.69
石灰膏	m^3	216.00	0.08	17.28	0.05	10.80
水	m^3	4.70	0.30	1.14	0.30	1.41

12. 某小区内安装有线电视的施工企业要求造价工程师签证计算车辆使用费，理由是人员、材料和机械需要进场施工，造价工程师应如何答复？说明理由。

13. 工程结算时，甲方需要从施工方扣除水、电费，说明扣除水、电费的方法。

14. 某施工单位提出，甲方在工程结算时扣除电费是不合理的，因为在定额工料中不含电费。施工单位的提议是否正确？并说明理由。

15. 某施工单位在签证抽水机的机械工作台班时要求造价工程师同时签证操作抽水机的人员的工日，造价工程师应如何答复？说明理由。

16. 某施工单位在签证抽水机的停置台班时要求造价工程师同时签证操作抽水机的人员的停置工日，造价工程师应如何答复？说明理由。

17. 施工现场浇灌混凝土过程中，施工方按规范要求制作试压块并送检，检测单位需要收取检测费，甲方认为施工方在工程造价中计取了检验试验费，故该检测费用应由施工方支付。甲方的说法正确吗？说明理由。

18. 施工单位现场浇灌混凝土，试压块送检合格，但甲方不认可送检结论，要求现场再做回弹试验以确认混凝土的质量是否合格。该项回弹试验的费用应由谁承担？说明理由。

19. 施工现场因供电局停电 2 h 而造成人员停工和机械的停置，当天施工方就要求甲方给予签证补偿。甲方可否签证？说明理由。

20. 某施工单位搭拆脚手架的工人要求单位给他们办理意外伤害保险，施工单位要求保险费由工人自己承担，架子工认为保险费应由单位办理。谁的说法正确？说明理由。

21. 南京某现浇框架结构教学楼工程，一层地下室，地下室建筑面积 3 000 m^2，采用筏板基础，±0.00 m 以上 6 层，每层建筑面积均为 1 600 m^2，请根据表 4-8、表 4-9 计算该工程工期。

表 4-8 ±0.00 m 以下有地下室工程工期定额示例

编号	层数	建筑面积/m²	工期天数		
			Ⅰ类	Ⅱ类	Ⅲ类
1-25	1	1 000 以内	80	85	90
1-26		3 000 以内	105	110	115
1-27		5 000 以内	115	120	125
1-28		7 000 以内	125	130	135
1-29		10 000 以内	150	155	160
1-30		10 000 以外	170	175	180
…	…	…	…	…	…

表 4-9 ±0.00 m 以上办公楼工程，现浇框架结构工期定额示例

编号	层数	建筑面积/m²	工期天数		
			Ⅰ类	Ⅱ类	Ⅲ类
1-268	3 以下	1 000 以内	175	185	200
1-269		3 000 以内	190	200	215
1-270		5 000 以内	205	215	230
1-271		5 000 以外	225	235	250
1-272	6 以下	3 000 以内	220	230	245
1-273		6 000 以内	240	250	265
1-274		9 000 以内	255	265	280
1-275		9 000 以外	280	290	305
1-276	8 以下	6 000 以内	260	270	290
1-277		8 000 以内	275	285	305
1-278		10 000 以内	290	300	320
1-279		12 000 以内	305	315	335
1-280		12 000 以外	330	340	360
…	…	…	…	…	…

习题参考答案

一、单项选择题（在下列每小题的四个备选答案中选出一个正确的答案，并将其字母标号填入题干的括号内）

1. A	2. A	3. C	4. B	5. B	6. B	7. C	8. A	9. C
10. C	11. C	12. C	13. C	14. D	15. D	16. D	17. D	18. C
19. C	20. B	21. D	22. A	23. C	24. D	25. A	26. A	27. B
28. C	29. B	30. C	31. C	32. C	33. A	34. A	35. D	36. B
37. C	38. D	39. C	40. C	41. D	42. D	43. D	44. D	45. C
46. B	47. D	48. B	49. D	50. A	51. C	52. D	53. A	54. D
55. B	56. B	57. C	58. B	59. C	60. D	61. B	62. A	63. A
64. C	65. D	66. A	67. D	68. B	69. A	70. B	71. D	72. A
73. A	74. B	75. C	76. A	77. D	78. D	79. C	80. D	81. D
82. A	83. D	84. B	85. B					

二、多项选择题（在下列每小题的五个备选答案中有二至四个正确答案，请将正确答案全部选出，并将其字母标号填入题干的括号内）

1. AD	2. AC	3. AB	4. ABCD	5. BCD
6. ABCE	7. ABCD	8. DE	9. BD	10. ABE
11. BDE	12. BC	13. BD	14. AC	15. CE
16. ABD	17. AB	18. CD	19. ABCD	20. BE
21. DE	22. ABC	23. ABC		

三、判断改错题（在下列每小题后面的括号内，正确的填"√"，错误的填"×"，错误的要在题目的下方写出正确的答案）

1. （×）"基本用工、其他用工和人工幅度差三部分"改为"基本用工、其他用工两部分"

2. （×）"容易"改为"难以"

3. （√）

4. （×）"津贴补贴"改为"奖金"

5. （×）"辅助材料"改为"其他材料"

6. （√）

7. （×）"辅助材料"改为"其他材料"

8. （×）"100 m"改为"150 m"

9. （×）"仓库"改为"仓库之后出库"

10. （√）

11. （×）"材料原价+材料运杂费"改为"材料原价+材料运杂费+运输损耗费"

12. （√）

13. （×）"简易计税方法"改为"一般计税方法"

14. （√）

15. （√）

16. （√）

17. （×）"不计机械转移费"改为"机械转移费按其场外运输费用的75%计算"

18. （√）

19. （×）"包含了"后面增加"非建设单位所为"

20. （×）"与工人等级无关"改为"与工人等级挂钩"

21. （√）

22. （×）"的单价平均"改为"加权平均"

23. （×）"室内地面"改为"室外地面"

24. （×）"三类"改为"二类"

25. （√）

26. （×）"建筑工程"改为"单独发包的构件吊装"

27. （√）

28. （×）"包含"改为"供选用，不包含"

29. （×）"不可以"改为"可以"

30. （√）

31. （×）"预算定额"改为"工期定额"

32. （×）"单项工程"改为"单位工程"

四、填空题

1. 人工工日单价

2. 基本用工

3. 预算单价

4. 仓储损耗

5. 残值率

6. 75%

7. 人工费

8. （除税）施工机具使用费

9. 类别

10. 企业管理费

11. 专业工程

五、名词解释

1. 预算定额：规定在正常的施工条件、合理的施工工期、施工工艺及施工组织条件下，消耗在合格质量的分项工程产品上的人工、材料、机械台班的数量及单价的社会平均水平标准。

2. 预算定额的辅助用工：技术工种劳动定额内部未包括而在预算定额内又必须考虑的用工。

3. 预算定额的人工幅度差：在劳动定额中未包括而在正常施工情况下不可避免但又很难精确计算的用工和各种工时损失。

4. 材料原价：材料、工程设备的出厂价格或商家供应价格。

5. 材料的运杂费：材料、工程设备自来源地运至工地仓库或指定堆放地点所发生的全部费用。

6. 机械的耐用总台班：机械在正常施工作业条件下，从投入使用起到报废止，按规定应达到的使用总台班数。

7. 机械的大修理费：施工机械按规定的大修理间隔台班进行必要的大修理，以恢复其正常功能所需的费用。

8. 机械的经常修理费：施工机械除大修理以外的各级保养和临时故障排除所需的费用。

9. 机械的安拆费：施工机械（大型机械除外）在现场进行安装与拆卸所需的人工、材料和试运转费用，以及机械辅助设施的折旧、搭设、拆除等费用。

10. 机械的场外运费：施工机械整体或分体自停放地点运至施工现场或由一施工地点运至另一施工地点的运输、装卸、辅助材料及架线等费用。

11. 机械台班单价中的人工费：机上司机（司炉）和其他操作人员的人工费。

12. 施工企业管理费：施工企业组织施工生产和经营管理所需的费用。

13. 甲供材：建设单位供应的材料。

14. 工期定额：在一定的经济和社会条件下，在一定时期内由建设行政主管部门制定并发布的工程项目建设消耗时间标准。

六、简答题

1. 参考答案：各工种间的工序搭接及交叉作业相互配合或影响所发生的停歇用工；施工机械在单位工程之间转移及临时水电线路移动所造成的停工；质量检查和隐蔽工程验收工作的时间；班组操作地点转移用工；工序交接时后一工序对前一工序不可避免的修整用工；施工中不可避免的其他零星用工。

2. 参考答案：正常施工组织条件下不可避免的机械空转时间；施工技术原因的中断及合理的停滞时间；因供电供水故障及水电线路移动检修而发生的运转中断时间；因气候变化或机械本身故障影响工时利用的时间；施工机械转移及配套机械相互影响损失的时间；配合机械施工的工人因与其他工种交叉造成的间歇时间；因检查工程质量造成的机械停歇时间，工程收尾和工程量不饱满造成的机械停歇时间等。

3. 参考答案：一是金属切削加工机械等安装在固定的车间房屋内，不应考虑本项费用；

二是不需要拆卸安装自身能开行的机械（履带式除外），如自行式铲运机、平地机、轮胎式装载机及水平运输机械等，其场外运输费（含回程费）按1个台班费计算；三是不适合按台班摊销本项费用的大、特大型机械，可另外计算一次性场外运费和安拆费。

4. 参考答案：（1）完全套用：只有实际施工做法，人工、材料、机械的种类和消耗量与定额水平完全一致，或虽有不同但不允许换算的情况才采用完全套用，也就是直接使用定额中的消耗量信息、管理费费率和利润费率。（2）换算套用：在实际施工做法，人工、材料、机械的种类和消耗量与定额有出入，又属于允许换算的情况下，一般根据两者的不同来换算获得实际做法的综合单价。（3）补充定额：对于一些新技术、新工艺、新方法及定额的缺项子目，定额中没有相近的子目可以套用，就需要作补充定额。

七、分析计算题

1. 解：人工工日消耗量 =（基本用工+其他用工）×工程量

= （基本用工+辅助用工+超运距用工+人工幅度差）×工程量

= [（基本用工+辅助用工+超运距用工）×

（1+人工幅度差系数）]×工程量

= [（12.5+0.8+1.05）×（1+12%）]×1 = 16.072 工日

答：该施工过程单位产量的预算定额人工工日消耗量为 16.072 工日。

2. 解：人工工日消耗量 =（基本用工+其他用工）×工程量

=（基本用工+辅助用工+超运距用工+人工幅度差）×工程量

= [基本用工×（1+辅助用工百分比+超运距用工百分比）×

（1+人工幅度差系数）]×工程量

= [0.92×（1+15%+10%）×（1+12%）]×10 = 12.88 工日

答：该砌筑工程的人工工日消耗量为 12.88 工日。

3. 解：材料原价总值 = ∑（各次购买量×各次购买价）

= 300×240+200×250 = 122 000 元

材料总量 = 200+300 = 500 t

加权平均原价 = 材料原价总值÷材料总量 = 122 000÷500 = 244 元/t

材料运杂费 =（20×300+15×200）÷500 = 18 元/t

运输损耗费 = [300×（240+20）×0.5%+200×（250+15）×0.4%]÷500 = 1.20 元/t

采保费 =（244+18+1.20）×2% = 5.26 元/t

水泥预算价格 = 244+18+1.20+5.26 = 268.46 元/t

答：此水泥的预算价格为 268.46 元/t。

4. 解：材料原价总值 = ∑（各次购买量×各次购买价）

= 100×4 000+200×3 800+500×3 700 = 3 010 000 元

材料总量 = 100+200+500 = 800 t

加权平均原价 = 材料原价总值÷材料总量 = 3 010 000÷800 = 3 762.5 元/t

材料运杂费 = [0.6×（100×40+200×60+500×80）+10×2×800]÷800 = 62 元/t

采保费 =（3 762.5+62）×2% = 76.49 元/t

水泥预算价格=3 762.5+62+76.49=3 900.99 元/t

答：此钢筋的预算价格为 3 900.99 元/t。

5. 解：表 4-1 中水泥标号为 32.5 的 C30 混凝土材料预算单价为 278.82 元。

278.82=150.66+43.36+83.91+0.89

　　　=0.31×486.00+69.37×0.625+68.00×1.234+4.70×0.19

答：表 4-1 中水泥标号为 32.5 的 C30 混凝土材料预算单价的由来见上式。

6. 解：机械纯工作 1 h 正常循环次数=3 600 s÷40 s/次=90 次

挖土机的产量定额=90 次/h×0.3 m³/次×8 h/台班×0.8=172.8 m³/台班

挖 1 000 m³ 耗用的基本机械台班量=1 000÷172.8=5.787 台班

挖 1 000 m³ 耗用的机械台班量=5.787×(1+25%)=7.23 台班

答：该机械挖 1 000 m³ 的预算定额机械耗用量为 7.23 台班。

7. 解：停置台班量=2 天×1 台班/（天·台）×2 台=4 台班

停置台班价=机械折旧费+人工费+其他费用

　　　　　=178.09+205.00+0.00=383.09 元/台班

停置机械费用=停置台班量×停置台班价

　　　　　=4×383.09=1 532.36 元

答：由此产生的停置机械费用为 1 532.36 元。

8. 解：总桩数 100+60+340=500 根

　　500×30%=150

　　100<150；100+60=160>150

按照超过 30%根数的设计最大桩长为准。

答：该打桩工程的工程类别为二类。

9. 解：查计价定额，相近子目编号为 4-28。

换算后综合单价=原综合单价-原混合砂浆 M5 价格+现水泥砂浆 M5 价格

　　　　　　=311.14-35.71+36.11

　　　　　　=311.54 元/m³

答：换算后的综合单价为 311.54 元/m³。

10. 解：9-63 中的人工费 366.05=324.72+0.018×2 296.00（见表 4-6 中 5-27 子目人工费）

9-63 中的材料费 1 987.03=1 897.60+0.018×4 968.25（见表 4-6 中 5-27 子目材料费）

9-63 中的机械费 14.18=0.018×787.54（见表 4-6 中 5-27 子目机械费）

答：表 4-5 中人工费、材料费和机械费的由来见上式。

11. 解：查计价定额，相近子目编号为 4-28（见表 4-4）。

换算后综合单价=原综合单价+水泥材差（见表 4-7）

　　　　　　=311.14+0.185×202×(0.35-0.31)

　　　　　　=312.63 元/m³

答：换算后的综合单价为 312.63 元/m³。

12. 参考答案：不可以签证。理由：企业管理费中包含了人员的交通费，材料预算价格中包含了材料的运输费，机械台班单价中包含了机械的进退场费。

13. 参考答案：工程施工用水、电，应由建设单位在现场安装水、电表，交施工单位保管使用，施工单位按电表读数乘以预算单价付给建设单位；若无条件装表计量，则由建设单位直接提供水电，在竣工结算时按定额含量乘以预算价格单价付给建设单位。生活用电按实际发生金额支付。

14. 参考答案：施工方的提议是错误的。原因：定额工料中确实不含电，电费是含在定额机械费中的。

15. 参考答案：不可以签证。原因：机械台班单价中已经包含了该部分的人工费。

16. 参考答案：不可以签证。原因：停置台班价等于折旧费+人工费+其他费用，已经包含了该部分的人工费。

17. 参考答案：不正确。理由：检验试验费中包含的是施工企业按规定进行建筑材料、构配件等试样的制作、封样、送检和其他为保证工程质量进行的材料检验试验工作所发生的费用，不含检测费用，检测费用应由甲方直接支付给检测单位。

18. 参考答案：该项费用由谁承担要看责任的归属，如回弹结果混凝土合格，费用由甲方承担，反之，施工方承担。理由：工程造价中不包含回弹试验的费用，施工单位应对其工程质量负责，故而最终费用的承担看责任的归属。

19. 参考答案：不可以。理由：在综合单价中的企业管理费中包含了非甲方所为 4 h 以内的临时停水停电费用。

20. 参考答案：架子工的说法正确，应该由施工单位负责办理意外伤害保险。理由：在综合单价的企业管理费中包含意外伤害保险费。

21. **解**：根据表 4-8 查 1-26 得：基础工期 $T_1 = 105$ 天

地上 6 层建筑面积 $= 6 \times 1\ 600 = 9\ 600\ \mathrm{m}^2$

根据表 4-9 查 1-275 得：上部工程工期 $T_2 = 280$ 天

该工程总工期 $T = T_1 + T_2 = 105 + 280 = 385$ 天

答：该工程工期为 385 天。

第5章　建筑工程造价计算内容及方法

习　题

一、**单项选择题**（在下列每小题的四个备选答案中选出一个正确的答案，并将其字母标号填入题干的括号内）

1. 根据 2014 江苏省费用定额，大型机械进出场及安拆费属于（　　）。
   A. 单价措施项目费　　　　　　　　　　B. 总价措施项目费
   C. 分部分项工程费　　　　　　　　　　D. 通用措施项目费

2. 根据 2014 江苏省费用定额，建筑物超高施工增加费属于（　　）。
   A. 单价措施项目费　　　　　　　　　　B. 总价措施项目费
   C. 分部分项工程费　　　　　　　　　　D. 通用措施项目费

3. 根据 2014 江苏省费用定额，脚手架工程费属于（　　）。
   A. 单价措施项目费　　　　　　　　　　B. 总价措施项目费
   C. 分部分项工程费　　　　　　　　　　D. 通用措施项目费

4. 根据 2014 江苏省费用定额，建筑物垂直运输机械费属于（　　）。
   A. 单价措施项目费　　　　　　　　　　B. 总价措施项目费
   C. 分部分项工程费　　　　　　　　　　D. 通用措施项目费

5. 根据 2014 江苏省费用定额，安全文明施工措施费属于（　　）。
   A. 单价措施项目费　　　　　　　　　　B. 专业措施项目费
   C. 分部分项工程费　　　　　　　　　　D. 通用措施项目费

6. 根据 2014 江苏省费用定额，冬雨季施工增加费属于（　　）。
   A. 单价措施项目费　　　　　　　　　　B. 专业措施项目费
   C. 分部分项工程费　　　　　　　　　　D. 通用措施项目费

7. 根据 2014 江苏省费用定额，工程按质论价费属于（　　）。
   A. 单价措施项目费　　　　　　　　　　B. 专业措施项目费
   C. 分部分项工程费　　　　　　　　　　D. 通用措施项目费

8. 根据 2014 江苏省费用定额，临时设施费属于（　　　）。
　　A. 单价措施项目费　　　　　　　　　　B. 专业措施项目费
　　C. 分部分项工程费　　　　　　　　　　D. 通用措施项目费

9. 根据 2014 江苏省费用定额，非夜间施工照明费属于（　　　）。
　　A. 单价措施项目费　　　　　　　　　　B. 专业措施项目费
　　C. 分部分项工程费　　　　　　　　　　D. 通用措施项目费

10. 根据 2014 江苏省费用定额，住宅工程分户验收费属于（　　　）。
　　A. 单价措施项目费　　　　　　　　　　B. 专业措施项目费
　　C. 分部分项工程费　　　　　　　　　　D. 通用措施项目费

11. 根据 2014 江苏省费用定额，总承包服务费属于（　　　）。
　　A. 分部分项工程费　　　　　　　　　　B. 措施项目费
　　C. 其他项目费　　　　　　　　　　　　D. 规费

12. 根据 2014 江苏省费用定额，混凝土模板及支架（撑）费属于（　　　）。
　　A. 单价措施项目费　　　　　　　　　　B. 总价措施项目费
　　C. 分部分项工程费　　　　　　　　　　D. 通用措施项目费

13. 根据 2014 江苏省费用定额，施工排水、降水费属于（　　　）。
　　A. 单价措施项目费　　　　　　　　　　B. 总价措施项目费
　　C. 分部分项工程费　　　　　　　　　　D. 通用措施项目费

14. 根据 2014 江苏省费用定额，夜间施工增加费属于（　　　）。
　　A. 单价措施项目费　　　　　　　　　　B. 专业措施项目费
　　C. 分部分项工程费　　　　　　　　　　D. 通用措施项目费

15. 根据 2014 江苏省费用定额，材料二次搬运费属于（　　　）。
　　A. 单价措施项目费　　　　　　　　　　B. 专业措施项目费
　　C. 分部分项工程费　　　　　　　　　　D. 通用措施项目费

16. 根据 2014 江苏省费用定额，地上、地下设施、建筑物的临时保护费属于（　　　）。
　　A. 单价措施项目费　　　　　　　　　　B. 专业措施项目费
　　C. 分部分项工程费　　　　　　　　　　D. 通用措施项目费

17. 根据 2014 江苏省费用定额，特殊条件下施工增加费属于（　　　）。
　　A. 单价措施项目费　　　　　　　　　　B. 专业措施项目费
　　C. 分部分项工程费　　　　　　　　　　D. 通用措施项目费

18. 根据 2014 江苏省费用定额，暂列金额属于（　　　）。
　　A. 分部分项工程费　　　　　　　　　　B. 措施项目费
　　C. 其他项目费　　　　　　　　　　　　D. 规费

19. 根据 2014 江苏省费用定额，暂估价属于（　　　）。
　　A. 分部分项工程费　　　　　　　　　　B. 措施项目费
　　C. 其他项目费　　　　　　　　　　　　D. 规费

20. 根据 2014 江苏省费用定额，计日工属于（　　　）。
　　A. 分部分项工程费　　　　　　　　　　B. 措施项目费
　　C. 其他项目费　　　　　　　　　　　　D. 规费

21. 根据 2014 江苏省费用定额，工程排污费属于（　　　）。
    A. 分部分项工程费　　　　　　　B. 规费
    C. 其他项目费　　　　　　　　　D. 措施项目费

22. 根据 2014 江苏省费用定额，社会保险费属于（　　　）。
    A. 分部分项工程费　　　　　　　B. 规费
    C. 其他项目费　　　　　　　　　D. 措施项目费

23. 根据 2014 江苏省费用定额，住房公积金属于（　　　）。
    A. 分部分项工程费　　　　　　　B. 规费
    C. 其他项目费　　　　　　　　　D. 措施项目费

24. 施工过程中耗费的构成工程实体性项目的各项费用是（　　　）。
    A. 分部分项工程费　　　　　　　B. 规费
    C. 其他项目费　　　　　　　　　D. 措施项目费

25. 为完成建设工程施工，发生于该工程施工前和施工过程中的技术、生活、安全、环境保护等方面的费用属于（　　　）。
    A. 分部分项工程费　　　　　　　B. 规费
    C. 其他项目费　　　　　　　　　D. 措施项目费

26. 根据 2014 江苏省费用定额，建筑工地起重机械的检验检测费用包含在（　　　）。
    A. 临时设施费中　　　　　　　　B. 安全文明施工措施费中
    C. 夜间施工增加费中　　　　　　D. 企业管理费中

27. 根据 2014 江苏省费用定额，现场工人的防暑降温费、电风扇、空调等设备及用电费用包含在（　　　）。
    A. 临时设施费中　　　　　　　　B. 安全文明施工措施费中
    C. 夜间施工增加费中　　　　　　D. 企业管理费中

28. 根据 2014 江苏省费用定额，生活垃圾清理外运费用包含在（　　　）。
    A. 临时设施费中　　　　　　　　B. 安全文明施工措施费中
    C. 夜间施工增加费中　　　　　　D. 企业管理费中

29. 根据 2014 江苏省费用定额，建筑物沿边起 50 m 以内围墙费用包含在（　　　）。
    A. 临时设施费中　　　　　　　　B. 安全文明施工措施费中
    C. 夜间施工增加费中　　　　　　D. 企业管理费中

30. 根据 2014 江苏省费用定额，建筑物沿边起 50 m 以内临时道路费用包含在（　　　）。
    A. 临时设施费中　　　　　　　　B. 安全文明施工措施费中
    C. 夜间施工增加费中　　　　　　D. 企业管理费中

31. 施工过程中由建设单位掌握使用，扣除合同价款调整后如有余额，归建设单位的费用是（　　　）。
    A. 暂列金额　　　　　　　　　　B. 暂估价
    C. 计日工　　　　　　　　　　　D. 总承包服务费

32. 建设单位在工程量清单中提供的用于支付必然发生但暂时不能确定价格的材料的单价及专业工程金额的是（　　）。

    A. 暂列金额 　　　　　　　　　　　B. 暂估价

    C. 计日工 　　　　　　　　　　　　D. 总承包服务费

33. 在施工过程中，施工企业完成建设单位提出的施工图纸以外的零星项目或工作所需的费用是（　　）。

    A. 暂列金额 　　　　　　　　　　　B. 暂估价

    C. 计日工 　　　　　　　　　　　　D. 总承包服务费

34. 根据 2014 江苏省费用定额，临时设施费包含建筑物沿边临时道路的范围为（　　）。

    A. 30 m 以内 　　　　　　　　　　B. 50 m 以内

    C. 60 m 以内 　　　　　　　　　　D. 100 m 以内

35. 根据 2014 江苏省费用定额，水泥和其他易飞扬细颗粒建筑材料密闭存放或采取覆盖措施等费用包含在（　　）。

    A. 临时设施费中 　　　　　　　　　B. 安全文明施工措施费中

    C. 夜间施工增加费中 　　　　　　　D. 企业管理费中

36. 根据 2014 江苏省费用定额，土石方、建渣外运车辆冲洗、防洒漏等费用包含在（　　）。

    A. 临时设施费中 　　　　　　　　　B. 安全文明施工措施费中

    C. 夜间施工增加费中 　　　　　　　D. 企业管理费中

37. 属于规费的是（　　）。

    A. 工伤保险费 　　　　　　　　　　B. 劳动保险费

    C. 财产保险费 　　　　　　　　　　D. 车辆保险费

38. 夜间施工增加费是指因夜间施工所发生的夜间补助费、夜间施工照明设备摊销、照明用电和（　　）。

    A. 夜间施工奖金 　　　　　　　　　B. 夜间施工降效费用

    C. 夜间劳保费 　　　　　　　　　　D. 安全措施费

39. 按照我国现行规定，施工单位所需的临时设施搭建费属于（　　）。

    A. 分部分项工程费 　　　　　　　　B. 措施项目费

    C. 企业管理费 　　　　　　　　　　D. 工程建设其他费用

40. 包括在工程造价中但不是必然属于施工方工程款的是（　　）。

    A. 企业管理费 　　　　　　　　　　B. 检验试验费

    C. 暂估价 　　　　　　　　　　　　D. 暂列金额

41. 在报价时允许竞争的费用是（　　）。

    A. 环境保护费 　　　　　　　　　　B. 税金

    C. 机械台班单价 　　　　　　　　　D. 社会保险费

42. 包工不包料、点工的社会保险费和住房公积金（　　）。

    A. 按费率计取 　　　　　　　　　　B. 不计算

    C. 含在人工单价内 　　　　　　　　D. 含在消耗量内

43. 包工包料工程社会保险费的取费计算基数为 （   ）。

    A. 分部分项工程费

    B. 分部分项工程费+措施项目费

    C. 分部分项工程费+措施项目费+其他项目费

    D. 分部分项工程费+措施项目费+其他项目费+规费

44. 应按照有关文件的规定计取，作为不可竞争费用，不得让利，也不得任意调整计算标准的是 （   ）。

    A. 分部分项工程费   B. 措施项目费

    C. 其他项目费   D. 规费

45. 包工不包料、点工的临时设施应 （   ）。

    A. 施工方自建   B. 从总包单位处租赁

    C. 由建设单位提供   D. 从建设单位处租赁

46. 列入其他项目费中，但不参与其他项目费汇总的是 （   ）

    A. 暂列金额   B. 材料暂估价

    C. 专业工程暂估价   D. 计日工

47. 建筑工程中的钢结构工程，钢结构为施工企业成品购入或加工厂完成制作，到施工现场安装的，安全文明施工措施费率标准按 （   ）。

    A. 建筑工程执行   B. 单独发包的构件吊装工程执行

    C. 打预制桩工程执行   D. 制作兼打桩工程执行

48. 下面关于清单单价计算公式正确的是 （   ）。

    A. $清单单价 = \dfrac{\sum(计价定额分项工程量 \times 计价定额分项综合单价)}{清单工程量}$

    B. $清单单价 = \dfrac{计价定额分项工程量 \times 计价定额分项综合单价}{清单工程量}$

    C. $清单单价 = \sum(计价定额分项工程量 \times 计价定额分项综合单价)$

    D. $清单单价 = 计价定额分项工程量 \times 计价定额分项综合单价$

49. 招标投标的模式下，投标人所报的所有价格都是 （   ）。

    A. 定额价   B. 指导价

    C. 市场价   D. 协议价

50. 根据 2014 江苏省费用定额，已完工程及设备保护费属于 （   ）。

    A. 单价措施项目费   B. 专业措施项目费

    C. 分部分项工程费   D. 通用措施项目费

二、多项选择题 （在下列每小题的五个备选答案中有二至四个正确答案，请将正确答案全部选出，并将其字母标号填入题干的括号内）

1. 根据 2014 江苏省费用定额规定，措施项目费包括 （   ）。

    A. 单价措施项目费   B. 总价措施项目费

    C. 暂列金额   D. 暂估价

    E. 定额计价措施项目费

2. 根据 2014 江苏省费用定额规定，单价措施项目费包括（　　　）。

    A. 脚手架工程费　　　　　　　　　B. 现场安全文明施工措施费

    C. 垂直运输费　　　　　　　　　　D. 赶工措施费

    E. 超高施工增加费

3. 根据 2014 江苏省费用定额规定，总价措施项目费包括（　　　）。

    A. 施工排水、降水费　　　　　　　B. 夜间施工增加费

    C. 大型机械设备进出场及安拆费　　D. 赶工措施费

    E. 超高施工增加费

4. 根据 2014 江苏省费用定额规定，规费包括（　　　）。

    A. 住房公积金　　　　　　　　　　B. 社会保险费

    C. 现场安全文明施工措施费　　　　D. 环境保护费

    E. 危险作业意外伤害保险费

5. 根据江苏省有关规定，属于不可竞争费用的有（　　　）。

    A. 利润　　　　　　　　　　　　　B. 夜间施工增加费

    C. 暂列金额　　　　　　　　　　　D. 现场安全文明施工措施费

    E. 住房公积金

6. 属于建筑安装工程措施项目费范围的有（　　　）。

    A. 脚手架工程费　　　　　　　　　B. 构成工程实体的材料费

    C. 材料二次搬运费　　　　　　　　D. 施工排水、降水费

    E. 施工现场办公费

7. 临时设施费用包括的内容有（　　　）。

    A. 临时设施的搭设费　　　　　　　B. 安全防护通道的搭设费

    C. 临时设施的使用费　　　　　　　D. 临时设施的拆除费

    E. 临时设施的一次性投入材料费

8. 在计取住宅分户验收费时，不计入取费基础的有（　　　）。

    A. 大型土石方工程费　　　　　　　B. 桩基工程费

    C. 施工排水、降水费　　　　　　　D. 脚手架工程费

    E. 地下室部分

9. 单位工程施工图预算，目前主要存在的计价方式有（　　　）。

    A. 单位估价法计价　　　　　　　　B. 工程系数法计价

    C. 工程量清单计价　　　　　　　　D. 计价定额计价

    E. 比例法计价

三、判断改错题（在下列每小题后面的括号内，正确的填"√"，错误的填"×"，错误的要在题目的下方写出正确的答案）

1. 建筑安装工程费用由分部分项工程费、措施项目费、其他项目费、规费和税金五大部分组成。　　　　　　　　　　　　　　　　　　　　　　　　　　　　（　　　）

2. 综合单价指的是完成一个规定清单项目所需的人工费、材料和设备费、施工机具使用费和企业管理费、利润及一定范围内的风险费用。　　　　　　　　　　　　　（　　）

3. 风险费用指的是明示于已标价工程量清单综合单价中，用于化解发承包双方在工程合同中约定内容和范围内的市场价格波动风险的费用。　　　　　　　　（　　）

4. 根据现行工程量清单计算规范，措施项目费分为通用措施项目费和专业措施项目费。
　　　　　　　　　　　　　　　　　　　　　　　　　　　　　　　　　　　　（　　）

5. 总价措施项目中各措施项目的工程量清单项目设置、项目特征、计量单位、工程量计算规则及工作内容均按现行工程量清单计算规范执行。　　　　　　　　　（　　）

6. 临时设施费中包括建筑工程规定范围内（建筑物沿边起 200 m 内）围墙、临时道路、水电、管线和塔式起重机基座（轨道）垫层（不包括混凝土固定式基础）等的内容。（　　）

7. 夜间施工增加费是为保证工程施工正常进行，在如地下室、地宫等特殊施工部位施工时所采用的照明设备的安拆、维护、摊销及照明用电等费用。　　　　　　（　　）

8. 室内空气污染测试不包含在住宅工程分户验收费用中，由建设单位直接委托检测机构完成，由建设单位承担费用。　　　　　　　　　　　　　　　　　　　　　（　　）

9. 暂列金额指的是招标人在工程量清单中提供的用于支付必然发生但暂时不能确定价格的材料的单价及专业工程的金额。　　　　　　　　　　　　　　　　　（　　）

10. 单位工程施工图预算，目前主要存在工程量清单计价和计价定额计价两种施工图预算的计价方式。　　　　　　　　　　　　　　　　　　　　　　　　　　　（　　）

四、填空题

1. 建筑工程费用由分部分项工程费、_____、其他项目费、规费和税金五大部分组成。

2. 综合单价指的是完成一个规定清单项目所需的人工费、材料和设备费、施工机具使用费和企业管理费、利润及一定范围内的_____费用。

3. 风险费用指的是_____含于已标价工程量清单综合单价中，用于化解发承包双方在工程合同中约定内容和范围内的市场价格波动风险的费用。

4. 根据现行工程量清单计算规范，措施项目费分为单价措施项目与_____。

5. 临时设施费是指施工企业为进行工程施工所必须的生活和生产用的临时建筑物、构筑物和其他临时设施的搭设、使用、_____等费用。

6. 非夜间施工照明费：为保证工程施工正常进行，在如地下室、地宫等特殊施工部位施工时所采用的照明设备的安拆、维护、摊销及_____等费用。

7. 室内空气污染测试_____在住宅工程分户验收费用中。

8. 暂估价包括材料暂估价和_____暂估价。

9. 计日工是指在施工过程中，施工企业完成建设单位提出的_____以外的零星项目或工作所需的费用。

10. 方舱医院等疫情防控应急抢建项目宜采用_____合同形式。

五、名词解释

1. 分部分项工程费
2. 措施项目费
3. 总价措施项目
4. 夜间施工增加费
5. 二次搬运费
6. 冬雨季施工增加费
7. 工程按质论价

六、简答题

1. 简述新冠疫情常态化防控费的内容。
2. 简述因疫情防控政策加强影响工期顺延的原则。

七、分析计算题

1. 某施工单位工程结束后，甲方要求其将施工中产生的建筑垃圾运走，该施工队提出：当初投标报价时未列垃圾清理外运项，要求签证，否则不予清理垃圾。该施工队的说法是否正确？说明理由。

2. 某施工单位工程结束后欲将其临时设施拆除，材料带走，甲方不同意施工方的行为，理由是施工方在工程计价中计算过临时设施费了，故该临时设施应属于甲方。施工方能否拆除并带走该临时设施？说明原因。

3. 某二类工程现场浇筑 C25 自拌有梁板混凝土（采用 32.5 级水泥），已知 32.5 级水泥 310 元/t，42.5 水泥 320 元/t，中砂 75 元/t，碎石最大粒径 20 mm，碎石 68 元/t，其余同计价定额内容，根据表 5-1、表 5-2 计算该子目的综合单价（二类工程的管理费率为 28%）。

表 5-1　自拌混凝土现浇有梁板定额子目示例　　　　　　　计量单位：m³

定额编号				6-32	
项目		单位	单价/元	有梁板	
				数量	合价/元
综合单价		元		430.43	
其中	人工费	元		91.84	
	材料费	元		290.03	
	机械费	元		10.64	
	管理费	元		25.62	
	利润	元		12.30	

定额编号				6-32	
二类工		工日	82.00	1.12	91.84
材料	80210122	现浇混凝土 C30	m³	285.90	1.015	276.61
	80210119	现浇混凝土 C25	m³	269.47	(1.015)	(273.51)
	02090101	塑料薄膜	m²	0.80	5.03	4.02
	31150101	水	m³	4.70	2.00	9.40
机械	9905152	混凝土搅拌机 出料容量 400 L	台班	156.81	0.057	8.94
	99052108	混凝土振动器 平板式	台班	14.93	0.114	1.70

表 5-2　现浇混凝土、现场预制混凝土配合比表　　　　计量单位：m³

代码编号			80210119		80210135	
项目	单位	单价/元	碎石最大粒径 20 mm，坍落度 35~50 mm			
			混凝土强度等级			
			C25			
			数量	合价/元	数量	合价/元
基　价		元	269.47		265.26	
材料	32.5 级水泥	kg	0.31	437.00	135.47		
	42.5 级水泥	kg	0.35			358.00	125.30
	中砂	t	69.37	0.68	47.17	0.772	53.55
	碎石 5~20 mm	t	68.00	1.227	85.89	1.221	85.47
	水	m³	4.70	0.20	0.94	0.20	0.94

4. 某二类工程计算得其分部分项工程费为 416 842.56 元，已知：无工程设备，机械进出场费 10 000 元，现场安全文明施工措施费的费率为 3.1%，临时设施费的费率为 1.5%，冬雨季施工增加费的费率为 0.1%，环境保护费的费率为 0.1%，社会保险费的费率为 3.2%，公积金的费率为 0.53%，税金的费率为 11%，其余费用不计，试按一般计税方法计算该工程的工程造价。

5. 某经招投标活动后中标的施工队在施工化粪池土方期间，适逢雨季，现场要求按实际排水台班签证基坑排水费用，理由是当初投标中所报冬雨季施工增加费不够。可否签证？说明理由。

6. 某施工队提出，由于机械费中只计算了施工机械的费用，对于一些不属于固定资产的生产工具、检验用具等的费用未能计算，要求现场签证给予补偿。能否签证？说明理由。

7. 由于施工中浇筑混凝土的规范要求，施工方必须夜间施工，考虑到工人夜间施工的工资与白天的工资水平不同，该施工单位提出夜班人工费索赔。造价工程师能否同意施工方的索赔请求？说明理由。

8. 某施工单位工程竣工时房屋周边的施工现场较脏，甲方要求施工方对其进行清理，施工方要求签证。施工方的要求是否合理？说明理由。

9. 某施工队缺乏专业防水人员，经甲方同意后将屋面防水工程分包出去，工程结算时要求计取该项工程的总承包服务费，可否？为什么？

10. 已知某工程定额工期为 350 天，合同工期为 320 天，采用延长工作时间至夜晚的方式进行赶工，已知直接工程费中人工费合计 720 000 元，平均日工资单价 90 元，每工日夜间施工费开支为 25 元，求该工程因赶工而产生的夜间施工增加费。

习题参考答案

一、单项选择题（在下列每小题的四个备选答案中选出一个正确的答案，并将其字母标号填入题干的括号内）

1. A	2. A	3. A	4. A	5. D	6. D	7. D	8. D	9. B
10. B	11. C	12. A	13. A	14. D	15. D	16. D	17. D	18. C
19. C	20. C	21. B	22. B	23. B	24. A	25. D	26. B	27. B
28. B	29. A	30. A	31. A	32. B	33. C	34. B	35. B	36. B
37. A	38. B	39. B	40. D	41. C	42. C	43. C	44. D	45. C
46. B	47. B	48. A	49. C	50. D				

二、多项选择题（在下列每小题的五个备选答案中有二至四个正确答案，请将正确答案全部选出，并将其字母标号填入题干的括号内）

1. AB	2. ACE	3. BD	4. ABD	5. DE
6. ACD	7. ACD	8. ABE	9. CD	

三、判断改错题（在下列每小题后面的括号内，正确的填"√"，错误的填"×"，错误的要在题目的下方写出正确的答案）

1. （√）

2. （√）

3. （×）"明示"改为"隐含"

4. （×）"措施项目费"改为"总价措施项目费"，或者"通用措施项目费和专业措施项目费"改为"单价措施项目费与总价措施项目费"

5. （×）"总价措施项目"改为"单价措施项目"

6. （×）"200 m"改为"50 m"

7. （×）"夜间施工增加费"改为"非夜间施工照明费"

8. （√）

9. （×）"暂列金额"改为"暂估价"

10. （√）

四、填空题

1. 措施项目费
2. 风险
3. 隐
4. 总价措施项目
5. 拆除
6. 照明用电
7. 不包含
8. 专业工程
9. 施工图纸
10. 成本加酬金

五、名词解释

1. 分部分项工程费：施工过程中耗费的构成工程实体性项目的各项费用。

2. 措施项目费：为完成建设工程施工，发生于该工程施工前和施工过程中的技术、生活、安全、环境保护等方面的费用。

3. 总价措施项目：在现行工程量清单计算规范中无工程量计算规则，以总价（或计算基础乘费率）计算的措施项目。

4. 夜间施工增加费：规范、规程要求正常作业而发生的夜班补助、夜间施工降效、夜间照明设施的安拆、摊销、照明用电，以及夜间施工现场交通标志、安全标牌、警示灯安拆等费用。

5. 二次搬运费：由于施工场地限制而发生的材料、成品、半成品等一次运输不能到达堆放点，必须进行的二次或多次搬运费用。

6. 冬雨季施工增加费：在冬雨季施工期间所增加的费用，包括冬季作业、临时取暖、建筑物门窗洞口封闭及防雨措施、排水、工效降低、防冻等费用。

7. 工程按质论价：施工合同约定质量标准超过国家规定，施工企业完成工程质量达到经有权部门鉴定或评定为优质工程所必须增加的施工成本费。

六、简答题

1. 参考答案：（1）防控物资费：口罩、酒精、测温枪、红外体温探测仪、防护服、护目镜、手套、消毒喷壶、电动喷雾器、水银温度计、防疫标语、宣传牌、废弃防疫物资专用回收箱（垃圾桶）等。（2）防控人员费：因疫情防控增加的专职消杀人员及现场管理人员的工资。（3）防控增加的临时设施费：主要为现场设置的隔离棚、隔离围栏、隔离用集装箱、扩建的工人宿舍等。（4）重点人群常态化核酸自费检测费用、交通和时间占用。

2. 参考答案：（1）工地停工天数根据疫情防控要求的停工、可复工时间计算，工期顺延。因承包人疫情防控方案不到位，不能及时复工造成的工期延误，由承包人承担。

（2）材料设备、机械、人员不能及时进场及核酸检测频次增加，造成工地窝工、施工降效的，发承包双方根据项目具体情况协商确定工期顺延天数。

七、分析计算题

1. 参考答案：该施工队的说法是错误的。理由：现场安全文明施工措施费中包含了建筑垃圾清理外运的内容。

2. 参考答案：可以拆除。原因：临时设施费计算的是临时设施的搭设、拆除、使用的费用，并不是一次性投入的费用。

3. 解：查表 5-2 中 80210119 号混凝土：

C25 混凝土单价 = 269.47+0.68×(75-69.37) = 273.30 元/m³

查表 5-1 中 6-32 子目：

换算综合单价 = 原综合单价-换出部分价格+换入部分价格

= 430.43-276.61+1.015×273.30-25.62+(91.84+10.64)×28%

= 434.29 元/m³

答：该子目的综合单价为 434.29 元//m³。

4. 解：计算过程如表 5-3 所示。

表 5-3　工程造价计算过程表

序号	费用名称			计算公式	金额/元
一	分部分项工程费				416 842.56
二	措施项目费				29 634.76
	其中	单价措施项目费	机械进退场费	10 000	10 000
		总价措施项目费	临时设施费	（一+单价措施项目费-除税工程设备费）×1.5%	6 402.64
			安全文明施工措施费	（一+单价措施项目费-除税工程设备费）×3.1%	13 232.12
三	其他项目费				
四	规费				17 100.08
	其中	环境保护费		（一+二+三-除税工程设备费）×0.1%	446.48
		社会保险费		（一+二+三-除税工程设备费）×3.2%	14 287.27
		住房公积金		（一+二+三-除税工程设备费）×0.53%	2 366.33
五	税金			［一+二+三+四-（除税甲供材料费+除税甲供设备费）/1.01］×11%	50 993.51
六	工程造价			一+二+三+四-（除税甲供材料费+除税甲供设备费）/1.01+五	514 570.91

答：该工程的造价为 514 570.91 元。

5. 参考答案：不可以签证。理由：冬雨季施工增加费属于措施项目费，按清单计价规范的规定，甲方列出项目，施工方报价，施工方应综合考虑冬雨季的因素进行报价，单价的风险由施工方承担。

6. 参考答案：不可以签证。理由：在综合单价中的企业管理费中包含了工具用具使用费，包含了企业施工生产和管理使用不属于固定资产的工具、器具、家具、交通工具和检验、试验、测绘、消防用具等的购置、维修和摊销费，以及支付给工人自备工具的补贴费。

7. 参考答案：不能同意。理由：在措施项目费中包含了夜间施工增加费，指的是规范、规程要求正常作业而发生的夜班补助、夜间施工降效、夜间照明设施的安拆、摊销、照明用电以及夜间施工现场交通标志、安全标牌、警示灯安拆等费用。

8. 参考答案：不合理。理由：现场安全文明措施费中已包含了施工单位进行现场清理的费用。

9. 参考答案：不可以。总承包服务费是指总承包人为配合、协调建设单位进行的专业工程发包，对建设单位自行采购的材料、工程设备等进行保管，以及施工现场管理、竣工资料汇总整理等服务所需的费用。因为施工方自己分包的工程的总承包服务费由自己解决。

10. **解**：该工程的直接总用工量＝720 000÷90＝8 000 工日

该工程每日定额用工量＝8 000÷350＝22.857 工日

该工程每日合同用工量＝8 000÷320＝25 工日

每日需要增加 25−22.86＝2.143 个工，共需增加 2.143×320＝685.76 工日

夜间施工增加费＝685.76×25＝17 144 元

答：该工程的夜间施工增加费为 17 144 元。

第6章 建筑面积工程量计算

习　题

一、单项选择题（在下列每小题的四个备选答案中选出一个正确的答案，并将其字母标号填入题干的括号内）

1. 在建筑面积计算规范术语中，建筑面积是指建筑物（包括墙体）所形成的（　　　）。
   A. 楼地面面积
   B. 空间面积
   C. 外墙外包面积
   D. 结构构件外包面积

2. 在建筑面积计算规范术语中，按楼地面结构分层的楼层称为（　　　）。
   A. 自然层
   B. 结构楼层
   C. 建筑楼层
   D. 结构层

3. 在建筑面积计算规范术语中，楼面或地面结构层上表面至上部结构层上表面之间的垂直距离称为（　　　）。
   A. 层高
   B. 建筑层高
   C. 结构层高
   D. 楼层高

4. 在建筑面积计算规范术语中，围合建筑空间的墙体、门、窗属于（　　　）。
   A. 围护结构
   B. 围护设施
   C. 主体结构
   D. 附属结构

5. 在建筑面积计算规范术语中，仅有结构支撑而无外围护结构的开敞空间层称为（　　　）。
   A. 气候分界
   B. 片墙围合
   C. 建筑空间
   D. 架空层

6. 在建筑面积计算规范术语中，具备可出入、可利用条件的围合空间均属于（　　　）。
   A. 气候分界
   B. 片墙围合
   C. 建筑空间
   D. 架空层

7. 在建筑面积计算规范术语中，楼面或地面结构层上表面至上部结构层下表面之间的垂直距离称为（　　　）。
   A. 净高
   B. 建筑净高
   C. 结构净高
   D. 楼层净高

8. 在建筑面积计算规范术语中，为保障安全而设置的栏杆、栏板等围挡属于（　　）。

    A. 围护结构　　　　　　　　　　　　　B. 围护设施

    C. 主体结构　　　　　　　　　　　　　D. 附属结构

9. 在建筑面积计算规范术语中规定，半地下室的房间地平面低于室外地平面的高度超过该房间净高的（　　）。

    A. 2/3　　　　　　B. 1/2　　　　　　C. 1/3　　　　　　D. 1/4

10. 在建筑面积计算规范术语中规定，地下室的房间地平面低于室外地平面的高度超过该房间净高的（　　）。

    A. 2/3　　　　　　B. 1/2　　　　　　C. 1/3　　　　　　D. 1/4

11. 在建筑面积计算规范术语中，房间地平面低于室外地平面的高度超过该房间净高的1/3，但不超过1/2者为（　　）。

    A. 一层　　　　　　　　　　　　　　　B. 负一层

    C. 半地下室　　　　　　　　　　　　　D. 地下室

12. 在建筑面积计算规范术语中，房间地平面低于室外地平面的高度超过该房间净高的1/2者为（　　）。

    A. 一层　　　　　　　　　　　　　　　B. 负一层

    C. 半地下室　　　　　　　　　　　　　D. 地下室

13. 在建筑面积计算规范术语中，整体结构体系中承重的楼板层称为（　　）。

    A. 自然层　　　　　　　　　　　　　　B. 受力层

    C. 建筑层　　　　　　　　　　　　　　D. 结构层

14. 在建筑面积计算规范术语中，建筑物入口处两道门之间的空间称为（　　）。

    A. 雨篷　　　　　　B. 门斗　　　　　　C. 门廊　　　　　　D. 门厅

15. 在建筑面积计算规范术语中，建筑物入口前有顶棚的半围合结构称为（　　）。

    A. 雨篷　　　　　　B. 门斗　　　　　　C. 门廊　　　　　　D. 门厅

16. 在建筑面积计算规范术语中，建筑出入口上方为遮挡雨水而设置的部件称为（　　）。

    A. 雨篷　　　　　　B. 门斗　　　　　　C. 门廊　　　　　　D. 门厅

17. 在建筑面积计算规范术语中，附设于建筑物外墙，设有栏杆或栏板，可供人活动的室外空间称为（　　）。

    A. 雨篷　　　　　　B. 阳台　　　　　　C. 门廊　　　　　　D. 门厅

18. 在建筑面积计算规范术语中，接受、承担和传递建设工程所有上部荷载、维持上部结构整体性、稳定性和安全性的有机联系的构造称为（　　）。

    A. 围护结构　　　　　　　　　　　　　B. 围护设施

    C. 主体结构　　　　　　　　　　　　　D. 附属结构

19. 在建筑面积计算规范术语中，挑出建筑物外墙的水平交通空间是指（　　）。

    A. 走廊　　　　　　B. 挑廊　　　　　　C. 檐廊　　　　　　D. 回廊

20. 在建筑面积计算规范术语中，有道路穿过建筑空间的楼房是指（　　）。

    A. 骑楼　　　　　　　　　　　　　　　B. 走廊

    C. 过街楼　　　　　　　　　　　　　　D. 回廊

21. 某单层建筑物层高 2.1 m，外墙外围结构水平投影面积 150 m²，该建筑物建筑面积为（　　）。

    A. 150 m²　　　　　　B. 75 m²　　　　　　C. 50 m²　　　　　　D. 0

22. 某单层建筑物层高 2.2 m，外墙外围结构水平投影面积 150 m²，该建筑物建筑面积为（　　）。

    A. 150 m²　　　　　　B. 75 m²　　　　　　C. 50 m²　　　　　　D. 0

23. 在计算建筑面积时，当无围护结构、有围护设施，并且结构层高在 2.2 m 以上时，按其结构底板水平投影计算 1/2 建筑面积的是（　　）。

    A. 立体车库　　　　　　　　　　　　B. 室外挑廊

    C. 悬挑看台　　　　　　　　　　　　D. 阳台

24. 某两坡坡屋顶剖面图如图 6-1 所示，已知该坡屋顶内的空间设计可利用，平行于屋脊方向的外墙的结构外边线长度为 40 m，且外墙无保温层。按《建筑工程建筑面积计算规范》（GB/T 50353—2013）计算该坡屋顶内空间的建筑面积为（　　）。

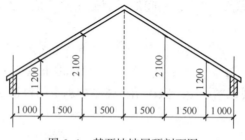

图 6-1　某两坡坡屋顶剖面图

    A. 120 m²　　　　　B. 180 m²　　　　　C. 240 m²　　　　　D. 280 m²

25. 按《建筑工程建筑面积计算规范》（GB/T 50353—2013）计算建筑面积时，按结构底板水平投影面积计算建筑面积的是（　　）。

    A. 无围护结构，有栏杆，且结构层高 2.20 m 的室外走廊

    B. 无围护结构，无顶盖，有栏杆的建筑物间架空走廊

    C. 无围护结构，有顶盖，有栏杆，且结构层高 2.20 m 的建筑物间架空走廊

    D. 大厅内设置的有栏杆，且结构层高 2.20 m 的回廊

26. 按其围护结构外围水平面积计算 1/2 面积的凸（飘）窗应满足（　　）。

    A. 窗台与室内楼地面高差在 0.45 m 以下且结构净高在 2.10 m 及以下的

    B. 窗台与室内楼地面高差在 0.45 m 以下且结构净高在 2.10 m 及以上的

    C. 窗台与室内楼地面高差在 0.45 m 以上且结构净高在 2.10 m 及以上的

    D. 窗台与室内楼地面高差在 0.45 m 以上且结构净高在 2.10 m 及以下的

27. 结构层高在 2.20 m 及以上的，有围护设施的室外走廊（挑廊）应（　　）。

    A. 按其围护设施外围水平投影面积计算建筑面积

    B. 按其围护设施外围水平投影面积计算 1/2 面积

    C. 按其结构底板水平投影面积计算建筑面积

    D. 按其结构底板水平投影面积计算 1/2 面积

28. 结构层高在 2.20 m 及以上的，有围护设施（或柱）的檐廊应（　　）。

    A. 按其围护设施（或柱）外围水平面积计算建筑面积

    B. 按其围护设施（或柱）外围水平面积计算 1/2 面积

    C. 按其结构底板水平面积计算建筑面积

    D. 按其结构底板水平面积计算 1/2 面积

29. 结构层高在 2.20 m 及以上的，底层檐廊有柱和平台，无围护结构，（　　）。

    A. 应按柱外围水平面积计算建筑面积

    B. 应按柱外围水平面积的 1/2 计算建筑面积

    C. 应按柱外围水平面积的 3/4 计算建筑面积

    D. 不计算建筑面积

30. 结构层高在 2.20 m 及以上的，底层檐廊无柱，有平台和围护设施（矮墙或栏杆）的，（　　）。

    A. 应按其围护设施外围水平面积计算建筑面积

    B. 应按其围护设施外围水平面积的 1/2 计算建筑面积

    C. 应按其围护设施外围水平面积的 3/4 计算建筑面积

    D. 不计算建筑面积

31. 结构层高在 2.20 m 及以上的门斗应（　　）。

    A. 按其围护结构外围水平面积计算建筑面积

    B. 按其围护结构外围水平面积的 1/2 计算建筑面积

    C. 按顶板水平投影面积计算建筑面积

    D. 按顶板水平投影面积的 1/2 计算建筑面积

32. 结构层高在 2.20 m 及以上的门廊应（　　）。

    A. 按其围护结构外围水平面积计算建筑面积

    B. 按其围护结构外围水平面积的 1/2 计算建筑面积

    C. 按顶板水平投影面积计算建筑面积

    D. 按顶板水平投影面积的 1/2 计算建筑面积

33. 场馆看台下的建筑空间，计算全面积的条件是（　　）。

    A. 结构层高达到 2.2 m   B. 结构层高超过 2.2 m

    C. 结构净高达到 2.1 m   D. 结构净高超过 2.1 m

34. 结构层高在 2.20 m 及以上，室内单独设置的有围护设施的悬挑看台，应（　　）。

    A. 按其围护设施外围水平投影面积计算建筑面积

    B. 按其围护设施外围水平投影面积计算 1/2 面积

    C. 按其结构底板水平投影面积计算建筑面积

    D. 按其结构底板水平投影面积计算 1/2 面积

35. 结构层高在 2.20 m 及以上，有顶盖无围护结构的场馆看台应（　　）。

    A. 按其顶盖水平投影面积计算建筑面积

    B. 按其顶盖水平投影面积的 1/2 计算建筑面积

    C. 按其底板水平投影面积计算建筑面积

    D. 按其底板水平投影面积的 1/2 计算建筑面积

36. 结构层高在 2.20 m 及以上，建筑物架空层及坡地建筑物吊脚架空层，应（　　）。

    A. 按其顶板水平投影面积计算建筑面积

    B. 按其顶板水平投影面积的 1/2 计算建筑面积

    C. 按其柱外围水平投影面积计算建筑面积

    D. 按其柱外围水平投影面积的 1/2 计算建筑面积

37. 按《建筑工程建筑面积计算规范》（GB/T 50353—2013）计算建筑面积时，应按其围护结构外围水平面积的 1/2 计算面积的是（　　）。

    A. 窗台与室内楼面高差 0.3 m，飘窗结构净高 2.4 m

    B. 窗台与室内楼面高差 0.3 m，飘窗结构净高 1.8 m

    C. 窗台与室内楼面高差 0.6 m，飘窗结构净高 2.4 m

    D. 窗台与室内楼面高差 0.6 m，飘窗结构净高 1.8 m

38. 按《建筑工程建筑面积计算规范》（GB/T 50353—2013）计算建筑面积时，有柱雨篷应按其结构板水平投影面积的 1/2 计算建筑面积的是（　　）。

    A. 结构外边线至外墙结构外边线的宽度为 1.80 m 的悬挑雨篷

    B. 顶盖高度达到两个楼层的，宽度 2.10 m 的悬挑雨篷

    C. 顶盖高度超过两个楼层的，宽度 2.10 m 的悬挑雨篷

    D. 有柱雨篷

39. 按《建筑工程建筑面积计算规范》（GB/T 50353—2013）计算建筑面积时，围护结构不垂直于水平面的楼层，应（　　）。

    A. 按其顶板面的外墙外围水平面积计算

    B. 按其底板面的外墙外围水平面积计算

    C. 按其顶板和底板平均的外墙外围水平面积计算

    D. 按楼层范围内最大的外墙外围水平面积计算

40. 按《建筑工程建筑面积计算规范》（GB/T 50353—2013）计算建筑面积时，结构净高 2 m，应计算 1/2 面积的是（　　）。

    A. 坡屋顶   B. 场馆看台下的建筑空间

    C. 采光井   D. 飘窗

41. 按《建筑工程建筑面积计算规范》（GB/T 50353—2013）计算建筑面积时，高低连跨的建筑物，需分别计算建筑面积时，应以（　　）。

    A. 低跨建筑外边线为界计算   B. 低跨结构外边线为界计算

    C. 高跨建筑外边线为界计算   D. 高跨结构外边线为界计算

42. 按《建筑工程建筑面积计算规范》（GB/T 50353—2013）计算建筑面积时，应计算建筑面积的是（　　）。

    A. 建筑物内的管道井   B. 操作平台

    C. 外挑宽度为 2.0 m 的悬挑雨篷   D. 露台

43. 按《建筑工程建筑面积计算规范》（GB/T 50353—2013）计算建筑面积时，不应计算建筑面积的是（　　）。

    A. 室外台阶   B. 观光电梯

    C. 玻璃幕墙   D. 空调搁板

二、多项选择题（在下列每小题的五个备选答案中有二至四个正确答案，请将正确答案全部选出，并将其字母标号填入题干的括号内）

1. 按《建筑工程建筑面积计算规范》（GB/T 50353—2013）计算建筑面积时，计算建筑面积的有（　　）。

　　A. 室内管道井　　　　　　　　　B. 柱式雨篷

　　C. 独立烟囱　　　　　　　　　　D. 没有围护结构的屋顶水箱

　　E. 不与户室开门连通的室外平台

2. 按《建筑工程建筑面积计算规范》（GB/T 50353—2013）计算建筑面积时，不计算建筑面积的有（　　）。

　　A. 露台　　　　　　　　　　　　B. 悬挑宽度 2.1 m 的悬挑雨篷

　　C. 室外楼梯　　　　　　　　　　D. 室外台阶

　　E. 管道井

3. 按《建筑工程建筑面积计算规范》（GB/T 50353—2013）计算建筑面积时，按投影面积的一半计算建筑面积的有（　　）。

　　A. 室外楼梯　　　　　　　　　　B. 悬挑宽度 2.2 m 的悬挑雨篷

　　C. 阳台　　　　　　　　　　　　D. 建筑物通道

　　E. 室外台阶

4. 按《建筑工程建筑面积计算规范》（GB/T 50353—2013）计算建筑面积时，按结构底板水平投影面积计算建筑面积的有（　　）。

　　A. 悬挑看台　　　　　　　　　　B. 门斗

　　C. 门廊　　　　　　　　　　　　D. 挑廊

　　E. 露台

5. 按《建筑工程建筑面积计算规范》（GB/T 50353—2013）计算建筑面积时，按结构顶板水平投影面积的一半计算建筑面积的有（　　）。

　　A. 悬挑看台　　　　　　　　　　B. 门斗

　　C. 门廊　　　　　　　　　　　　D. 挑廊

　　E. 有柱雨篷

三、判断改错题（在下列每小题后面的括号内，正确的填"√"，错误的填"×"，错误的要在题目的下方写出正确的答案）

1. 建筑物内的室内楼梯间、电梯井、观光电梯井、提物井、管道井、通风排气竖井、垃圾道、附墙烟囱应按一层计算建筑面积。　　　　　　　　　　　　　　（　　）

2. 室外楼梯应并入所依附建筑物自然层，并按其水平投影面积的 1/2 计算建筑面积。

　　　　　　　　　　　　　　　　　　　　　　　　　　　　　　　　（　　）

3. 建筑物顶部的楼梯间、水箱间、电梯机房等，层高在 2.20 m 及以上者应计算全面积。

（　　）

4. 有柱雨篷宽度达到 2.10 m 者应按雨篷的结构板水平投影面积的 1/2 计算建筑面积。
$\qquad$ ( )

5. 建筑物的阳台应按其结构底板水平投影面积计算 1/2 面积。 ( )

6. 围合建筑空间的墙体、门、窗称为围护结构。 ( )

7. 室内地平面低于室外地平面的高度超过室内净高的 1/2 的房间称为地下室。 ( )

8. 专门设置在建筑物的二层或二层以上，作为不同建筑物之间水平交通的空间是走廊。
$\qquad$ ( )

9. 建筑物入口前有顶棚的半围合结构称为门廊。 ( )

10. 防止建筑物在某些因素作用下引起开裂甚至破坏而预留的构造缝称为变形缝。
$\qquad$ ( )

11. 过街楼是指沿街二层以上用承重柱支撑骑跨在公共人行空间之上，其底层沿街面后退的建筑物。 ( )

12. 出入口外墙外侧坡道，应按其外墙结构外围水平面积的 1/2 计算面积。 ( )

13. 建筑物间的架空走廊，无顶盖、无围护结构、有围护设施的，应按其结构底板水平投影面积计算 1/2 面积。 ( )

14. 无顶盖的采光井（包括建筑物中的采光井和地下室采光井）应按一层计算面积。
$\qquad$ ( )

15. 在主体结构内的阳台，应按其结构外围水平面积计算全面积。 ( )

16. 在主体结构外的阳台，应按其结构底板水平投影面积计算 1/2 面积。 ( )

17. 外墙外侧有幕墙的建筑物，应按幕墙外边线计算建筑面积。 ( )

18. 建筑物的外墙外保温层，应按其保温材料的水平截面积计算，按一层并入建筑面积。
$\qquad$ ( )

19. 变形缝应按其自然层合并在建筑物建筑面积内计算。 ( )

20. 建筑物内的操作平台、上料平台、安装箱和罐体的平台，不计算建筑面积。 ( )

四、填空题

1. 建筑面积指的是建筑物（包括墙体）所形成的_____面积。

2. 具备可出入、_____条件的围合空间，均属于建筑空间。

3. 仅有结构支撑而无外围护结构的开敞空间层称为_____。

4. 建筑物入口处两道门之间的空间称为_____。

5. 根据外界破坏因素的不同，变形缝一般分为伸缩缝、沉降缝、_____三种。

6. 在主体结构内的阳台，建筑面积应按其结构外围水平面积计算_____面积。

7. 在主体结构外的阳台，建筑面积应按其结构底板水平投影面积计算_____面积。

8. 挑出宽度在 2.10 m 以下的_____雨篷不计算建筑面积。

9. 顶盖高度达到或超过_____楼层的无柱雨篷不计算建筑面积。

10. 窗台与室内地面高差在_____以下且结构净高在 2.10 m 以下的凸（飘）窗不计算建筑面积。

五、名词解释

1. 自然层
2. 结构层高
3. 建筑空间
4. 围护结构
5. 围护设施
6. 地下室
7. 半地下室
8. 架空走廊
9. 过街楼
10. 台阶

六、简答题

1. 简述形成建筑空间的坡屋顶部位的建筑面积计算规则。
2. 简述围护结构不垂直于水平面的楼层建筑面积计算规则。
3. 简述有顶盖的采光井建筑面积计算规则。

七、分析计算题

1. 某建筑物共 12 层，无地下室，每层外墙外围水平投影面积 600 m²，底层为架空层，层高 2.1 m，第 12 层为设备管道层，层高 2.1 m，其余层高均为 3.00 m，建筑物外有一不上屋顶的有上盖室外楼梯，其水平投影面积 20 m²，求其总建筑面积。

2. 某砖混结构住宅楼，室内外高差 0.3 m，6 层建筑，6 层顶上利用双坡屋顶的空间做阁楼层使用，6 层层高均为 2.80 m，剖面图如图 6-2 所示，图中轴线位于墙中，墙体厚度为 240 mm，房屋平面轴线尺寸为 40 m×12 m，楼板结构层厚度均为 100 mm。试按《建筑工程建筑面积计算规范》（GB/T 50353—2013）的规定计算该住宅的建筑面积。

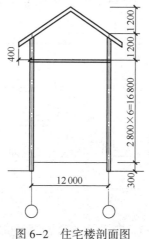

图 6-2　住宅楼剖面图

3. 如图6-3所示，A、B两楼中间为三层联系走廊，层高均为3 m，走廊的水平投影面积为120 m²，试按《建筑工程建筑面积计算规范》（GB/T 50353—2013）的规定计算该三层联系走廊的建筑面积。

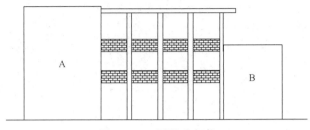

图6-3 三层联系走廊

4. 某单层宿舍，平面为长方形，外墙的结构外边线平面尺寸为33.8 m×7.4 m。已知外墙外侧面做法为：20 mm厚1∶3水泥砂浆找平层，3 mm厚胶粘剂，20 mm厚硬泡聚氨酯复合板，5 mm厚抹面胶浆。试按《建筑工程建筑面积计算规范》（GB/T 50353—2013）的规定计算该单层宿舍的建筑面积。

5. 某连跨房屋平面图和剖面图如图6-4所示，试按《建筑工程建筑面积计算规范》（GB/T 50353—2013）的规定分别计算该房屋高跨和低跨的建筑面积。

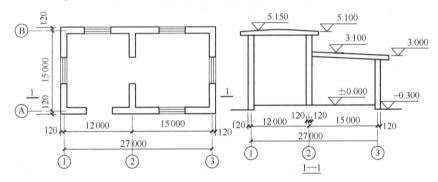

图6-4 某连跨房屋平面图和剖面图

6. 某房屋和通向地下室的带有永久性顶盖的坡道平面图和剖面图如图6-5所示，试按《建筑工程建筑面积计算规范》（GB/T 50353—2013）的规定计算该房屋及坡道的建筑总面积。

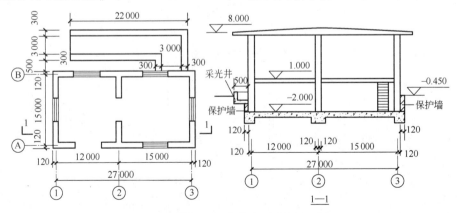

图6-5 某房屋及坡道平面图和剖面图

7. 某带回廊的建筑物平面图和剖面图如图 6-6 所示，试按《建筑工程建筑面积计算规范》（GB/T 50353—2013）的规定计算该建筑物的建筑面积。

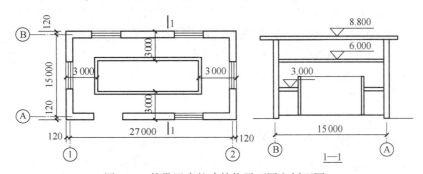

图 6-6　某带回廊的建筑物平面图和剖面图

习题参考答案

一、单项选择题（在下列每小题的四个备选答案中选出一个正确的答案，并将其字母标号填入题干的括号内）

1. A	2. A	3. C	4. A	5. D	6. C	7. C	8. B	9. C
10. B	11. C	12. D	13. D	14. B	15. C	16. A	17. B	18. C
19. B	20. C	21. B	22. A	23. B	24. B	25. D	26. B	27. D
28. B	29. B	30. B	31. A	32. D	33. C	34. C	35. B	36. A
37. A	38. D	39. B	40. D	41. D	42. A	43. A		

二、多项选择题（在下列每小题的五个备选答案中有二至四个正确答案，请将正确答案全部选出，并将其字母标号填入题干的括号内）

1. AB　　　2. AD　　　3. AB　　　4. AD　　　5. CE

三、判断改错题（在下列每小题后面的括号内，正确的填 "√"，错误的填 "×"，错误的要在题目的下方写出正确的答案）

1. （×）"一层" 改为 "建筑物自然层"

2. （√）

3. （×）"顶部的" 改为 "顶部有围护结构的"

4. （×）"有柱雨篷" 改为 "悬挑雨篷"

5. （×）"建筑物" 改为 "主体结构外"

6. （√）

7. （√）

8. （×）"走廊" 改为 "架空走廊"

9. （√）

10. （√）

11. （×）"过街楼"改为"骑楼"

12. （×）"坡道"改为"坡道有顶盖的部位"

13. （√）

14. （×）"无"改为"有"

15. （√）

16. （√）

17. （×）"外墙外侧"改为"以幕墙作为围护结构的"

18. （×）"按一层"改为"按自然层"

19. （×）"变形缝"改为"与室内相通的变形缝"

20. （√）

四、填空题

1. 楼地面

2. 可利用

3. 架空层

4. 门斗

5. 防震缝

6. 全

7. 1/2

8. 无柱

9. 两个

10. 0.45 m

五、名词解释

1. 自然层：按楼地面结构分层的楼层。

2. 结构层高：楼面或地面结构层上表面至上部结构层上表面之间的垂直距离。

3. 建筑空间：以建筑界面限定的、供人们生活和活动的场所。

4. 围护结构：围合建筑空间的墙体、门、窗。

5. 围护设施：为保障安全而设置的栏杆、栏板等围挡。

6. 地下室：室内地平面低于室外地平面的高度超室内净高的1/2的房间。

7. 半地下室：室内地平面低于室外地平面的高度超过室内净高的1/3，且不超过1/2的房间。

8. 架空走廊：专门设置在建筑物的二层或二层以上，作为不同建筑物之间水平交通的空间。

9. 过街楼：跨越道路上空并与两边建筑相连接的建筑物。

10. 台阶：联系室内外地坪或同楼层不同标高而设置的阶梯形踏步。

六、简答题

1. 参考答案：结构净高在 2.10 m 及以上的部位应计算全面积；结构净高在 1.20 m 及以上至 2.10 m 以下的部位应计算 1/2 面积；结构净高在 1.20 m 以下的部位不应计算建筑面积。

2. 参考答案：（1）应按其底板面的外墙外围水平面积计算。（2）结构净高在 2.10 m 及以上的部位应计算全面积；（3）结构净高在 1.20 m 及以上至 2.10 m 以下的部位应计算 1/2 面积；（4）结构净高在 1.20 m 以下的部位不应计算建筑面积。

3. 参考答案：（1）应按一层计算面积；（2）结构净高在 2.10 m 及以上的，应计算全面积；（3）结构净高在 2.10 m 以下的，应计算 1/2 面积。

七、分析计算题

1. 解：架空层建筑面积 $S_1 = 600 \div 2 = 300$ m^2

第 2~11 层建筑面积 $S_2 = 600 \times 10 = 6\,000$ m^2

第 12 层建筑面积 $S_3 = 600 \div 2 = 300$ m^2

室外楼梯建筑面积 $S_4 = 20 \div 2 \div 2 + 20 \div 2 \times (11-1) = 105$ m^2

总建筑面积 $S = S_1 + S_2 + S_3 + S_4 = 300 + 6\,000 + 300 + 105 = 6\,705$ m^2

答：该房屋的总建筑面积为 6 705 m^2。

2. 解：阁楼计算建筑面积的宽度 $= 12 - 2x = 12 - 2 \times \dfrac{(1.3-1.2)}{1.2} \times 6 = 11$ m

阁楼全算建筑面积的宽度 $= 12 - 2y = 12 - 2 \times \dfrac{(2.2-1.2)}{1.2} \times 6 = 2$ m

阁楼算一半建筑面积的宽度 $= 11 - 2 = 9$ m

阁楼部分建筑面积 $S_1 = 2 \times 40.24 + 9 \times 40.24 \div 2 = 261.56$ m^2

1~6 层建筑面积 $S_2 = 12.24 \times 40.24 \times 6 = 2\,955.23$ m^2

总建筑面积 $S = S_1 + S_2 = 2\,955.23 + 261.56 = 3\,216.8$ m^2

答：该住宅的建筑面积为 3 216.8 m^2。

3. 解：走廊的建筑面积 $S = (120 + 120 + 120) \times 0.5 = 180$ m^2

答：该走廊的建筑面积为 180 m^2。

4. 解：单层宿舍外墙结构外围建筑面积 $= 33.8 \times 7.4 = 250.12$ m^2

保温层建筑面积 $= 0.02 \times (33.8 + 7.4) \times 2 = 1.648$ m^2

总建筑面积 $S = 250.12 + 1.648 = 251.768$ m^2

答：该单层宿舍的建筑面积为 251.768 m^2。

5. 解：高跨建筑面积 $S_1 = (12.00 + 0.24) \times (15.00 + 0.24) = 186.54$ m^2

低跨建筑面积 $S_2 = 15.00 \times (15.00 + 0.24) = 228.60$ m^2

答：该房屋高跨建筑面积为 186.54 m^2，低跨建筑面积为 228.60 m^2。

6. 解：房屋建筑面积 $S_1 = (27.00 + 0.24) \times (15.00 + 0.24) \times 2 = 830.28$ m^2

坡道建筑面积 $S_2 = [22.00 \times (3.00 + 0.30 + 0.30) + 0.50 \times (3.00 + 0.30 + 0.30)] \div 2 = 40.50$ m^2

采光井没有顶盖，不计算建筑面积。

总建筑面积 $S = S_1 + S_2 = 870.78$ m^2

答：该房屋建筑总面积为 870.78 m^2。

7. **解**：楼层建筑面积 $S_1 = (27.00 + 0.24) \times (15.00 + 0.24) \times 2 = 830.28$ m^2

回廊建筑面积 $S_2 = 3.00 \times (27.00 + 0.24 - 3.00 + 15.00 + 0.24 - 3.00) \times 2 = 218.88$ m^2

总建筑面积 $S = S_1 + S_2 = 1\,049.16$ m^2

答：该建筑物的建筑面积为 1 049.16 m^2。

第 7 章　分部分项工程费用的计算

习　题

一、单项选择题（在下列每小题的四个备选答案中选出一个正确的答案，并将其字母标号填入题干的括号内）

1. 平整场地是指建筑场地挖、填土方在（　　　）。
   A. ±15 cm 以内
   B. ±20 cm 以内
   C. ±25 cm 以内
   D. ±30 cm 以内

2. 原地面与设计室外地坪标高超过 30 cm 以上的原土挖填，套用（　　　）。
   A. 平整场地定额
   B. 挖土方、回填土定额
   C. 挖沟槽、回填土定额
   D. 挖基坑、回填土定额

3. 开挖底长 ≤3 倍底宽且底面积（含工作面）≤150 m² 的土方应按（　　　）。
   A. 挖土方计算
   B. 挖沟槽计算
   C. 挖基坑计算
   D. 山坡切土计算

4. 开挖底宽 ≤7 m 且底长 >3 倍底宽的土方应按（　　　）。
   A. 挖土方计算
   B. 挖沟槽计算
   C. 挖基坑计算
   D. 山坡切土计算

5. 人工挖土方中，土方体积以（　　　）。
   A. 天然密实体积为准
   B. 夯实后体积为准
   C. 松填体积为准
   D. 松散体积为准

6. 某工程沟槽总深度 4 m，其中上部干土深 1.5 m，下部湿土深 2.5 m，套干土部分定额时深度依据为（　　　）。
   A. 1.0 m
   B. 1.5 m
   C. 2.5 m
   D. 4.0 m

7. 某工程沟槽总深度 4 m，其中上部干土深 1.5 m，下部湿土深 2.5 m，套湿土部分定额时深度依据为（　　　）。
   A. 1.0 m
   B. 1.5 m
   C. 2.5 m
   D. 4.0 m

8. 施工图预算中挖土深度一律以（　　　）。

　　A. 设计室内地坪为起点　　　　　　　B. 设计室外地坪为起点

　　C. 实际室内地坪为起点　　　　　　　D. 实际室外地坪为起点

9. 余土外运、缺土内运中，土方体积以（　　　）。

　　A. 天然密实体积为准　　　　　　　　B. 夯实后体积为准

　　C. 松填体积为准　　　　　　　　　　D. 松散体积为准

10. 江苏省 2014 计价定额中的机械土方子目，其自卸汽车运土是按配合（　　　）。

　　A. 正铲挖掘机考虑的　　　　　　　　B. 反铲挖掘机考虑的

　　C. 拉铲挖掘机考虑的　　　　　　　　D. 抓铲挖掘机考虑的

11. 江苏省 2014 计价定额中，机械挖土方子目是按挖（　　　）。

　　A. 一类土考虑的　　　　　　　　　　B. 二类土考虑的

　　C. 三类土考虑的　　　　　　　　　　D. 四类土考虑的

12. 江苏省 2014 计价定额规定，机械挖土方确实挖不到的地方，用人工修边坡、整平的土方工程量套用（　　　）。

　　A. 人工挖基坑土方定额　　　　　　　B. 人工挖沟槽土方定额

　　C. 人工挖一般土方定额　　　　　　　D. 人工修坡定额

13. 江苏省 2014 计价定额规定，采用机械挖土方的可套用一定量的人工挖一般土方定额，但工程量应（　　　）。

　　A. ≤5% 的总挖方量　　　　　　　　B. ≤10% 的总挖方量

　　C. ≤15% 的总挖方量　　　　　　　　D. ≤20% 的总挖方量

14. 管道沟槽回填＝挖方体积–管外径所占体积。计算工程量时，不扣除管道所占体积的管外径应（　　　）。

　　A. ≤200 mm　　　　　　　　　　　　B. ≤300 mm

　　C. ≤400 mm　　　　　　　　　　　　D. ≤500 mm

15. 江苏省 2014 计价定额规定，深层搅拌桩和粉喷桩定额中已考虑了"钻进空搅"因素，其空搅高度为（　　　）。

　　A. ≤0.5 m　　　　B. ≤1 m　　　　C. ≤2 m　　　　D. ≤2.5 m

16. 可以使用江苏省 2014 计价定额中打桩定额计价的是（　　　）。

　　A. 桥梁打桩　　　　　　　　　　　　B. 支架上打桩

　　C. 室内打桩　　　　　　　　　　　　D. 打试桩

17. 江苏省 2014 计价定额规定，单位工程打桩工程量较小，套用相应打桩子目时应换算，其中预应力离心管桩的下限值是（　　　）。

　　A. 200 m³　　　　B. 100 m³　　　　C. 60 m³　　　　D. 50 m³

18. 江苏省 2014 计价定额规定，打预制方桩、离心管桩子目中包含（　　　）。

　　A. 150 m 的场内运输　　　　　　　　B. 300 m 的场内运输

　　C. 500 m 的场内运输　　　　　　　　D. 1 km 的场内运输

19. 江苏省 2014 计价定额规定，打、拔钢板桩子目中包含（　　　）。

　　A. 150 m 的场内运输　　　　　　　　B. 300 m 的场内运输

　　C. 500 m 的场内运输　　　　　　　　D. 1 km 的场内运输

20. 根据江苏省 2014 计价定额规定，静力压桩需要接桩，计算接桩费用时只计接桩材料费和电焊机费用的是（　　）。

    A. 8 m 桩   B. 10 m 桩

    C. 12 m 桩   D. 14 m 桩

21. 根据江苏省 2014 计价定额规定，静力压桩需要接桩，套用接桩定额计算接桩费用的是（　　）。

    A. 12 m 桩   B. 15 m 桩

    C. 18 m 桩   D. 24 m 桩

22. 根据江苏省 2014 计价定额规定，钻孔灌注桩的钻孔深度是按（　　）。

    A. 20 m 内综合编制的   B. 30 m 内综合编制的

    C. 40 m 内综合编制的   D. 50 m 内综合编制的

23. 根据江苏省 2014 计价定额规定，人工挖孔灌注混凝土桩的钻孔深度是按（　　）。

    A. 12 m 内综合编制的   B. 15 m 内综合编制的

    C. 18 m 内综合编制的   D. 24 m 内综合编制的

24. 根据江苏省 2014 计价定额规定，打桩定额中土壤按（　　）。

    A. 一、二类土考虑   B. 三类土考虑

    C. 四类土考虑   D. 综合类别考虑

25. 根据江苏省 2014 计价定额规定，砌筑工程中有专门的弧形墙子目的砖墙是（　　）。

    A. 标准砖墙   B. KP1 砖墙

    C. KM1 砖墙   D. 砌块墙

26. 根据江苏省 2014 计价定额规定，房屋基础与墙身使用同一种材料时，墙身与基础的分界为（　　）。

    A. 设计室内地坪   B. 设计室外地坪

    C. 实际室内地坪   D. 实际室外地坪

27. 根据江苏省 2014 计价定额规定，房屋基础、墙身使用不同材料时，不同材料的分界线位于设计室内地坪±300 mm 以内，墙身与基础的分界为（　　）。

    A. 设计室内地坪   B. 设计室外地坪

    C. 实际室内地坪   D. 不同材料的分界线

28. 根据江苏省 2014 计价定额规定，房屋基础、墙身使用不同材料时，不同材料的分界线与设计室内地坪高差超过±300 mm，墙身与基础的分界为（　　）。

    A. 设计室内地坪   B. 设计室外地坪

    C. 实际室内地坪   D. 不同材料的分界线

29. 根据江苏省 2014 计价定额规定，围墙基础、墙身使用不同材料时，墙身与基础的分界为（　　）。

    A. 设计室内地坪   B. 设计室外地坪

    C. 实际室内地坪   D. 不同材料的分界线

30. 根据江苏省 2014 计价定额规定，围墙基础、墙身使用同一种材料时，墙身与基础（   ）。

    A. 以设计室内地坪为界分基础、墙身计算

    B. 设计室外地坪为界分基础、墙身计算

    C. 实际室内地坪为界分基础、墙身计算

    D. 全部按墙身计算

31. 根据江苏省 2014 计价定额规定，按零星砌体计算的水池，其容积应在（   ）。

    A. 1 m³ 以内   B. 2 m³ 以内

    C. 3 m³ 以内   D. 4 m³ 以内

32. 根据江苏省 2014 计价定额规定，砖基础计算超深增加人工的深度是自室外地面至砖基础底表面超过（   ）。

    A. 1 m   B. 1.5 m   C. 2.5 m   D. 3 m

33. 根据江苏省 2014 计价定额规定，标准砖砌圆形水池按（   ）。

    A. 零星砌砖子目执行   B. 弧形外墙子目执行

    C. 弧形内墙子目执行   D. 砖砌地沟子目执行

34. 根据江苏省 2014 计价定额规定，附墙烟囱、通风道、垃圾道按其外型体积并入所依附的墙体积内合并计算工程量，不扣除每个横截面面积在（   ）。

    A. 0.1 m² 以内的孔洞的体积   B. 0.2 m² 以内的孔洞的体积

    C. 0.3 m² 以内的孔洞的体积   D. 0.5 m² 以内的孔洞的体积

35. 根据江苏省 2014 计价定额规定，铁件是指质量在（   ）。

    A. 25 kg 以内的预埋铁件   B. 50 kg 以内的预埋铁件

    C. 100 kg 以内的预埋铁件   D. 150 kg 以内的预埋铁件

36. 根据江苏省 2014 计价定额规定，现浇构件钢筋在套用相应子目时需要换算的层高下限是（   ）。

    A. 3.6 m   B. 5 m   C. 8 m   D. 12 m

37. 根据江苏省 2014 计价定额规定，现场集中搅拌混凝土按（   ）。

    A. 自拌混凝土相应子目换算执行   B. 预拌混凝土相应子目换算执行

    C. 自拌混凝土相应子目直接执行   D. 预拌混凝土相应子目直接执行

38. 根据江苏省 2014 计价定额规定，小型混凝土构件，是指未列出定额的单体体积在（   ）。

    A. 0.05 m³ 以内的构件   B. 0.1 m³ 以内的构件

    C. 0.2 m³ 以内的构件   D. 0.3 m³ 以内的构件

39. 根据江苏省 2014 计价定额规定，混凝土垫层厚度以（   ）。

    A. 10 cm 以内为准   B. 15 cm 以内为准

    C. 20 cm 以内为准   D. 25 cm 以内为准

40. 根据江苏省 2014 计价定额规定，现场预制构件，如在加工厂制作，混凝土配合比按（   ）。

    A. 现场配合比计算   B. 加工厂配合比计算

    C. 现场集中搅拌混凝土配合比计算   D. 特种混凝土配合比计算

41. 根据江苏省 2014 计价定额规定，有梁带形混凝土基础，基础扩大面以上的肋的体积按钢筋混凝土墙计算的前提是肋高与肋宽之比 $h : b >$ （   ）。

    A. 2   B. 3   C. 4   D. 5

42. 根据江苏省 2014 计价定额规定，图 7-1 中套 "高颈杯形基础" 定额的前提是（   ）。

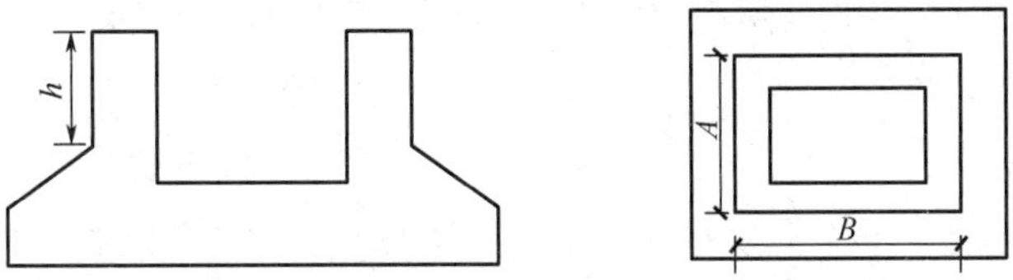

图 7-1　高颈杯形基础

    A. $A>B$，$h>B$ B. $A>B$，$B>h$

    C. $B>A$，$h>B$ D. $B>A$，$B>h$

43. 根据江苏省 2014 计价定额规定，现浇柱、梁、墙、板（各种板）的人工工日需要乘系数调整的室内净高应超过（   ）。

    A. 3.6 m   B. 5 m   C. 8 m   D. 12 m

44. 根据江苏省 2014 计价定额规定，按直形墙计算的 L、T、+形柱的两边之和应超过（   ）。

    A. 1 m   B. 1.5 m   C. 2 m   D. 2.5 m

45. 根据江苏省 2014 计价定额规定，现浇钢筋混凝土斜梁套用相应梁子目需换算的前提是坡度大于（   ）。

    A. 5°   B. 10°   C. 15°   D. 20°

46. 根据江苏省 2014 计价定额规定，砖混结构中圈梁上的板按（   ）。

    A. 现浇板计算   B. 有梁板计算

    C. 无梁板计算   D. 平板计算

47. 根据江苏省 2014 计价定额规定，按有梁板计算的悬挑阳台挑出宽度应大于（   ）。

    A. 1.2 m   B. 1.5 m   C. 1.8 m   D. 2.0 m

48. 根据江苏省 2014 计价定额规定，加工厂预制构件，如在现场制作，混凝土配合比按（   ）。

    A. 现场配合比计算   B. 加工厂配合比计算

    C. 现场集中搅拌混凝土配合比计算   D. 特种混凝土配合比计算

49. 根据江苏省 2014 计价定额规定，泵送混凝土定额中已综合考虑了输送泵车台班，定额综合考虑的高度是（   ）。

    A. 20 m   B. 30 m   C. 40 m   D. 50 m

50. 根据江苏省 2014 计价定额规定，整体楼梯按水平投影面积计算工程量，不扣除宽度小于（   ）。

    A. 200 mm 的楼梯井   B. 300 mm 的楼梯井

    C. 400 mm 的楼梯井   D. 500 mm 的楼梯井

51. 根据江苏省 2014 计价定额规定，工程量需要在设计图纸量基础上加定额规定的场外运输、安装损耗的薄型构件的厚度为（　　）。

    A. 20 m 以内
                B. 30 m 以内

    C. 40 m 以内
                D. 50 m 以内

52. 根据江苏省 2014 计价定额规定，钢屋架中的轻型屋架指的是单榀质量在（　　）。

    A. 0.2 t 以下者
                B. 0.5 t 以下者

    C. 0.6 t 以下者
                D. 1 t 以下者

53. 根据江苏省 2014 计价定额规定，预制漏空混凝土花格窗施工图外形面积为 20 m^2，则其制作工程量为（　　）。

    A. 20 m^2
                B. 20.36 m^2

    C. 20.3 m^2
                D. 无法确定

54. 根据江苏省 2014 计价定额规定，加工厂预制混凝土构件安装项目中包括的场内运输费为（　　）。

    A. 150 m
       B. 300 m
       C. 500 m
       D. 1 km

55. 根据江苏省 2014 计价定额规定，小型混凝土构件安装是指未列出定额的单体体积在（　　）。

    A. 0.05 m^3 以内的构件
          B. 0.1 m^3 以内的构件

    C. 0.2 m^3 以内的构件
          D. 0.3 m^3 以内的构件

56. 根据江苏省 2014 计价定额规定，构件安装中的履带起重机的安装高度以（　　）。

    A. 20 m 内为准
             B. 30 m 内为准

    C. 40 m 内为准
             D. 50 m 内为准

57. 根据江苏省 2014 计价定额规定，属于一、二类木种的是（　　）。

    A. 榉木
                B. 枫木

    C. 樱桃木
             D. 椴木

58. 根据江苏省 2014 计价定额规定，木楼梯按水平投影面积计算工程量，不扣除宽度小于（　　）。

    A. 200 mm 的楼梯井
          B. 300 mm 的楼梯井

    C. 400 mm 的楼梯井
          D. 500 mm 的楼梯井

59. 根据江苏省 2014 计价定额规定，瓦屋面工程量等于屋面水平投影面积乘以屋面坡度系数，该屋面坡度系数指的是（　　）。

    A. 延长系数
            B. 隅延长系数

    C. 屋面坡度
             D. 屋面角度

60. 根据江苏省 2014 计价定额规定，屋面排水定额中，阳台出水口至落水管中心线按 1 m 计算，该长度指的是（　　）。

    A. 水平长度
            B. 垂直长度

    C. 斜长
              D. 弧长

61. 根据江苏省 2014 计价定额规定，计算钢筋混凝土井池壁工程量时，不扣除与排水管道连接的壁上孔洞的前提是该排水管径在（　　　）。

    A. 200 mm 以内
            B. 300 mm 以内

    C. 400 mm 以内
            D. 500 mm 以内

62. 根据江苏省 2014 计价定额规定，桩间挖土，指桩顶设计标高以下及桩顶设计标高以上（　　　）。

    A. 0.25 m 范围内的挖土
            B. 0.50 m 范围内的挖土

    C. 0.60 m 范围内的挖土
            D. 1 m 范围内的挖土

63. 根据江苏省 2014 计价定额规定，称为主墙的砖墙的厚度应达到（　　　）。

    A. 100 mm
            B. 120 mm

    C. 180 mm
            D. 240 mm

64. 根据江苏省 2014 计价定额规定，称为主墙的钢筋混凝土剪力墙的厚度应达到（　　　）。

    A. 100 mm
            B. 120 mm

    C. 180 mm
            D. 240 mm

65. 根据江苏省 2014 计价定额规定，按有梁板计算的悬挑雨篷挑出宽度应大于（　　　）。

    A. 1.2 m
            B. 1.5 m

    C. 1.8 m
            D. 2.0 m

二、多项选择题（在下列每小题的五个备选答案中有二至四个正确答案，请将正确答案全部选出，并将其字母标号填入题干的括号内）

1. 根据江苏省 2014 计价定额规定，套人工挖土方定额时需要考虑（　　　）。

    A. 土壤类别
            B. 干湿土

    C. 挖土深度
            D. 企业资质等级

    E. 运土距离

2. 根据江苏省 2014 计价定额规定，套机械挖土方定额时需要考虑（　　　）。

    A. 土壤类别
            B. 干湿土

    C. 挖土深度
            D. 企业资质等级

    E. 运土距离

3. 根据江苏省 2014 计价定额规定，计算墙身工程量时应扣除的有（　　　）。

    A. 壁龛
            B. 门窗走头

    C. 混凝土构造柱、圈梁、过梁
            D. 过人洞、空圈

    E. 梁头

4. 根据江苏省 2014 计价定额规定，计算墙身工程量时应扣除的有（　　　）。

    A. 檩条头
            B. 钢筋混凝土圈梁、过梁

    C. 混凝土垫块
            D. 钢筋混凝土构造柱

E. 门窗洞口

5. 根据江苏省 2014 计价定额规定，计算墙身工程量时应扣除的有 (　　)。

  A. 门窗洞口体积   B. 嵌入墙体的板体积

  C. 混凝土防潮层   D. 混凝土垫块体积

  E. 横截面面积在 0.3 m² 以上的孔洞所占的体积

6. 根据江苏省 2014 计价定额规定，空斗墙中已包含的实砌部分有 (　　)。

  A. 门窗洞口立边实砌部分   B. 窗间墙实砌部分

  C. 屋檐处实砌部分   D. 梁下实砌部分

  E. 内外墙交接处实砌部分

7. 根据江苏省 2014 计价定额规定，空斗墙中已包含的实砌部分有 (　　)。

  A. 墙角实砌部分   B. 窗台下实砌部分

  C. 窗台砖实砌部分   D. 楼板下实砌部分

  E. 屋檐处实砌部分

8. 根据江苏省 2014 计价定额规定，应计入钢筋工程量内的有 (　　)。

  A. 搭接钢筋   B. 型钢马凳

  C. 钢筋余头   D. 锚固钢筋长度

  E. 架立筋

9. 根据江苏省 2014 计价定额规定，按规范规定综合考虑了底部铺垫 1∶2 水泥砂浆的用量的有 (　　)。

  A. 柱   B. 梁   C. 墙   D. 板

  E. 楼梯

10. 根据江苏省 2014 计价定额规定，泵送混凝土子目中已综合考虑的费用有 (　　)。

  A. 输送泵车台班   B. 布拆管及清洗人工

  C. 泵管摊销费   D. 冲洗费

  E. 泵车进退场费

11. 根据江苏省 2014 计价定额规定，计算打桩工程量时需要在桩长基础上增加长度的有 (　　)。

  A. 预制方桩   B. 预制离心管桩

  C. 钻孔灌注桩   D. 打孔沉管灌注桩

  E. 夯扩桩

三、判断改错题（在下列每小题后面的括号内，正确的填 "√"，错误的填 "×"，错误的要在题目的下方写出正确的答案）

1. 根据江苏省 2014 计价定额规定，底宽≤7 m 且底长>3 倍底宽的为沟槽，套用定额计价时，应根据底宽的不同，分别按底宽 3~7 m 间、3 m 以内，套用对应的定额子目。(　　)

2. 根据江苏省 2014 计价定额规定，底长≤3 倍底宽且底面积≤150 m² 的为基坑，套用定额计价时，应根据底面积的不同，分别按底面积 20~150 m² 间、20 m² 以内，套用对应的定额子目。 (　　)

3. 根据江苏省 2014 计价定额规定，挖土深度以设计室外标高为起点，实际自然地面标高与设计地面标高不同时，两者的工程量差异应在预算中考虑。　　（　　）

4. 建筑物室内地面层次厚度大于室内外高差，室内需回填土。　　（　　）

5. 建筑物室内地面层次厚度小于室内外高差，室内需挖土。　　（　　）

6. 建筑物室内挖土或回填土的厚度等于室内外高差。　　（　　）

7. 根据江苏省 2014 计价定额规定，打预制钢筋混凝土桩的定额中未包含钢筋混凝土桩的制作费。　　（　　）

8. 根据江苏省 2014 计价定额规定，打（静力压）预制方桩、离心管桩子目中已包含 500 m 内的场内运输。　　（　　）

9. 根据江苏省 2014 计价定额规定，打孔沉管灌注混凝土桩体积按设计桩长（包括桩尖）另加 250 mm（设计有规定，按设计要求）乘以标准管内径截面面积以体积计算。　　（　　）

10. 根据江苏省 2014 计价定额规定，夯扩桩一、二次夯扩体积按每次设计夯扩前投料长度（不包括预制桩尖）乘以标准管内径体积计算。　　（　　）

11. 根据江苏省 2014 计价定额规定，围墙以设计室内地坪为分界线，以下为基础，以上为墙身。　　（　　）

12. 根据江苏省 2014 计价定额规定，砖柱柱基与柱身砌体品种相同时，柱基、柱身工程量合并套用"砖柱"定额。　　（　　）

13. 根据江苏省 2014 计价定额规定，砌块墙墙顶梁底、板底的补砌挤紧的斜砌砖，另按相应零星砌砖定额执行。　　（　　）

14. 根据江苏省 2014 计价定额规定，弧形梁按相应的直形梁子目执行（不换算）。　　（　　）

15. 根据江苏省 2014 计价定额规定，砖混结构中圈梁上的板按无梁板计算。　　（　　）

16. 根据江苏省 2014 计价定额规定，阶梯教室、体育看台底板为斜板时按无梁板子目执行。　　（　　）

17. 根据江苏省 2014 计价定额规定，飘窗的上下挑板按平板子目执行。　　（　　）

18. 根据江苏省 2014 计价定额规定，外墙边线以外或梁外边线以外的现浇挑檐、天沟，其底板按平板子目执行。　　（　　）

19. 根据江苏省 2014 计价定额规定，外墙边线以外或梁外边线以外的现浇挑檐、天沟，其侧板按天、檐沟竖向挑板子目执行。　　（　　）

20. 根据江苏省 2014 计价定额规定，有梁板的柱高，应自柱基上表面（或楼板上表面）至上一层楼板上表面之间的高度计算，不扣除板厚。　　（　　）

21. 根据江苏省 2014 计价定额规定，无梁板的柱高，自柱基上表面（或楼板上表面）至柱帽上表面的高度计算。　　（　　）

22. 根据江苏省 2014 计价定额规定，伸入砖墙内的梁头、梁垫体积并入梁体积内计算。　　（　　）

23. 根据江苏省 2014 计价定额规定，厨房间、卫生间墙下设计有素混凝土防水坎时，该防水坎工程量应并入梁内计算。　　（　　）

24. 根据江苏省 2014 计价定额规定，单面墙垛其突出部分应并入墙体体积内计算。　　（　　）

25. 根据江苏省 2014 计价定额规定，双面墙垛（包括墙）其突出部分应并入墙体体积内计算。（　　）

26. 根据江苏省 2014 计价定额规定，金属结构工程中的定额的制作均按焊接编制，局部制作用螺栓或铆钉连接，应换算。（　　）

27. 根据江苏省 2014 计价定额规定，金属构件制作项目中，均包括刷一遍防锈漆在内。（　　）

28. 根据江苏省 2014 计价定额规定，金属结构制作按图示钢材尺寸以质量计算，扣除孔眼、切肢、切角、切边的质量。（　　）

29. 加工厂预制构件安装，江苏省 2014 计价定额中已包括 300 m 内的场内运输费。（　　）

30. 根据江苏省 2014 计价定额规定，木结构工程中的木材断面或厚度均以净料为准。（　　）

31. 根据江苏省 2014 计价定额规定，涂膜屋面中的冷胶"二布三涂"项目，其"三涂"为涂刷遍数。（　　）

32. 根据江苏省 2014 计价定额规定，框架间砖墙不分内、外墙，其长度均按净长计算，其高度均按净高计算。（　　）

33. 根据江苏省 2014 计价定额规定，砖砌台阶按砌体体积以立方米计算。（　　）

34. 根据江苏省 2014 计价定额规定，砖砌地沟沟底与沟壁工程量合并以立方米计算，套用砖砌地沟定额。（　　）

35. 根据江苏省 2014 计价定额规定，砖砌围墙按设计图示尺寸以立方米计算，其围墙附垛及混凝土压顶应并入墙身工程量内。（　　）

36. 根据江苏省 2014 计价定额规定，原槽、坑做基础垫层时，放坡自垫层下表面开始计算。（　　）

四、填空题

1. 底宽≤7 m 且底长_____倍底宽的为沟槽。

2. 底长≤3 倍底宽且底面积_____的为基坑。

3. 当挖出的土方大于回填土方时，用于回填后剩下的土称_____。

4. 人工挖土（石）方体积以挖凿前的_____体积为准。

5. 运土工程量=挖土工程量−回填土工程量。正值为_____。

6. 室内是挖土还是回填土要将地面层次厚度与室内外高差进行比较，如地面层次厚度大于室内外高差，室内_____。

7. 挖土或回填土的厚度是室内外高差和地面层次_____之间的差。

8. 机械土方定额是按_____类土计算的。

9. 大放脚折加高度=大放脚面积÷_____高度。

10. 大放脚的形式有两种：等高式和_____。

11. 杯口外壁高度大于杯口外_____的杯形基础，套"高颈杯形基础"项目。

12. 雨篷三个檐边往上翻的为_____雨篷。

13. 台阶与平台的分界线以最上层台阶的外口减_____mm 宽度为准。

14. 江苏省 2014 计价定额中注明的木材断面或厚度均以_____料为准。

五、名词解释

1. 桩间挖土
2. 平整场地
3. 工作面
4. 主墙
5. 砖砌大放脚折加高度

六、简答题

1. 简述平整场地工程量计算中关于建筑物外墙外边线的规定。
2. 简述江苏省 2014 计价定额中砖基础与墙身的划分方法。
3. 简述计价定额中钢筋混凝土现浇柱高的计算规则。

七、分析计算题

1. 某建筑物底层外墙外围结构外边线尺寸如图 7-2 所示，请按计价表规定计算其平整场地工程量。

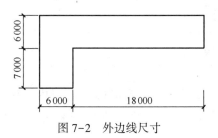

图 7-2 外边线尺寸

2. 已知某工程挖土总体积 1 000 m³（天然密实体积），回填土总体积 700 m³（夯实后体积），不考虑其余土方，根据表 7-1 计算该工程的外（内）运土工程量。

表 7-1 土方体积折算表

虚方体积	天然密实体积	夯实后体积	松填体积
1.00	0.77	0.67	0.83
1.20	0.92	0.80	1.00
1.30	1.00	0.87	1.08
1.50	1.15	1.00	1.25

3. 某砖混结构住宅，有 10 根构造柱，均设在 L 形墙的转角处，断面尺寸为 240 mm× 240 mm，柱高 3.6 m，根据 2014 江苏省计价定额有关规定，计算该构造柱的工程量。

4. 某工业车间，设计轴线尺寸为 6.0 m×8.0 m（轴线为墙中），墙体厚度为 240 mm，地面为石油沥青玛琋脂防水卷材防水层，设计要求与墙面连接上弯高度为 400 mm，根据 2014 江苏省计价定额有关规定，计算该防水工程的工程量（结果保留两位小数）。

5. 某车间操作平台栏杆如图 7-3 所示，其展开长度为 4.8 m，扶手用⌐50×4 角钢制作，横衬用-50×5 扁钢两道，竖杆用 φ10 钢筋每隔 240 mm 一道（起点和终点处均设置），高度为 1 m，试求该钢栏杆的制作工程量（已知⌐50×4 的理论重量为 3.059 kg/m，5 mm 厚的钢板的理论重量为 39.25 kg/m²，φ10 钢筋理论重量为 0.617 kg/m）。

6. 某四层住宅楼梯平面图如图 7-4 所示，已知楼梯不上屋顶，请按 2014 计价定额规定计算整体楼梯工程量（混凝土含量不需要调整）。

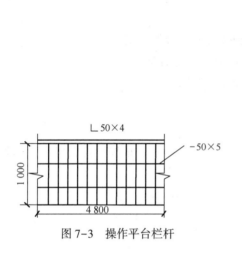

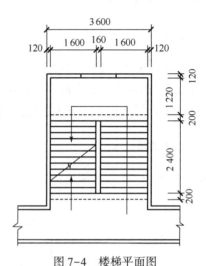

图 7-3　操作平台栏杆　　　　　　　　图 7-4　楼梯平面图

7. 正铲挖掘机挖四类土（不装车，斗容量 0.6 m³ 以内）1 200 m³，相关定额及机械台班换算系数如表 7-2、表 7-3 所示，其余条件同 2014 计价定额，求挖土的综合单价和合价。

表 7-2　正铲挖掘机挖土定额示例　　　　　　计量单位：1 000 m³

定额编号			1-198		1-199	
项目	单位	单价/元	正铲挖掘机挖土（斗容量 0.6 m³ 以内）			
			装车		不装车	
			数量	合价/元	数量	合价/元
综合单价		元	3 507.35		3 211.26	
其中	人工费	元	231.00		231.00	
	材料费	元				
	机械费	元	2 329.11		2 112.98	
	管理费	元	640.03		586.00	
	利润	元	307.21		281.28	

续表

定额编号				1-198		1-199	
二类工			工日	77.00	3.00	231.00	3.00	231.00
机械	99010303	履带式单斗挖掘机（液压）斗容量 0.6 m³	台班	719.55	2.881	2 073.02	2.614	1 880.90
	99070106	履带式推土机 功率 75 kW	台班	889.19	0.288	256.09	0.261	232.08

表 7-3 机械台班系数换算表

项目	三类土	一、二类土	四类土
推土机推土方	1.00	0.84	1.18
铲运机铲运土方	1.00	0.84	1.26
自行式铲运机铲运土方	1.00	0.86	1.09
挖掘机挖土方	1.00	0.84	1.14

8. 某 75 kW 履带式推土机推土，一次推土水平距离 25 m，重车上坡斜长 10 m，斜坡坡度为 12%，相关定额及运距调整系数如表 7-4、表 7-5 所示，计算该推土机推土的综合单价。

表 7-4 推土机推土定额示例　　　　　　　计量单位：1 000 m³

定额编号				1-144		1-145	
项目		单位	单价/元	推土机推土（75 kW 以内）推距（m 以内）			
				40		60	
				数量	合价/元	数量	合价/元
综合单价		元		6 084.35		8 547.53	
其中	人工费	元		462.00		462.00	
	材料费	元					
	机械费	元		3 979.13		5 777.07	
	管理费	元		1 110.28		1 559.77	
	利润	元		532.94		748.69	
	二类工	工日	77.00	6.00	462.00	6.00	462.00
机械	99070106 履带式推土机 功率 75 kW	台班	889.19	4.475	3 979.13	6.497	5 777.07

表 7-5 机械重车上坡运距调整系数表

坡度	10% 以内	15% 以内	20% 以内	25% 以内
系数	1.75	2.00	2.25	2.50

八、案例题

1. 某房屋平面图、剖面图及详图如图 7-5 所示，图中基础下浇 C10 自拌混凝土垫层 960 mm 宽，垫层考虑支模板。混凝土基础采用 C20 自拌混凝土，基础底宽 760 mm，M5 水泥砂浆砌 1 砖厚标准砖基础墙，内外墙均用 MU10 标准砖，M5 混合砂浆砌筑 1 砖厚墙，-0.06 m 标高处设置 20 mm 厚防水砂浆防潮层，门高 2.6 m，现浇板厚 100 mm。窗台和压顶采用 1 砖平砌出挑 60 mm。用 2014 计价定额计算基础土方（三类干土）、基础、墙体部分的综合单价及合价（结果保留两位小数）。

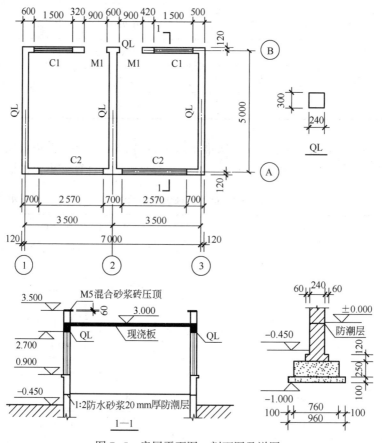

图 7-5 房屋平面图、剖面图及详图

2. 某单位打桩工程如图 7-6 所示，设计为钢筋混凝土预制方桩，截面尺寸为 450 mm×450 mm，每根桩长 15 m（5+5+5），共 120 根。桩顶面标高-2.80 m，设计室外地面标高-0.450 m，静力压桩机施工，钢板接桩。计算打桩、接桩及送桩工程量，并根据 2014 计价定额计算综合单价及合价（不考虑价差）。

3. 某单位打桩工程如图 7-7 所示，设计 C30 振动沉管灌注混凝土桩 40 根，单打，桩径 450 mm（桩管外径 426 mm），桩设计长度 18 m，预制混凝土桩尖 80 元/个，经现场打桩记录单打实际灌注混凝土 136 m³，其余不计，请根据 2014 计价定额计算打桩的综合单价及合价（不考虑价差）。

4. 某单位打桩工程如图 7-8 所示，设计 C30 振动沉管灌注混凝土桩 20 根，桩径 450 mm（桩管外径 426 mm），桩设计长度 15 m，预制混凝土桩尖 80 元/个，其余不计，请根据 2014 计价定额计算打桩的综合单价及合价。

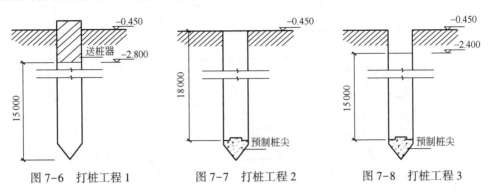

图 7-6　打桩工程 1　　　　　图 7-7　打桩工程 2　　　　　图 7-8　打桩工程 3

5. 某钢筋混凝土单跨 T 形梁的配筋如图 7-9 所示，该工程地处七级抗震设防区，钢筋锚固长度按 30 d 计算，钢筋弯起角度 45°，梁中混凝土保护层厚度为 25 mm，板厚 100 mm，钢筋的弯曲延伸率不考虑，求各种钢筋的长度及重量。

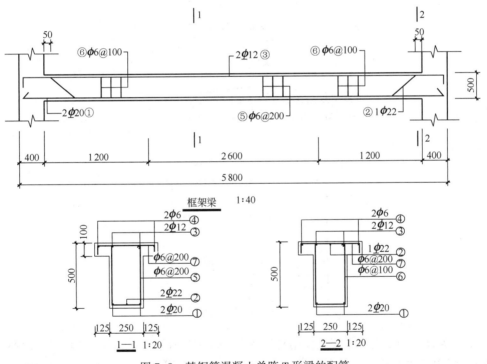

图 7-9　某钢筋混凝土单跨 T 形梁的配筋

6. 某钢筋混凝土现浇板的配筋如图 7-10 所示，该工程地处七级抗震设防区，图中梁尺寸为 240 mm×400 mm，板厚 100 mm，板中分布筋 $\phi6@200$，板的保护层厚度为 15 mm，板支座上部钢筋按充分利用钢筋的抗拉强度考虑支座锚固构造 $l_{ab}=35\ d$。钢筋的弯曲延伸率不考虑，求各种钢筋的长度及重量。

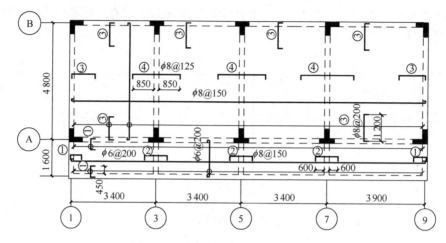

图 7-10　某钢筋混凝土现浇板的配筋

7. 如图 7-11 所示，按 2014 计价定额计算独立钢筋混凝土外柱及基础（C30 自拌混凝土）、垫层（C10 自拌混凝土）的综合单价和合价（钢筋暂按含量取定，粉刷及措施性项目暂不计算）。

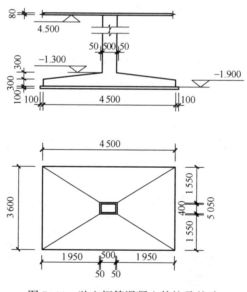

图 7-11　独立钢筋混凝土外柱及基础

8. 某三类建筑的全现浇框架主体结构工程如图 7-12 所示，采用组合钢模板（模板费用不计算），图中轴线为柱中，现浇混凝土均为自拌 C30，板厚 100 mm，用 2014 计价定额计算柱、梁、板的混凝土工程量及综合单价和合价。

9. 某工地采用柴油打桩机打加工厂预制 C35 混凝土方桩 100 m³，加工厂至现场距离为 5 km，现场堆桩地点距离打桩地点 300 m，桩长 18 m（含桩尖长），用 2014 计价定额计算工程量、综合单价和合价（钢筋、措施项目费不考虑）。

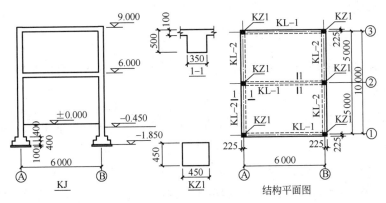

图 7-12　全现浇框架主体结构工程

10. 某工程在构件厂制作钢屋架 10 榀，每榀重 2.5 t，需运到 10 km 内的某一工地，直接进行安装，试根据 2014 计价定额计算钢屋架运输、跨外安装（包括拼装按电焊考虑，采用履带起重机安装）的工程量、计价表综合单价及合价。

11. 如图 7-13 所示，四坡有梁板屋面，屋面防水做法见大样，按 2014 计价定额计算屋面项目的工程量和定额综合单价及合价（不考虑梁、天沟，1:2 坡屋面延长系数 $C = 1.118$，隔延长系数 $D = 1.5$），自拌混凝土等级 C20，挂瓦条断面尺寸为 20 mm×30 mm@ 345 mm，水泥彩瓦规格为 420 mm×332 mm（有效面积为 345 mm×300 mm）。

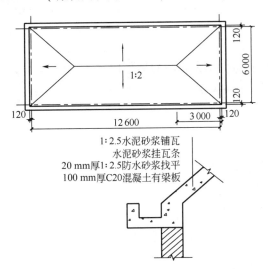

1:2.5水泥砂浆铺瓦
水泥砂浆挂瓦条
20 mm厚1:2.5防水砂浆找平
100 mm厚C20混凝土有梁板

图 7-13　四坡有梁板屋面

12. 某黏土瓦屋面 1 000 m²，在檩条上钉方木椽子和挂瓦条，方木椽子规格为 40 mm×55 mm，中距为 400 mm，挂瓦条规格为 30 mm×40 mm，方木椽子三面刨光，按 2014 计价定额计算该屋面木基层的定额综合单价及合价。

习题参考答案

一、单项选择题（在下列每小题的四个备选答案中选出一个正确的答案，并将其字母标号填入题干的括号内）

1. D	2. B	3. C	4. B	5. A	6. D	7. D	8. B	9. A
10. A	11. C	12. C	13. B	14. D	15. C	16. D	17. D	18. B
19. B	20. D	21. A	22. D	23. B	24. D	25. A	26. A	27. D
28. A	29. B	30. B	31. C	32. B	33. B	34. A	35. B	36. A
37. A	38. A	39. B	40. B	41. C	42. C	43. B	44. B	45. B
46. D	47. C	48. A	49. B	50. D	51. D	52. B	53. A	54. C
55. B	56. A	57. D	58. B	59. A	60. C	61. B	62. B	63. C
64. A	65. B							

二、多项选择题（在下列每小题的五个备选答案中有二至四个正确答案，请将正确答案全部选出，并将其字母标号填入题干的括号内）

1. ABC	2. AB	3. ACD	4. BDE	5. AE
6. ACE	7. ACE	8. ADE	9. AC	10. ABCD
11. CDE				

三、判断改错题（在下列每小题后面的括号内，正确的填"√"，错误的填"×"，错误的要在题目的下方写出正确的答案）

1. （√）

2. （√）

3. （×）"两者的工程量差异应在预算中考虑"改为"工程量在竣工结算时调整"

4. （×）"回填土"改为"挖土"

5. （×）"挖土"改为"回填土"

6. （×）"等于室内外高差"改为"是室内外高差和地面层次厚度之间的差"

7. （√）

8. （×）"500 m"改为"300 m"

9. （×）"内径"改为"外径"

10. （√）

11. （×）"室内地坪"改为"室外地坪"

12. （√）

13. （×）"另按相应零星砌砖定额执行"改为"在定额中已综合考虑"

14. （√）

15. （×）"无梁板"改为"平板"

16. （×）"无梁板"改为"有梁板"

17. （×）"平板"改为"板式雨篷"

18. （×）"平板"改为"板式雨篷"

19. （√）

20. （√）

21. （×）"柱帽上表面"改为"柱帽下表面"

22. （√）

23. （×）"梁"改为"板"

24. （√）

25. （×）"并入墙体体积内计算"改为"按柱计算"

26. （×）"应换算"改为"不换算"

27. （√）

28. （×）"扣除"改为"不扣除"

29. （×）"300 m"改为"500 m"

30. （×）"净料"改为"毛料"

31. （×）"涂刷遍数"改为"涂膜构成的防水层数"

32. （√）

33. （×）"砌体体积以立方米"改为"水平投影面积以平方米"

34. （√）

35. （×）"混凝土压顶"改为"砖压顶"

36. （×）"下表面"改为"上表面"

四、填空题

1. >3

2. ≤150 m^2

3. 余土

4. 天然密实

5. 余土外运

6. 挖土

7. 厚度

8. 三

9. 基础墙

10. 间隔式

11. 长边

12. 复式

13. 300

14. 毛

五、名词解释

1. 桩间挖土：桩（不分材质和成桩方式）顶设计标高以下及桩顶设计标高以上0.50 m范围内的挖土。

2. 平整场地：建筑场地挖、填土方在±300 mm以内及找平。

3. 工作面：人工操作或支撑模板所需要的断面宽度，与基础材料和施工工序有关。

4. 主墙：厚度达到180 mm的砖墙、砌块墙或厚度达到100 mm的钢筋混凝土剪力墙。

5. 砖砌大放脚折加高度：为计算方便，可将大放脚面积折算成一段等面积的基础墙，这段基础墙高度叫折加高度。

六、简答题

1. 参考答案：（1）从建筑物地上部分、地下室部分整体考虑，以垂直投影最外边的外墙边线为准，即当地上首层外墙在外时，以地上首层外墙外边线为准；（2）当地下室外墙在外时，以地下室外墙外边线为准；（3）当局部地上首层外墙在外、局部地下室外墙在外时，则以最外边的外墙外边线为准。

2. 参考答案：（1）基础与墙（柱）身使用同一种材料时，以设计室内地面（有地下室者，以地下室室内设计地面）为界，以下为基础，以上为墙（柱）身。（2）基础与墙身使用不同材料时，不同材料的分界线位于设计室内地面高度±300 mm以内，以不同材料为分界线，超过±300 mm，以设计室内地面为界。（3）围墙以设计室外地坪为分界线，以下为基础，以上为墙身。围墙基础与墙身的材料品种相同时，工程量合并计算套相应墙的定额。

3. 参考答案：（1）有梁板的柱高，应自柱基上表面（或楼板上表面）至上一层楼板上表面之间的高度计算，不扣除板厚。（2）无梁板的柱高，自柱基上表面（或楼板上表面）至柱帽下表面的高度计算。（3）有预制板的框架柱柱高自柱基上表面至柱顶高度计算。（4）构造柱按全高计算，与砖墙嵌接部分的混凝土体积并入柱身体积内计算。

七、分析计算题

1. **解**：底层建筑面积 $S_{底} = 24 \times 13 - 18 \times 7 = 186$ m^2

建筑外墙外边线周长 $L_{外} = 2 \times (24 + 13) = 74$ m

平整场地工程量 $= 186 + 2 \times 74 + 16 = 350$ m^2

答：该建筑物平整场地工程量为350 m^2。

2. **解**：挖土工程量 $= 1\ 000$ m^3

回填土工程量 $= 700 \times 1.15 = 805$ m^3

运土工程量 $= 1\ 000 - 805 = 195$ m$^3 > 0$

答：该工程土方为余土外运，外运土方195 m^3。

3. **解**：构造柱截面积 $S_{构造柱} = 0.24 \times 0.24 \times 10 + 0.24 \times 0.03 \times 20 = 0.72$ m^2

构造柱体积 $V_{构造柱} = 0.72 \times 3.6 = 2.592$ m^3

答：该构造柱的工程量为2.592 m^3。

4. **解**：平面面积 $S_1 = (6-0.24) \times (8-0.24) = 44.6976 \text{m}^2$

立面面积 $S_2 = 0.4 \times (6-0.24+8-0.24) \times 2 = 10.816 \text{m}^2$

总面积 $S = S_1 + S_2 = 44.6976+10.816 = 55.5136 \text{ m}^2$

答：该防水工程的工程量为 55.51 m^3。

5. **解**：钢扶手的重量 $= 4.8 \times 3.059 = 14.68 \text{ kg}$

钢筋竖杆重量 $= 1 \times 21 \times 0.617 = 12.957 \text{ kg}$

扁钢横衬重量 $= 4.8 \times 2 \times 39.25 \times 0.05 = 18.84 \text{ kg}$

钢栏杆的制作工程量为 $14.68+12.957+18.84 = 46.477 \text{ kg}$

答：钢栏杆的制作工程量为 46.477 kg。

6. **解**：整体楼梯水平投影：

$A = (3.60-0.24) \times (1.22+0.20+2.40+0.20) \times 3$

$\quad = 40.52 \text{ m}^2$

答：该整体楼梯的工程量为 40.52 m^2。

7. **解**：查计价定额 1-199 子目，对机械费、管理费和利润进行换算。

换算综合单价 $= 3211.26+(0.14 \times 2.614 \times 719.55+0.18 \times 0.261 \times 889.19) \times$

$\qquad\qquad (1+25\%+12\%)$

$\qquad = 3629.25 \text{ 元/1 000 m}^3$

合价 $= 3629.25 \times 1.2 = 4355.10 \text{ 元}$

答：该机械挖四类土的综合单价为 $3629.25 \text{ 元/1 000 m}^3$，合价为 4355.10 元。

8. **解**：换算后推距 $= 25+2 \times 10 = 45 \text{ m}$

按 25 m 推距应套用计价定额 1-145 子目，综合单价为 $8547.53 \text{ 元/1 000 m}^3$

答：该推土机推土的综合单价为 $8547.53 \text{ 元/1 000 m}^3$。

八、案例题

1. **解**：(1) 列项目：人工挖底宽 3 m 以内地槽土（1-27）、沟槽回填土（1-104）、C10 自拌混凝土垫层（6-1）、M5 水泥砂浆砖基础（4-1）、1 砖外墙（4-35）、1 砖内墙（4-41）、防水砂浆防潮层（4-52）、C20 自拌混凝土条形基础（6-3）

(2) 计算工程量（由于挖土深度较浅，因此考虑不放坡，土方直接堆放在沟槽边，不运出堆放）：

①人工挖地槽土：

工作面 $c = 300 \text{ mm}$，不放坡

沟槽底宽 $L_{沟} = 0.96+2 \times 0.3 = 1.56 \text{ m}$

沟槽断面面积 $S = 1.56 \times (1-0.45) = 0.858 \text{ m}^2$

1、3、A、B 轴（外墙）沟槽长度 $= (7+5) \times 2 = 24 \text{ m}$

2 轴（内墙）沟槽长度 $= 5-1.56 = 3.44 \text{ m}$

挖土体积 $V = (24+3.44) \times 0.858 = 23.54 \text{ m}^3$

②C10 混凝土垫层：

垫层断面面积 $= 0.96 \times 0.1 = 0.096 \text{ m}^2$

垫层长度＝24+(5-0.96)＝28.04 m

垫层体积＝0.096×28.04＝2.692 m³

③混凝土条形基础：

基础断面面积＝0.76×0.25＝0.19 m²

基础长度＝24+(5-0.76)＝28.24 m

混凝土基础体积＝0.19×28.24＝5.366 m³

④M5水泥砂浆砖基础：

基础横断面面积 S＝0.24×(1-0.1-0.25+0.066)＝0.171 84 m²

基础长度 L＝24+(5-0.24)＝28.76 m

砖基础体积 $V_{基础}$＝$S×L$＝0.171 84×28.76＝4.942 m³

⑤沟槽回填土：

扣除砖基础体积 $V_{扣除基础}$＝4.942-0.24×0.45×28.76＝1.834 m³

扣除室外地坪以下构件体积＝2.692+5.366+1.834＝9.892 m³

回填土体积＝23.544-9.892＝13.652 m³

⑥防水砂浆防潮层：

$S_{防潮层}$＝0.24×28.76＝6.90 m²

⑦砖外墙：

外墙：0.24×(3.5-0.3)×24＝18.432 m³

扣门窗：(1.5×1.8×2+2.57×1.8×2+0.9×2.6×2)×0.24＝4.640 m³

合计：18.432-4.640＝13.792 m³

⑧砖内墙：

内墙：0.24×2.7×(5-0.24)＝3.084 m³

（3）套定额（见表7-6）：

表7-6 计算结果

序号	定额编号	项目名称	计量单位	工程量	综合单价/元	合价/元
1	1-27	人工挖地槽三类干土1.5 m	m³	23.54	47.47	1 117.44
2	1-104	沟槽回填土	m³	13.65	31.17	425.47
3	6-1	C10混凝土垫层	m³	2.69	385.69	1 037.51
4	4-1	M5水泥砂浆砖基础	m³	4.94	406.25	2 006.88
5	4-35	1砖外墙	m³	13.79	442.66	6 104.28
6	4-41	1砖内墙	m³	3.08	426.57	1 313.84
7	4-52	防水砂浆防潮层	10 m²	0.69	173.94	120.02
8	6-3	无梁式C20混凝土条形基础	m³	5.37	373.32	2 004.73
合计						14 130.17

答：该工程基础土方、基础、墙体部分的综合单价及合价如上表所示。

2. **分析**：静力压桩 12 m 内的接桩按接桩定额执行，12 m 以上的接桩其人工及打桩机械已包括在相应打桩项目内，因此，12 m 以上桩接桩只计接桩的材料费和电焊机的费用。

解：（1）列项目：打预制方桩（3-2）、接桩（3-26）、送桩（3-6）

（2）计算工程量：

打桩工程量 $V = 0.45 \times 0.45 \times 15 \times 120 = 364.5$ m³

接桩工程量：接头数量 $2 \times 120 = 240$ 个

送桩工程量：$V' = 0.45 \times 0.45 \times (2.8 - 0.45 + 0.5) \times 120 = 69.26$ m³

（3）套定额（见表 7-7）：

表 7-7 计算结果

序号	定额编号	项目名称	计量单位	工程量	综合单价/元	合价/元
1	3-2	打预制混凝土方桩桩长 18 m 以内	m³	364.5	251.08	91 518.66
2	3-26 换	方桩包钢板接桩	个	240	301.22	72 292.80
3	3-6	送预制混凝土方桩桩长 18 m 以内	m³	69.26	222.95	15 441.52
		合计				179 252.98

注：3-26 换：279.21+19.65×（1+7%+5%）= 301.22 元/个（胶泥换算）

答：打桩工程的合价共计 179 252.98 元。

3. **解**：（1）列项目：打现浇桩（3-55）、预制桩尖（补）

（2）计算工程量：

打桩工程量 $V = n\pi r^2 h = 40 \times 3.14 \times 0.213^2 \times (18 + 0.25) = 103.99$ m³ > 60 m³

预制桩尖工程量 = 40 个

（3）套定额（见表 7-8）：

表 7-8 计算结果

序号	定额编号	项目名称	计量单位	工程量	综合单价/元	合价/元
1	3-55 换	打振动沉管灌注桩 15m 以上	m³	103.99	602.58	62 662.29
2	补	预制桩尖	个	40	80	3 200
		合计				65 862.29

注：3-55 换：$579.60 - 334.44 + \dfrac{136}{103.99} \times 274.58 - 1.68 = 602.58$ 元/m³（充盈系数、桩尖换算）

答：打桩工程的合价共计 65 862.29 元。

4. **解**：（1）列项目：单打现浇桩（3-54）、空沉管（3-54）、预制桩尖（补）

（2）计算工程量：

单打工程量 $V_1 = n\pi r^2 h = 20 \times 3.14 \times 0.213^2 \times (15 + 0.25) = 43.45$ m³ < 60 m³

空沉管工程量 $V_2 = 20 \times 3.14 \times 0.213^2 \times (2.4 - 0.45 - 0.25) = 4.84$ m³

预制桩尖工程量 = 20 个

（3）套定额（见表7-9）：

表7-9 计算结果

序号	定额编号	项目名称	计量单位	工程量	综合单价/元	合价/元
1	3-54换	打振动沉管灌注桩15 m以内	m³	43.45	970.45	42 166.05
2	3-54换	空沉管	m³	4.84	307.49	1 488.25
3	补	预制桩尖	个	20	80	1 600
合计						45 254.30

注：3-54换单打现浇桩：630.33+（121.66+108.93）×1.25×（1+11%+7%）=970.45 元/m³

3-54换空沉管：（121.66+77.72）×1.25×（1+11%+7%）+349.01-334.44-1.17=307.49 元/m³（按2014计价定额93页附注换算）

答：打桩工程的合价共计45 254.30 元。

5. 解：（1）列项目：φ12以内现浇普通钢筋（5-1）、φ25以内现浇普通钢筋（5-2）

（2）计算工程量（见表7-10）：

表7-10 计算结果

序号	钢筋型号	理论重量/（kg·m⁻¹）	长度/m	数量	总重/kg
1	φ20	2.466	5.0+2×30×0.02=6.2	2	30.58
2	φ22	2.984	5.0+2×30×0.022+2×0.414×0.45=6.692 6	1	19.97
小计					50.55
1	φ12	0.888	5.0+2×30×0.012=5.72	2	10.16
2	φ6	0.222	5.0	2	2.22
3	φ6	0.222	（0.25-2×0.025+2×0.006）×2+（0.5-2×0.025+2×0.006）×2+24×0.006=1.492	38	12.59
4	φ6	0.222	0.25+0.125×2-2×0.025+2×0.006+2×0.05=0.562	26	3.24
小计					28.21

注：①加密区箍筋根数=1 150÷100+1=12.5，取为13根；非加密区箍筋根数=（2 600-2×200）÷200+1=12根；合计2×13+12=38根

②翼缘筋根数=5 000÷200+1=26根

答：φ12以内现浇普通钢筋28.21 kg、φ25以内现浇普通钢筋50.55 kg。

6. 解：计算工程量（见表7-11）：

表7-11 计算结果

序号	钢筋型号	理论重量/（kg·m⁻¹）	长度/m	数量	总重/kg
1	1、9支座φ8	0.395	1.2+0.288+0.085=1.573	2×（4.46÷0.2+1）=48	29.82
2	3~7支座φ8	0.395	2×0.85+0.24+2×0.085=2.11	3×（4.46÷0.125+1）=111	92.51

序号	钢筋型号	理论重量/ $(\text{kg} \cdot \text{m}^{-1})$	长度/m	数量	总重/kg
3	A、B 支座 $\phi8$	0.395	1.573	$2\times3\times(3.06\div0.2+1)+2\times(3.56\div0.2+1)=140$	86.99
4	横向下部 $\phi8$	0.395	$4.8+2\times6.25\times0.008=4.9$	$3\times(3.06\div0.2+1)+3.56\div0.2+1=70$	135.49
5	纵向下部 $\phi8$	0.395	$3\times3.4+3.9+2\times6.25\times0.008=14.2$	$(4.8-0.24-0.1)\div0.15+1=31$	173.88
6	分布筋 $\phi6$	0.222	$2\times(3.4-1.2-0.85)+2\times(3.4-2\times0.85)+8\times0.15=7.3$	$1.2\div0.20+1=7$	11.34
7	分布筋 $\phi6$	0.222	$4.80-0.24-1.2\times2+2\times0.15=2.46$	36	19.66
8	悬挑下部纵向 $\phi6$	0.222	$3\times3.4+3.9+2\times6.25\times0.006=14.175$	$(1.5-0.24-0.1)\div0.25+1=6$	18.88
9	悬挑下部横向 $\phi6$	0.222	$1.6+2\times6.25\times0.006=1.675$	70	26.03
10	1 号支座筋 $\phi6$	0.222	$0.45+0.288+2\times0.085=0.908$	$70\times2+7\times2=154$	31.04
11	2 号支座筋 $\phi8$	0.222	$1.2+0.24+2\times0.085=1.61$	$(1.5-0.24-0.1)\div0.15+1=9\times3=27$	9.65
12	分布筋 $\phi6$	0.222	$2\times(3.4-0.45-0.6)+2\times(3.4-2\times0.6)+8\times0.15=10.3$	$(0.45+0.12-0.015)\div0.2+1=4$	9.14
13	分布筋 $\phi6$	0.222	$1.6-0.24-2\times0.45+2\times0.15=0.76$	$4\times2\times3=24$	4.05
小计					648

板支座上部钢筋按充分利用钢筋的抗拉强度考虑支座锚固构造，故伸入支座水平段 $\geqslant 0.6 l_{ab}$ 。总长度为 $0.6 l_{ab}+15\,d=0.6\times35\times8+15\times8=288$ mm。

答：板中的钢筋合计 648 kg。

7. **解**：（1）列项目：混凝土垫层（6-1）、独立柱基（6-8）、矩形柱（6-14）、$\phi12$ 以内基础钢筋（5-1）、$\phi25$ 以内基础钢筋（5-2）、$\phi12$ 以内柱钢筋（5-1）、$\phi25$ 以内柱钢筋（5-2）

（2）计算工程量：

混凝土垫层：$4.7\times3.8\times0.1=1.79$ m^3

独立柱基：$4.5\times3.6\times0.3+0.3\div6\times(4.5\times3.6+0.6\times0.5+5.1\times4.1)=6.73$ m^3

矩形柱：$0.5\times0.4\times(4.5+1.3)=1.16$ m^3

基础钢筋 $\phi12$ 内：$6.73\times0.012=0.081$ t

基础钢筋 $\phi12$ 外：$6.73\times0.028=0.188$ t

柱钢筋 $\phi12$ 内：$1.16\times0.05=0.058$ t

柱钢筋 $\phi12$ 外：$1.16\times0.116=0.135$ t

（3）套定额（见表 7-12）：

表 7-12　计算结果

序号	定额编号	项目名称	计量单位	工程量	综合单价/元	合价/元
1	6-1	C10 混凝土垫层	m³	1.79	385.69	690.39
2	6-8 换	C30 独立柱基	m³	6.73	387.45	2 607.54
3	6-14	C30 矩形柱	m³	1.16	506.05	587.02
4	5-1	基础钢筋 $\phi12$ 内	t	0.081	5 470.72	443.13
5	5-2	基础钢筋 $\phi12$ 外	t	0.188	4 998.87	939.79
6	5-1 换	柱钢筋 $\phi12$ 内	t	0.058	5 507.12	319.41
7	5-2 换	柱钢筋 $\phi12$ 外	t	0.135	5 020.41	677.76
合计						6 265.04

注：6-8 换：371.51-239.68+255.62=387.45 元/m³

5-1 换：5 470.72+0.03×885.60×1.37=5 507.12 元/t

5-2 换：4 998.87+0.03×523.98×1.37=5 020.41 元/t

答：该独立外柱及基础、垫层的合价共计 6 265.04 元。

8. **解：**（1）列项目：现浇矩形柱（6-14）、现浇有梁板（6-32）

（2）计算工程量：

现浇柱：6×0.45×0.45×（9.0+1.85-0.4-0.4）=12.21 m³

现浇有梁板：KL1：3×0.35×（0.5-0.1）×（6-0.45）=2.331 m³

KL2：4×0.35×0.4×（5.0-0.45）=2.548 m³

B：（6+0.45）×（10+0.45）×0.1=6.740 m³

小计：（2.331+2.548+6.740）×2=23.24 m³

（3）套定额（见表 7-13）：

表 7-13　计算结果

序号	定额编号	项目名称	计量单位	工程量	综合单价/元	合价/元
1	6-14	C30 矩形柱	m³	12.21	506.05	6 178.87
2	6-32	C30 有梁板	m³	23.24	430.43	10 003.19
合计						16 182.06

答：现浇柱体积为 12.21 m³，现浇有梁板体积为 23.24 m³，柱、梁、板部分的合价共计 16 182.06 元。

9. **解：**（1）列项目：打桩（3-2）、制作桩（6-60）、预制桩场外运输 5 km（8-2）

（2）计算工程量：100 m³

（3）套定额（见表 7-14）：

表 7-14 计算结果

序号	定额编号	项目名称	计量单位	工程量	综合单价/元	合价/元
1	3-2	打方桩桩长 18 m 内	m³	100	251.08	25 108.00
2	6-60 换	加工厂预制桩	m³	100	461.85	46 185.00
3	8-2	Ⅰ类预制构件运输 5 km 内	m³	100	150.19	15 019.00
合计						86 312.00

注：6-60 换：448.84-268.95+281.96＝461.85 元/m³

答： 该打桩工程合价共计 86 312.00 元。

10. **解：**（1）列项目：金属构件场外运输（8-27）、钢屋架拼装（7-120）、钢屋架安装（7-124）

（2）计算工程量（见表 7-15）：

安装、拼装运输工程量：2.5×10＝25.00 t

表 7-15 计算结果

序号	定额编号	项目名称	计量单位	工程量	综合单价/元	合价/元
1	8-27	Ⅰ类金属构件运输 15 km 内	t	25	104.18	260.45
2	8-120	钢屋架拼装	t	25	586.35	14 658.75
3	8-124 换	钢屋架安装	t	25	895.94	22 398.50
合计						37 317.70

注：8-124 换：765.75+（214.84+313.08）×18%×（1+25%+12%）＝895.94 元/t

答： 该钢屋架运输、安装工程合价共计 37 317.70 元。

11. **解：**（1）列项目：有梁板（6-32）、防水砂浆找平层（10-72）、水泥砂浆挂瓦条（10-5）、铺水泥瓦（10-7）、铺水泥脊瓦（10-8）

（2）计算工程量：

铺水泥瓦、水泥砂浆挂瓦条、防水砂浆找平层工程量：12.84×6.24×1.118＝89.58 m²

脊瓦工程量：4×3.12×1.50+6.6＝25.32 m

有梁板工程量：89.58×0.1＝8.96 m³

（3）套定额（见表 7-16）：

表 7-16 计算结果

序号	定额编号	项目名称	计量单位	工程量	综合单价/元	合价/元
1	6-32 换	C20 有梁板	m³	8.96	416.13	3 728.52
2	10-72 换	20 mm 防水砂浆	10 m²	8.958	196.07	1 756.40
3	10-5	水泥砂浆挂瓦条	10 m²	8.958	68.93	617.47
4	10-7	1∶2.5 水泥砂浆铺水泥瓦	10 m²	8.958	368.70	3 302.81

序号	定额编号	项目名称	计量单位	工程量	综合单价/元	合价/元
5	10-8	铺水泥脊瓦	10 m	2.532	298.36	755.45
合计						10 160.65

注：6-32 换：430.43−276.61+258.54+91.84×0.03×1.37＝416.13 元/m³

10-72 换：166.19−48.41+387.57×0.202＝196.07 元/10 m²

答：该屋面工程合价共计 10 160.65 元。

12. **解**：（1）列项目：椽子及挂瓦条（9-52）

（2）计算工程量：1 000 m²

（3）套定额（见表 7-17）：

表 7-17　计算结果

序号	定额编号	项目名称	计量单位	工程量	综合单价/元	合价/元
1	9-52 换	檩木上钉椽子及挂瓦条	10 m²	100	257.51	25 751.00
合计						25 751.00

注：方木椽子断面换算 40×50：0.059＝43×60：x，x＝0.076 11

挂瓦条断面换算 25×20：0.019＝30×40：y，y＝0.045 6

换算后普通成材用量 0.076 11+0.045 6＝0.1217 1

9-52 换：174.09+0.12×82×（1+25%+12%）+（0.121 71−0.078）×1 600＝257.51 元/10 m²

答：该屋面木基层工程合价共计 25 751.00 元。

第8章　装饰工程费用的计算

习　题

一、单项选择题（在下列每小题的四个备选答案中选出一个正确的答案，并将其字母标号填入题干的括号内）

1. 根据 2014 计价定额中关于楼地面工程的有关规定，以下说法正确的是（　　）。
   A. 整体面层砂浆厚度与定额不同时，不允许调整
   B. 整体面层砂浆配合比设计与定额不同时，不允许调整
   C. 整体面层、块料面层中的楼地面项目，均包括找平层
   D. 整体面层、块料面层中的楼地面项目，包括踢脚线

2. 根据 2014 计价定额中关于楼地面工程的有关规定，包括踢脚线内容的是（　　）。
   A. 水泥砂浆楼地面　　　　　　　　　B. 水泥砂浆随捣随抹
   C. 水泥砂浆楼梯　　　　　　　　　　D. 水磨石楼地面

3. 根据 2014 计价定额的规定，抹灰楼梯按水平投影面积计算其工程量，不扣除（　　）。
   A. 宽度在 200 mm 以内的楼梯井　　　B. 宽度在 300 mm 以内的楼梯井
   C. 宽度在 400 mm 以内的楼梯井　　　D. 宽度在 500 mm 以内的楼梯井

4. 根据 2014 计价定额的规定，整体面层定额中踢脚线的高度是（　　）。
   A. 100 mm　　　　　　　　　　　　B. 120 mm
   C. 150 mm　　　　　　　　　　　　D. 180 mm

5. 根据 2014 计价定额的规定，外墙面抹灰面积按外墙面的垂直投影面积计算，应扣除门窗洞口和空圈所占的面积，不扣除横截面面积在（　　）。
   A. 0.1 m² 以内的孔洞的面积　　　　　B. 0.3 m² 以内的孔洞的面积
   C. 0.5 m² 以内的孔洞的面积　　　　　D. 0.6 m² 以内的孔洞的面积

6. 根据 2014 计价定额的规定，高在 3.60 m 以内的围墙抹灰按（　　）。
   A. 外墙面相应抹灰子目执行　　　　　B. 内墙面相应抹灰子目执行
   C. 零星项目抹灰子目执行　　　　　　D. 混凝土墙面相应抹灰子目执行

7. 根据 2014 计价定额的规定，顶棚工程中吊筋高度（面层至混凝土板底表面）按（   ）。

    A. 0.8 m 计算   B. 1 m 计算

    C. 1.2 m 计算   D. 1.5 m 计算

8. 根据 2014 计价定额的规定，顶棚工程中吊筋根数按（   ）。

    A. 10 根/10 m^2 计算   B. 11 根/10 m^2 计算

    C. 12 根/10 m^2 计算   D. 13 根/10 m^2 计算

9. 根据 2014 计价定额的规定，顶棚吊筋的安装人工 0.67 工日/10 m^2 已经包括在相应定额的（   ）。

    A. 吊筋子目人工中   B. 龙骨子目人工中

    C. 面层子目人工中   D. 顶棚子目人工中

10. 根据 2014 计价定额的规定，塑料扣板面层子目中已包括（   ）。

    A. 木吊筋在内   B. 木龙骨在内

    C. 钢吊筋在内   D. 轻钢龙骨在内

11. 根据 2014 计价定额的规定，砌块墙面的抹灰按（   ）。

    A. 外墙面相应抹灰子目执行   B. 内墙面相应抹灰子目执行

    C. 零星项目抹灰子目执行   D. 混凝土墙面相应抹灰子目执行

12. 雨篷水平投影尺寸为 2.0 m×3.0 m，顶面带翻沿高度在 250 mm 以内，底面带悬臂梁，若顶面、底面、侧壁全部抹灰，则根据 2014 计价定额有关规定，其抹灰面积为（   ）。

    A. 7.75 m^2 B. 6 m^2

    C. 8.5 m^2 D. 9 m^2

二、多项选择题（在下列每小题的五个备选答案中有二至四个正确答案，请将正确答案全部选出，并将其字母标号填入题干的括号内）

1. 2014 计价定额中的垫层，采用电动夯实机进行夯实的有（   ）。

    A. 碎石   B. 灰土   C. 砂   D. 混凝土

    E. 道碴

2. 2014 计价定额中的整体面层子目中均包括（   ）。

    A. 垫层   B. 找平层

    C. 结合层   D. 面层

    E. 附加层

3. 2014 计价定额中的水泥砂浆、水磨石楼梯包含（   ）。

    A. 踢脚线抹灰   B. 平台抹灰

    C. 堵头抹灰   D. 楼梯底抹灰抹灰

    E. 楼面梁抹灰

4. 采用 2014 计价定额计算内墙面抹灰面积时，不扣除（   ）。

    A. 门窗洞口面积   B. 空圈面积

    C. 踢脚线面积   D. 挂镜线面积

    E. 0.5 m^2 孔洞面积

5. 2014 计价定额中的阳台、雨篷抹灰按水平投影面积计算。定额中已包括（　　　　）。

    A. 顶面抹灰   B. 底面抹灰

    C. 侧面抹灰   D. 栏板抹灰

    E. 压顶抹灰

6. 采用 2014 计价定额计算顶棚吊顶龙骨工程量时，不扣除（　　　　）。

    A. 半砖墙所占的面积   B. 柱所占的面积

    C. 附墙烟囱所占的面积   D. 检修孔所占的面积

    E. 与顶棚相连的窗帘盒所占的面积

三、判断改错题（在下列每小题后面的括号内，正确的填"√"，错误的填"×"，错误的要在题目的下方写出正确的答案）

1. 2014 计价定额规定，明沟与散水连在一起，明沟按宽 500 mm 计算，其余为散水。

                                                                        （　　　　）

2. 2014 计价定额中，楼梯的整体面层工程量按楼梯的水平投影面积进行计算。（　　　　）

3. 2014 计价定额中，一般抹灰阳台、雨篷项目为单项定额中的综合子目，定额内容包括平面、侧面、底面（顶棚面）及挑出墙面的梁抹灰。 （　　　　）

4. 2014 计价定额中，外墙内、外表面的抹灰按外墙面抹灰子目执行。 （　　　　）

5. 2014 计价定额中吊筋是按膨胀螺栓连接在楼板上的钢吊筋考虑的，顶棚钢吊筋按 13 根/10 m² 计算，吊筋根数不得调整。 （　　　　）

6. 2014 计价定额规定，密肋梁、井字梁、带梁顶棚抹灰面积，按水平投影面积计算，并入顶棚抹灰工程量内。 （　　　　）

7. 2014 计价定额中注明的木材断面或厚度均以净料为准。 （　　　　）

8. 2014 计价定额中，楼梯的块料面层工程量按楼梯的水平投影面积进行计算。 （　　　　）

9. 2014 计价定额中，砌块墙面的抹灰按混凝土墙面相应抹灰子目执行。 （　　　　）

四、填空题

1. 石材块料面板局部切除并分色镶贴成折线图案者称"＿＿＿＿＿＿＿＿图案镶贴"。

2. 石材块料面板局部切除并分色镶贴成弧线形图案者称"＿＿＿＿＿＿＿＿图案镶贴"。

3. 定额中面层安装设有凹凸子目的，凹凸指的是＿＿＿＿＿＿＿＿不在同一平面上的项目。

4. 各种木材面的油漆工程量按构件的工程量乘以相应＿＿＿＿＿＿＿＿计算。

五、名词解释

1. 简单型龙骨

2. 复杂型龙骨

六、简答题

1. 简述 2014 计价定额规定的内墙面抹灰工程量的计算规则。

2. 简述 2014 计价定额规定的购入构件成品门窗安装的工程量计算规则。

七、案例题

1. 某一层建筑平面图如图 8-1 所示，室内地坪标高±0.000，室外地坪标高−0.300 m，土方堆积地距离房屋 150 m。该地面做法：20 mm 厚 1∶2 水泥砂浆面层，80 mm 厚 C15 混凝土垫层，100 mm 厚碎石垫层，夯填地面土。踢脚线：120 mm 高水泥砂浆踢脚线。Z：半径 500 mm，位于 1−2 轴、A−B 轴的中心处。M1：1 200 mm×2 000 mm。台阶：100 mm 厚碎石垫层，C15 混凝土，1∶2 水泥砂浆面层。散水：600 mm 宽 C15 混凝土，按《室外工程》（苏 J08-2006）图集施工（不考虑模板）。踏步高 150 mm。求地面部分工程量、综合单价和合价。

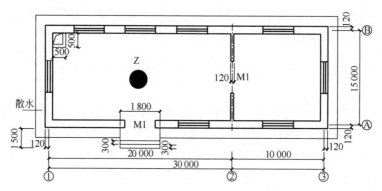

图 8-1　某一层建筑平面图

2. 如图 8-1 所示，地面、平台及台阶粘贴镜面同质地砖，设计的构造为：素水泥浆一道；20 mm 厚 1∶3 水泥砂浆找平，5 mm 厚 1∶2 水泥砂浆密缝粘贴 600 mm×600 mm×6 mm 镜面同质地砖（预算价 35 元/块）。踢脚线 120 mm 高。台阶及平台侧面不贴同质砖，粉 15 mm 底层，5 mm 面层。地面和台阶面层进行酸洗打蜡。按 2014 计价定额计算同质地砖的工程量、综合单价和合价（弧形贴面的损耗率为 10%）。

3. 一会议室彩色水磨石楼面如图 8-2 所示，外墙厚为 240 mm，框架柱截面尺寸均为 600 mm×600 mm。楼面构造：白水泥浆一道，20 mm 厚 1∶3 水泥砂浆找平层，15 mm 厚彩色水磨石面层，2 mm×15 mm 铜条分割。楼面水磨石采用 1∶2 白水泥石子浆加颜料，颜料分为氧化铁黄、氧化铁红和氧化铬绿。边框采用氧化铁黄彩色水磨石镶边，宽度为 180 mm，中间采用氧化铁红和氧化铬绿彩色水磨石等间距分格。踢脚线高 120 mm（含门口洞侧壁），15 mm 厚 1∶3 水泥砂浆底，12 mm 厚 1∶2 白水泥彩色石子浆面层（未作说明的按计价定额规定不作调整）。

根据题目给定的条件，按 2014 计价定额规定列出各定额子目的名称、计算对应的工程量及定额子目的综合单价和合价。

4. 某大厅内地面垫层上水泥砂浆镶贴花岗石板，20 mm 厚 1∶3 水泥砂浆找平层，8 mm 厚 1∶1 水泥砂浆结合层。具体做法如图 8-3 所示，图案中间为紫红色，紫红色外围为乳白色，花岗石现场切割。四周做两道各宽 200 mm 黑色镶边，每道镶边内侧嵌铜条 4 mm×10 mm，其余均为 600 mm×900 mm 芝麻黑规格板材；门档处不贴花岗石；贴好后应酸洗打蜡并进行成品保护。材料市场价格：铜条 12 元/m，紫红色花岗岩 600 元/m² （其余未作说明的均按计价定额规定不作调整）。

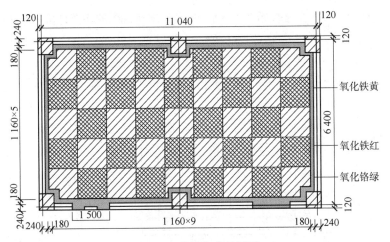

图 8-2　彩色水磨石楼面

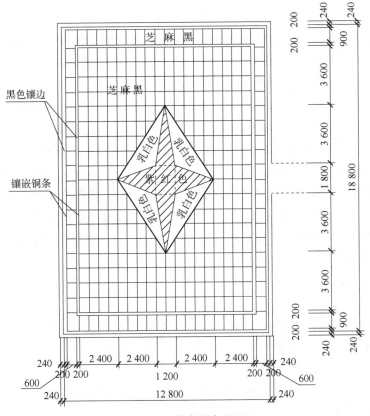

图 8-3　某大厅内地面

根据题目给定的条件，按 2014 计价定额规定列出各定额子目的名称、计算对应的工程量及定额子目的综合单价和合价。

5. 某室内大厅花岗石楼面，做法：20 mm 厚 1∶3 水泥砂浆找平层，8 mm 厚 1∶1 水泥砂浆粘贴花岗石面层，贴好后酸洗打蜡。其中，沿红色花岗石边缘四周镶嵌 2 mm×15 mm 铜条，楼面布置如图 8-4 所示。已知白色花岗石 600 元/m²，黑色花岗石 400 元/m²，红色花岗石 700 元/m²（图案由规格为 500 mm×500 mm 的石材现场加工而成），其他未作说明的均按计价定额执行。

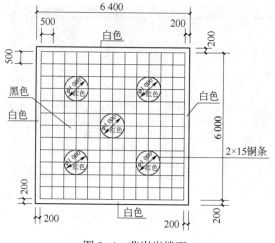

图 8-4　花岗岩楼面

根据题目给定的条件，按 2014 计价定额规定列出各定额子目的名称、计算对应的工程量及定额子目的综合单价和合价。

6. 某公司办公室位于某写字楼三楼，平面图如图 8-5 所示，墙体厚度除卫生间内墙为 120 mm 外，其余均为 240 mm。门洞宽度：除进户门为 1 000 mm 外其余均为 800 mm。总经理办公室地面做法：断面为 60 mm×70 mm 木龙骨地楞（计价定额为 60 mm×50 mm），楞木间距及横撑的规格、间距同计价定额，木龙骨与现浇楼板用 M8×80 膨胀螺栓固定，螺栓设计用量为 50 套，不设木垫块，免漆免刨实木地板面层，实木地板价格为 160 元/m²，硬木踢脚线毛料断面尺寸为 150 mm×20 mm，设计长度为 15.24 m，钉在墙面木龙骨上，踢脚线油漆做法为刷底油、刮腻子、色聚氨酯漆四遍。总工办及经理室为复合木地板悬浮安装地面。卫生间采用水泥砂浆贴 250 mm×250 mm 防滑地砖（25 mm 厚 1∶2.5 防水砂浆找平层），防滑地砖价格 3.5 元/块。其余区域地面铺设 600 mm×600 mm 地砖（未作说明的按计价定额规定不作调整）。

根据题目给定的条件，按 2014 计价定额规定计算该公司各区域地面面层及踢脚线的工程量、综合单价和合价。

7. 图 8-6 中墙面和柱面均采用湿挂花岗石（采用 1∶2.5 水泥砂浆灌缝 50 mm 厚，花岗石板 25 mm 厚），密缝，白水泥擦缝，柱面采用 6 拼，门窗洞口不考虑装饰。按 2014 计价定额计算墙、柱面装饰的工程量、综合单价和合价。

8. 某酒店大堂一侧墙面在钢骨架上干挂西班牙米黄花岗石（密缝），花岗石表面刷防护剂两遍，板材规格为 600 mm×1 200 mm，供应商已完成钻孔成槽；3.2～3.6 m 高处做吊顶，如图 8-7 所示。西班牙米黄花岗石单价为 650 元/m²；穿墙螺栓 10 元/套，不锈钢连接件图示数量按 5.5 套/m² 考虑，配备同等数量的 M10 mm×40 mm 不锈钢六角螺栓；钢骨架，铁件（后置）用量按图示确定（其中顶端固定钢骨架的铁件用量为 7.27 kg）；未说明部分按计价定额规定（10 号槽钢理论重量为 10.01 kg/m；角钢∟ 56 mm×5 mm，理论重量为 4.25 kg/m；200 mm×150 mm×12 mm 钢板 94.2 kg/m²；60 mm×60 mm×6 mm 钢板 47.1 kg/m²），按 2014 计价定额规定对该墙面列项并计算分部分项工程费。

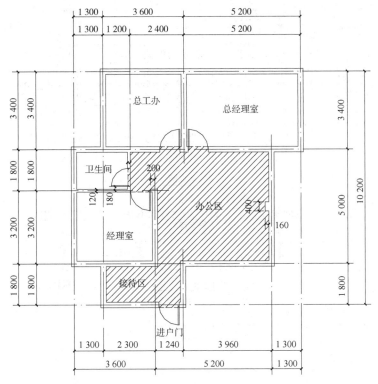

图 8-5　办公室平面图

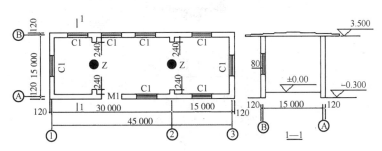

图 8-6　单层房屋平面图及剖面图

9. 某大厦外墙上有一型钢隐框玻璃幕墙, 经结构计算后, 选用某铝型材厂的 110 系列, 具体做法如图 8-8 所示。其中, 压块、半压块按间距 300 mm 布置, 每个压块长为 50 mm。假设 6 mm 厚镀膜钢化玻璃 160 元/m²,其余材料价格及费率均按定额不作调整。根据该厂幕墙图集查得, 铝型材单位重量: H081 立柱（断面 65 mm×110 mm）2. 624 kg/m; H087 接管每个 500 mm 长, 2. 462 kg/m; H033 横梁（断面 60 mm×65 mm）1. 493 kg/m; H078 撑窗框 0. 563 kg/m; H079 撑窗扇 0. 829 kg/m; H1322 副框 0. 521 kg/m; H795 全压块 0. 692 kg/m; H085 半压块 0. 337 kg/m; C525 角码 2. 049 kg/m; 38 mm×38 mm×3 mm 连接铝 0. 593 kg/m。钢材理论重量: φ16 圆钢 1. 58 kg/m, 10mm 厚钢板 78. 5 kg/m²（钢板下连接钢筋为 φ16, 长度 150 mm）, ∟ 110 mm×50 mm×8 mm 不等边角钢 9. 67 kg/m, ∟ 110 mm×70 mm×8 mm 不等边角钢 10. 94 kg/m。未说明部分按计价定额规定。

请按 2014 计价定额计算该玻璃幕墙的分部分项工程费。

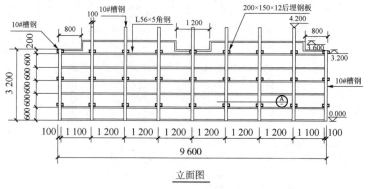

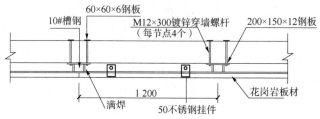

A 节点详图

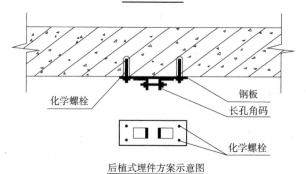

后植式埋件方案示意图

图 8-7　酒店大堂侧墙面

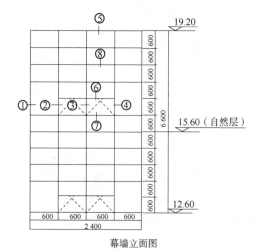

幕墙立面图

图 8-8　玻璃幕墙

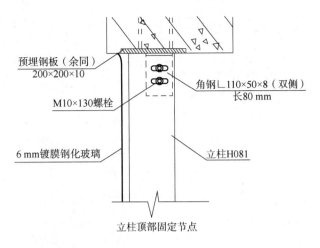

立柱顶部固定节点

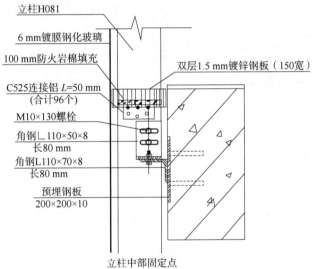

立柱中部固定点

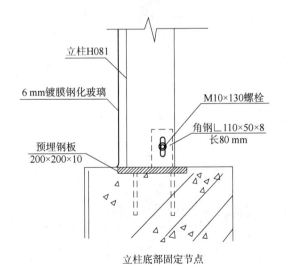

立柱底部固定节点

图 8-8 玻璃幕墙（续）

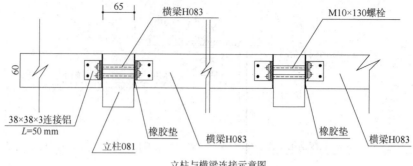

立柱与横梁连接示意图

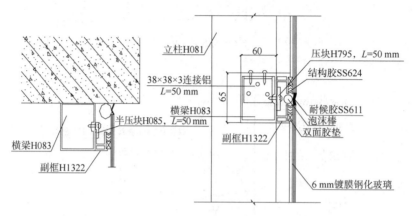

幕墙⑤节点图

幕墙⑧节点图

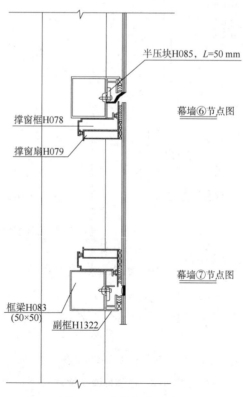

幕墙⑥节点图

幕墙⑦节点图

图 8-8 玻璃幕墙 (续)

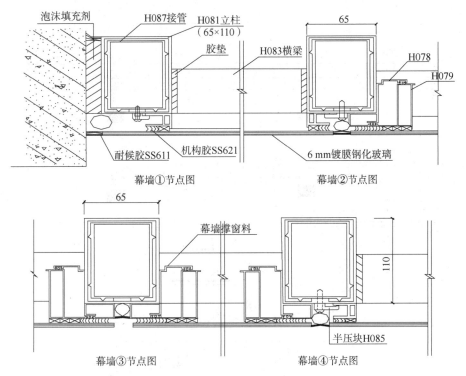

图 8-8　玻璃幕墙（续）

10. 某一层建筑如图 8-1 所示，M1 洞口尺寸 1 200 mm×2 000 mm，C1 尺寸 1 200 mm× 1 500 mm×80 mm，墙内部采用 15 mm 厚 1∶1∶6 混合砂浆找平，5 mm 厚 1∶0.3∶3 混合砂浆抹面，外部墙面和柱采用 12 mm 厚 1∶3 水泥砂浆找平，8 mm 厚 1∶2.5 水泥砂浆抹面，外墙抹灰面内采用 3 mm 厚玻璃条分隔嵌缝，屋面板底标高 2.8 m，室内外高差 0.300 m，踢脚线二次装修时考虑。按 2014 计价定额计算墙、柱面部分粉刷的工程量、综合单价和合价。

11. 某装饰企业独立承建某综合楼的二楼会议室装饰顶棚吊顶。钢筋混凝土柱断面尺寸为 500 mm×500 mm，200 mm 厚空心砖墙，顶棚做法如图 8-9 所示，采用 φ8 mm 吊筋（0.395 kg/m），单层装配式 U 型（上人型）轻钢龙骨，面层椭圆形部分采用 12 mm 厚纸面石膏板面层，规格为 400 mm×600 mm，其余为防火板底铝塑板面层，顶棚与墙交接处采用铝合金角线，规格为 30 mm×25 mm×3 mm，单价为 5 元/m，纸面石膏板面层与铝塑板面层交接处采用自粘胶带并粘钉成品 60 mm 宽红松平线。纸面石膏板面层抹灰为清油封底，满批白水泥腻子，乳胶漆各二遍，木装饰线条油漆做法为润油粉、刮腻子、聚氨酯清漆二遍。其余未说明部分按计价表规定，根据上述条件请计算顶棚分部分项工程费用。

12. 某土建施工企业承担某大厦中 1 至 2 层的内装饰，其中，顶棚为不上人型轻钢龙骨，方格为 500 mm×500 mm，吊筋用 φ8 mm，13 根/10 m²，面层用纸面石膏板，1 层楼层层高 5.0 m，2 层楼层层高 4.2 m，顶棚面的阴、阳角线暂不考虑，混凝土楼板每层均为 100 mm 厚，平面尺寸及简易做法如图 8-10 所示。按 2014 计价定额计算该企业完成 2 层顶棚工程（不包括粘贴胶带及油漆）的有关综合单价和合价。

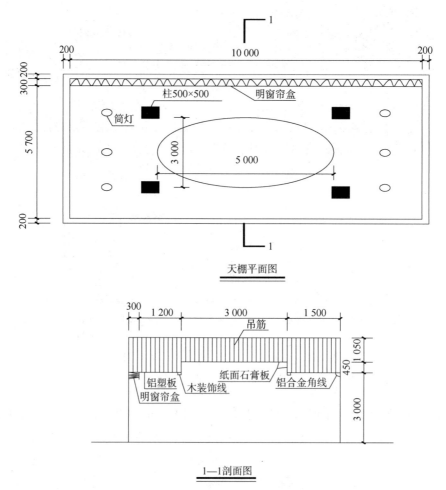

天棚平面图

1—1剖面图

图 8-9　会议室顶棚平面图及剖面图

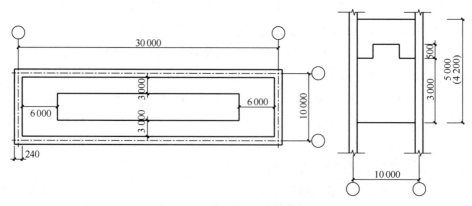

图 8-10　顶棚平面尺寸简易做法

13. 现有 15 樘双扇切片板门门扇刷硝基清漆（润油粉+刮腻子+硝基清漆磨退出亮），每樘门洞口尺寸为 1 500 mm×2 100 mm，试求该门扇油漆工程的分部分项工程费。

习题参考答案

一、单项选择题（在下列每小题的四个备选答案中选出一个正确的答案，并将其字母标号填入题干的括号内）

1. C   2. C   3. A   4. C   5. B   6. B   7. B   8. D   9. B

10. B   11. D   12. B

二、多项选择题（在下列每小题的五个备选答案中有二至四个正确答案，请将正确答案全部选出，并将其字母标号填入题干的括号内）

1. ABCE   2. BCD   3. ABC   4. CD   5. ABC

6. ACD

三、判断改错题（在下列每小题后面的括号内，正确的填"√"，错误的填"×"，错误的要在题目的下方写出正确的答案）

1.（×）"500 mm"改为"300 mm"
2.（√）应改为"整体面层楼梯按水平投影面积，块料面层楼梯按平面展开面积计算"
3.（√）
4.（×）"外墙内、外表面"改为"外墙外表面"
5.（×）"吊筋根数不得调整"改为"设计根数不同时按比例调整定额基价"
6.（×）"水平投影面积"改为"展开面积"
7.（×）"净料"改为"毛料"
8.（×）"块料面层"改为"整体面层"
9.（√）

四、填空题

1. 简单
2. 复杂
3. 龙筋
4. 系数

五、名词解释

1. 简单型龙骨：每间面层在同一标高上的龙骨。
2. 复杂型龙骨：每间面层不在同一标高平面上，其高差在 100 mm 或 100 mm 以上，但必须满足不同标高的少数面积占该间面积的 15% 以上的龙骨。

六、简答题

1. 参考答案：（1）内墙面抹灰面积应扣除门窗洞口和空圈所占的面积，不扣除踢脚线、挂镜线、0.3 m^2 以内的孔洞和墙与构件交接处的面积；但其洞口侧壁和顶面抹灰亦不增加。垛的侧面抹灰面积应并入内墙面工程量内计算。（2）柱和单梁的抹灰按结构展开面积计算，柱与梁或梁与梁接头的面积不予扣除。砖墙面中平墙面的混凝土柱、梁等的抹灰（包括侧壁）应并入墙面抹灰工程量内计算。凸出墙面的混凝土柱、梁面（包括侧壁）抹灰工程量应单独计算，按相应子目执行。（3）厕所、浴室隔断抹灰工程量，按单面垂直投影面积乘系数 2.3 计算。

2. 参考答案：购入成品的各种铝合金门窗安装，按门窗洞口面积以平方米计算；购入成品的木门扇安装，按购入门扇的净面积计算。

七、案例题

1. 解：（1）列项目：挖回填土（1-1）、人工运回填土（1-92+1-95×2）、夯填地面土（1-102）、碎石垫层（13-9）、混凝土垫层（13-11）、水泥砂浆面层（13-22）、水泥砂浆踢脚线（13-27）、台阶原土打底夯（1-99）、台阶碎石垫层（13-9）、混凝土台阶（6-59）、台阶面层（13-25）、混凝土散水（13-163）

（2）计算工程量：

水泥砂浆地面 $S=(30-0.24)\times(15-0.24)+0.6\times1.8=440.34$ m^2

挖回填土、人工运回填土、夯填地面土 $V_1=S\times(0.30-0.1-0.08-0.02)=44.034$ m^3

碎石垫层 $V_2=S\times0.1=44.034$ m^3

混凝土垫层 $V_3=S\times0.08=35.23$ m^3

水泥砂浆踢脚线：$(30-0.24-0.12)\times2+(15-0.24)\times4=118.32m$

台阶地面原土打底夯、混凝土台阶、台阶粉面：$1.8\times0.9=1.62$ m^2

台阶碎石垫层：$1.62\times0.1=0.16$ m^3（小数点后保留两位有效数字）

混凝土散水：$0.6\times[(30.24+0.6+15.24+0.6)\times2-1.8]=54.94$ m^2

（3）套定额（见表 8-1）：

表 8-1 计算结果

序号	定额编号	项目名称	计量单位	工程量	综合单价/元	合价/元
1	1-1	人工挖一类回填土	m^3	44.03	10.55	464.52
2	1-92+1-95×2	人工运土 150 m 以内	m^3	44.03	28.49	1 254.41
3	1-102	夯填地面土	m^3	44.03	28.40	1 250.45
4	13-9	碎石垫层	m^3	44.03	171.45	7 548.94
5	13-11	C15 混凝土垫层	m^3	35.23	395.95	13 949.32
6	13-22	水泥砂浆地面厚 20 mm	10 m^2	44.034	165.31	7 279.26

序号	定额编号	项目名称	计量单位	工程量	综合单价/元	合价/元
7	13-27 换	水泥砂浆踢脚线 120 mm	10 m	11.832	62.12	735.00
8	1-99	台阶地面原土打底夯	10 m²	0.162	12.04	1.95
9	13-9	台阶碎石垫层	m³	0.16	171.45	27.43
10	6-59 换	C15 混凝土台阶	10 m²	0.162	714.67	115.78
11	13-25	台阶粉面	10 m²	0.162	408.18	66.13
12	13-163	C15 混凝土散水	10 m²	5.494	389.00	2 137.17
合计						34 830.36

注：13-27 换：62.94-4.13+0.012×275.64=62.12 元/10 m

6-59 换：745.93-415.19+1.63×235.54=714.67 元/10 m²

答：该地面部分工程的合价为 34 830.36 元。

2. **解**：（1）列项目：地面同质砖（13-81）、地面弧形贴面（13-81）、弧长增加（补）、台阶同质砖（13-93）、同质砖踢脚线（13-95）、地面酸洗打蜡（13-110）、台阶酸洗打蜡（13-111）

（2）计算工程量：

地面同质砖：（30-0.24-0.12）×（15-0.24）-1×1-0.5×0.5+1.2×0.12+1.2×0.24+1.8×0.6=437.75 m²

地面弧形贴面：1×1-3.141 6×0.5²=0.21 m²

弧长增加：3.141 6×2×0.5=3.14 m

台阶同质砖、酸洗打蜡：1.8×（3×0.3+3×0.15）=2.43 m²

踢脚线：（30-0.24-0.12）×2+（15-0.24）×4-3×1.2+2×0.12+2×0.24=115.44 m

地面酸洗打蜡：437.75+0.21=437.96 m²

（3）套定额（见表 8-2）：

表 8-2　计算结果

序号	定额编号	项目名称	计量单位	工程量	综合单价/元	合价/元
1	13-81 换 1	地面 500×500 镜面同质砖	10 m²	43.775	1 490.16	65 231.75
2	13-81 换 2	地面弧形贴面	10 m²	0.021	1 568.00	32.93
3	补	弧长增加	10 m	0.314	93.15	29.25
4	13-93 换	台阶同质砖	10 m²	0.243	1 770.31	430.19
5	13-95 换	同质砖踢脚线 120 mm	10 m	11.544	277.74	3 206.23
6	13-110	地面酸洗打蜡	10 m²	43.796	57.02	2 497.25

序号	定额编号	项目名称	计量单位	工程量	综合单价/元	合价/元
7	13-111	台阶酸洗打蜡	10 m²	0.243	79.47	19.31
合计						71 446.91

注：13-81 换 1：1 007.70-510+10.2×97.30＝1 490.16 元/10 m²

13-81 换 2：1 007.70-510+11×97.30＝1 568.00 元/10 m²

补：(0.6×85+0.6×14.69)×1.37+0.14×80＝93.15 元/10 m

13-93 换：1 272.24-526.50+10.53×97.30＝1 770.31 元/10 m²

13-95 换：205.37-76.50+1.53×97.30＝277.74 元/10 m²

答：该地面部分工程的合价为 71 446.91 元。

3. 解：(1) 列项目：水磨石楼面（13-32）、水磨石嵌铜条（13-105）、水磨石踢脚线（13-34）

(2) 计算工程量：

水磨石楼面：(11.04-0.24)×(6.4-0.24)＝66.53 m²

水磨石嵌铜条：1.16×9×6+1.16×5×10+0.36×2×2（中间柱侧）＝122.08 m

水磨石踢脚线：(11.04-0.24+6.4-0.24)×2＝33.92 m

(3) 套定额（见表8-3）：

表8-3 计算结果

序号	定额编号	项目名称	计量单位	工程量	综合单价/元	合价/元
1	13-32 换	水磨石楼面	10 m²	6.653	1 040.13	6 919.98
2	13-105	水磨石嵌铜条	10 m	12.208	65.33	797.55
3	13-34 换	水磨石踢脚线	10 m	3.392	271.43	920.69
合计						8 638.22

注：分析各种颜色的水磨石面积：

铁红 S_1＝1.16×1.16×22 块＝29.6 m²

铬绿 S_2＝1.16×1.16×23 块-0.36×(0.6+1.8×2)×2+0.36×0.36×4＝30.78 m²

铁黄 S_3＝66.53-29.6-30.78＝6.15 m²

则氧化铁红石子浆用量＝S_1÷(S_1+S_2+S_3)×0.173＝29.6÷66.53×0.173＝0.077 m³

氧化铬绿石子浆用量＝S_2÷(S_1+S_2+S_3)×0.173＝30.76÷66.53×0.173＝0.08 m³

氧化铁黄石子浆用量＝S_3÷(S_1+S_2+S_3)×0.173＝6.15÷66.53×0.173＝0.016 m³

氧化铁红颜料用量＝S_1÷(S_1+S_2+S_3)×0.3＝29.6÷66.53×0.3＝0.133 kg

氧化铬绿颜料用量＝S_2÷(S_1+S_2+S_3)×0.3＝30.76÷66.53×0.3＝0.139 kg

氧化铁黄颜料用量＝S_3÷(S_1+S_2+S_3)×0.3＝6.15÷66.53×0.3＝0.028 kg

13-32 换：1 006.17(勘误)-168.28(白水泥加氧化铁红彩色石子浆)+0.077×972.72+0.08×1 482.71(p1 066)+0.016×982.71-1.95(氧化铁红)+0.133×6.5+0.139×32+0.028×7＝1 040.13 元/10 m²

13-34 换：269.15-20.65(勘误说明)+20.65×(120/150)-7.16×(120/150)+0.018×842.71(p1 064)×(120/150)＝271.43 元/10 m

答：该水磨石楼面的合价为 8 638.22 元。

4. **解**：（1）列项目：简单图案镶贴地面（13-55）、地面铺贴黑色花岗石镶边（13-47）、地面铺贴芝麻黑花岗石（13-47）、石材板缝嵌铜条（13-104）、花岗石面层酸洗打蜡（13-110）、花岗石地面成品保护（18-75）

（2）计算工程量：

简单图案镶贴地面：$(2.4+1.2+2.4)×(3.6+1.8+3.6)=6×9=54$ m^2

地面铺贴花岗石镶边：$0.2×[(12.8-0.2+18.8-0.2)×2+(12.8-0.8×2-0.2+18.8-1.1×2-0.2)×2]=23.44$ m^2

地面铺贴芝麻黑花岗石：$12.8×18.8-54-23.44=163.2$ m^2

石材板缝嵌铜条：$(12.8-0.2×2+18.8-0.2×2)×2+(12.8-1×2+18.8-1.3×2)×2=115.6$ m

花岗岩酸洗打蜡、成品保护：$12.8×18.8=240.64$ m^2

（3）套定额（见表8-4）：

表8-4　计算结果

序号	定额编号	项目名称	计量单位	工程量	综合单价/元	合价/元
1	13-55 换	简单图案镶贴地面	10 m^2	5.4	4 781.56	25 820.42
2	13-47 换 1	地面铺贴花岗石镶边	10 m^2	2.344	3 650.94	8 543.20
3	13-47 换 2	地面铺贴芝麻黑花岗岩	10 m^2	16.32	3 402.69	55 531.90
4	13-104 换	石材板缝嵌铜条	10 m	11.56	131.10	1 515.52
5	13-110	花岗石酸洗打蜡	10 m^2	24.06	57.02	1 372.13
6	18-75	花岗石成品保护	10 m^2	24.06	18.32	440.85
合计						93 224.02

注：13-55 换：

分析各种颜色的花岗石面积

紫红色 $S_1=2×1.2×3.6÷2+2×1.8×2.4÷2+1.2×1.8=10.8$ m^2

乳白色 $S_2=2×6×4.5÷2-10.8=16.2$ m^2

芝麻黑 $S_3=6×9-6×4.5=27$ m^2

则紫红色花岗石用量$=S_1÷(S_1+S_2+S_3)×11=10.8÷54×11=2.2$ m^3

乳白色花岗石用量$=S_2÷(S_1+S_2+S_3)×11=16.2÷54×11=3.3$ m^3

芝麻黑花岗石用量$=S_3÷(S_1+S_2+S_3)×11=27÷54×11=5.5$ m^3

13-55 换：$3\,516.56-2\,750+2.2×600+3.3×350+5.5×280=4\,781.56$ 元/10 m^2

13-47 换 1：$3\,096.69+0.1×323×(1+25\%+12\%)-2\,550+10.2×300=3\,650.94$ 元/10 m^2

13-47 换 2：$3\,096.69-2\,550+10.2×280=3\,402.69$ 元/10 m^2

13-104 换：$110.7-102+10.2×12=131.1$ 元/10 m

答：该花岗石地面的合价为 93 224.02 元。

5. **解**：（1）列项目：楼面贴白色花岗石（13-47）、楼面贴黑色花岗石（13-47）、花岗

岩复杂图案楼面（13-55）、镶嵌铜条（13-104）、楼面酸洗打蜡（13-110）

（2）计算工程量：

楼面水泥砂浆贴花岗岩（白）：6.4×6.4-6.0×6.0=4.96 m²

楼面水泥砂浆贴花岗岩（黑）：6.0×6.0-5=31 m²

楼面水泥砂浆复杂图案镶贴花岗岩（红）：1×1×5=5 m²

镶嵌铜条：3.14×1×5=15.70 m

花岗岩面酸洗打蜡：6.4×6.4=40.96 m²

（3）套定额（见表8-5）：

表8-5 计算结果

序号	定额编号	项目名称	计量单位	工程量	综合单价/元	合价/元
1	13-47 换 1	白色花岗岩楼面	10 m²	0.496	6 666.69	3 306.68
2	13-47 换 2	黑色花岗岩楼面	10 m²	3.1	4 626.69	14 342.74
3	13-55 换	花岗岩复杂图案楼面	10 m²	0.5	10 069.76	5 034.88
4	13-104 换	镶嵌铜条	10 m	1.57	9.8	15.39
5	13-110	楼面酸洗打蜡	10 m²	4.096	57.02	233.55
合计						22 933.24

注：13-47 换 1：3 096.69-2 550+10.2×600=6 666.69 元/10 m²

13-47 换 2：3 096.69-2 550+10.2×400=4 626.69 元/10 m²

13-55 换按实调整图案部分的损耗率：

(1) 按实计算图案部分花岗岩板材的面积（2%为施工切割损耗）：

圆形红色花岗岩部分：S_1=[1(1)+1(2)+1(3)+1(4)]×5×0.5×0.5×1.02=5.1 m²

黑色花岗岩部分：S_2=[0.5(1′)+0.5(2′)+0.5(3′)+0.5(4′)]×5×0.5×0.5×1.02=2.55 m²

(2) 计算紫罗红、黑金砂在计价表子目中的含量：

红色花岗岩含量：5.1÷5×10=10.2 m²/10 m²

黑色花岗岩含量：2.55÷5×10=5.1 m²/10 m²

13-55 换：3 516.56+0.2×449.65×(1+25%+12%)-2 750+10.2×700+5.1×400=10 069.76(元/10 m²)

13-104 换：110.70-102+10.2×5.5=9.8 元/10 m

答：该花岗岩楼面的合价为 22 933.24 元。

6. **解**：（1）列项目：铺设木楞（13-112）、免漆免刨实木地板（13-117）、硬木踢脚线（13-127）、踢脚线油漆（17-59+69）、复合木地板悬浮安装（13-119）、卫生间贴防滑地砖（13-83）、其余区域铺地砖（13-83）

（2）计算工程量：

铺设木楞、免漆免刨实木地板：(5.2-0.24)×(3.4-0.24)=15.67 m²

硬木踢脚线、踢脚线油漆：15.24 m

复合木地板悬浮安装：10.62+10.15=20.77 m²

其中，总工办：(3.6-0.24)×(3.4-0.24)=10.62 m²

经理室：（3.2-0.12-0.06）×（3.6-0.24）= 10.15 m²

卫生间防滑地砖：（2.5-0.12-0.06）×（1.8-0.12-0.06）= 3.66 m²

其余区域贴地砖 31.70 m²

其中，办公区：（1.8-0.12-0.06）×（2.4+5.2-1.3-0.12）+（3.2-0.12+0.06）×（5.2-0.24）-0.16×0.4（扣墙垛）+0.8×0.24×3（总工办、总经理、接待区门洞）+0.8×0.12×2（卫生间、经理室门洞）= 26.38 m²

接待区：（1.8-0.24）×（3.54-0.24）+1×0.24（进户门洞）= 5.32 m²

（3）套定额（见表8-6）：

表 8-6　计算结果

序号	定额编号	项目名称	计量单位	工程量	综合单价/元	合价/元
1	13-112 换	铺设木楞	10 m²	1.567	368.83	577.96
2	13-117 换	免漆免刨地板	10 m²	1.567	2 290.9	3 589.84
3	13-127 换	硬木踢脚线	10 m	1.524	143.85	219.23
4	17-59+69	踢脚线油漆	10 m	1.524	140.05	213.44
5	13-119	复合木地板悬浮安装	10 m²	2.077	1 784.67	3 706.76
6	13-83 换	卫生间防滑地砖	10 m²	0.366	1 092.97	400.03
7	13-83	其余区域地砖	10 m²	3.17	979.32	3 104.44
合计						11 811.70

注：13-112 换：

膨胀螺栓含量：50÷15.67×10×1.02 = 33 套/10 m²

木龙骨含量：（60×70）/（60×50）×0.082 = 0.114 8 m³

增加木材含量：0.114 8-0.02-0.082 = 0.012 8 m³

13-112 换：323.98+33×0.6（p1 079）+0.4×8.34（p1 007）×（1+25%+12%）+0.012 8×1 600 = 368.83 元/10 m²

13-117 换：3 235.90-2 625+10.5×160 = 2 290.9 元/10 m²

13-127 换：

硬木成材含量：（120×20）/（150×20）×0.033 = 0.026 4 m³

13-127 换：158.25-14.4 = 143.85 元/10 m

17-59+69：119.72+20.33 = 140.05 元/10 m

13-83 换：

地砖用量：（10÷0.25÷0.25）×1.02 = 164 块

13-83 换：979.32-510+164×3.5-48.41+0.253×387.57（p1 061）= 1 092.97 元/10 m²

答：该楼面的合价为 11 811.70 元。

7. 解：（1）列项目：砖墙面湿挂花岗岩（14-122）、圆柱面湿挂花岗岩（14-132）

（2）计算工程量：

墙面花岗岩内表面：[（45-0.24-2×0.05+15-0.24-2×0.075）×2+8×0.24]×3.5-1.2×1.5×8-1.2×2 = 404.81 m²

外表面：（45.24+2×0.05+15.24+2×0.075）×2×3.8-1.2×1.5×8-1.2×2 = 443.04 m²

小计：847.85 m²

圆柱面花岗岩：3.14×(0.6+2×0.075)×3.5×2＝16.49 m²

（3）套定额（见表 8-7）：

表 8-7　计算结果

序号	定额编号	项目名称	计量单位	工程量	综合单价/元	合价/元
1	14-122	墙面挂贴花岗岩	10 m²	84.785	3 639.12	308 542.79
2	14-132 换	圆柱面六拼挂贴花岗岩	10 m²	1.649	18 520.77	30 540.75
合计						339 083.54

注：14-132 换：18 526.71-154.91+0.562×265.07＝18 520.77 元/10 m²

答：该墙、柱面装饰工程合价为 339 083.54 元。

8.　解：（1）列项目：钢骨架上干挂石材（18-136）、石材面刷防护剂（18-74）、钢骨架制作（7-61）、钢骨架安装（14-183）、后置埋件制作（7-57）、后置埋件安装（5-28）

（2）计算工程量：

钢骨架上干挂石材、石材面刷防护剂：3.2×9.6+0.4×(9.6-0.8×2-1.2)＝33.44 m²

钢骨架制作、安装：358.36+265.63＝623.99 kg＝0.624 t

10 号槽钢：(4.2×7+3.2×2)×10.01＝358.36 kg

∟56×5 角钢：〔(7×9.6-0.1×9)+0.4×4〕×4.25＝265.63

后置埋件制作、安装：76.3+18.31+7.27＝101.88 kg＝0.102 t

200 mm×150 mm×12 mm 钢板：0.2×0.15×27×94.2＝76.3 kg

60 mm×60 mm×6 mm 钢板：0.06×0.06×27×4×47.1＝18.31 kg

顶端固定钢骨架铁件 7.27 kg

（3）套定额（见表 8-8）：

表 8-8　计算结果

序号	定额编号	项目名称	计量单位	工程量	综合单价/元	合价/元
1	18-136 换	钢骨架上干挂石材	10 m²	3.344	8 094.07	27 066.57
2	18-74	石材面刷防护剂	10 m²	3.344	95.8	320.36
3	7-61	钢骨架制作	t	0.624	6 400.37	3 993.83
4	14-183 换	钢骨架安装	t	0.624	2 624.16	1 637.48
5	7-57	后置埋件制作	t	0.102	8 944.78	912.37
6	5-28	后置埋件安装	t	0.102	3 463.13	353.24
合计						34 283.85

注：不锈钢连接件、六角螺栓：5.5×10.2＝56 套/10 m²

14-136 换：4 162.29-0.1×732.70×(1+25%+12%)-10（供应商已完成钻孔成槽）-2 550+10.2×650（石材单价换算）-202.5+56×4.5（不锈钢连接件）-85.5+56×1.9（六角螺栓）-213.2＝8 094.07 元/10 m²

穿墙螺栓数量定额含量：27×4×1.02÷0.624×1＝177 套/t

14-183 换：1 459.36-605.2+177×10＝2 624.16 元/t

答：该墙面工程的合价为 34 283.85 元。

9. 解：（1）列项目：铁件制作（5-27）、铁件安装（5-28）、铝合金隐框玻璃幕墙制安（14-152）、窗增加部分（说明）、撑窗五金（16-324）、幕墙自然层连接（14-165）

（2）计算工程量：

铁件制作、安装：14.22+47.1+23.21+8.75=93.28 kg

ϕ16 钢筋：0.15×4×5×3×1.58=14.22 kg

10 mm 厚钢板：0.2×0.2×5×3×78.5=47.1 kg

∟110 mm×50 mm×8 mm 不等边角钢：0.08×2×5×3×9.67=23.21 kg

∟110 mm×70 mm×8 mm 不等边角钢：0.08×2×5×10.94=8.75 kg

铝合金隐框玻璃幕墙制安：2.4×6.6=15.84 m²

窗增加部分：（0.6-0.065）×（0.6×0.065）×4=1.15 m²

幕墙自然层连接：2.4 m

撑窗五金：4 套

（3）套定额（见表 8-9）：

表 8-9　计算结果

序号	定额编号	项目名称	计量单位	工程量	综合单价/元	合价/元
1	5-27	铁件制作	t	0.093	9 192.70	854.92
2	5-28	铁件安装	t	0.093	3 463.13	322.07
3	14-152 换	铝合金隐框玻璃幕墙制安	10 m²	1.584	7 622.66	12 074.29
4	说明	窗增加部分	10 m²	0.115	582.25	66.96
5	16-324	撑窗五金	扇	4	55	220
6	14-165 换	幕墙自然层连接	10 m	0.24	489.93	117.58
合计						13 655.82

注：铝材量：92.65+6.59+36.58+5.16+7.59+50.74+6.33+1.98+10.52+2.79=220.93 kg

H081 立柱：6.6×5×2.624×（1+7%）=92.65 kg

H087 接管：0.5×5×2.462×1.07=6.59 kg

H083 横梁：[（2.4-0.065×5）×10+（1.2-0.065×2）×2]×1.493×1.07=36.58 kg

H078 撑窗框：（0.6-0.065+0.6-0.065）×2×4×0.563×1.07=5.16 kg

H079 撑窗扇：（0.6-0.065+0.6-0.065）×2×4×0.829×1.07=7.59 kg

H1322 副框：（2.4×18+6.6×8-0.6×8）×0.52×1.07=50.74 kg

H795 全压块：3×（4×7+2+9×3）×0.05×0.692×1.07=6.33 kg

H085 半压块：[3（7×2+4+2）+5×4（周边）+3×（6+4）（窗周）]×0.05×0.337×1.07=1.98 kg

C525 角码：0.05×96×2.049×1.07=10.52 kg

38×38×3 连接铝：（10×4×2+4×2 窗户周围）×0.05×0.593×1.07=2.79 kg

14-152 换：8 449.68-2 788.55+（220.93/15.84）×10×21.5（铝型材换算）-2 472+10.3×160（玻璃换算）-213.2（扣镀锌铁件）=7 622.66 元/10 m²

说明：5×85×（1+25%+12%）=582.25 元/10 m²

幕墙自然层连接：

镀锌钢板含量：$0.15 \times 2 \times 2.4 \div 2.4 \times 10 \times 1.05 = 3.15 \ \mathrm{m^2/10\ m}$

防火岩棉含量：$0.15 \times 0.1 \times 2.4 \div 2.4 \times 10 \times 1.05 = 0.157\ 5 \ \mathrm{m^3/10\ m}$

14-165 换：$688.88 - 370.43 + 3.15 \times 64.2$（镀锌钢板换算）$-78 + 0.157\ 5 \times 300 = 489.93 \ \mathrm{元/10\ m}$

答：该幕墙工程的合价为 13 655.82 元。

10. **解**：(1) 列项目：内墙面抹灰（14-38）、柱面抹灰（14-22）、外墙面抹灰（14-8）、外墙玻璃条嵌缝（14-76）

(2) 计算工程量：

外墙内表面抹混合砂浆：$[(30-0.24) \times 2 + (15-0.24) \times 4] \times 2.8 - 1.2 \times 1.5 \times 8 - 1.2 \times 2 \times 3 = 310.37 \ \mathrm{m^2}$

柱面抹水泥砂浆：$3.141\ 6 \times 1 \times 2.8 = 8.80 \ \mathrm{m^2}$

外墙外表面抹水泥砂浆：$(30.24 + 15.24) \times 2 \times 3.1 - 1.2 \times 1.5 \times 8 - 1.2 \times 2 + 2 \times (1.2 + 1.5) \times 0.24 \times 8 + (1.2 + 2 \times 2) \times 0.24 = 276.79 \ \mathrm{m^2}$

墙面嵌缝：$(30.24 + 15.24) \times 2 \times 3.1 = 281.98 \ \mathrm{m^2}$

(3) 套定额（见表 8-10）：

表 8-10　计算结果

序号	定额编号	项目名称	计量单位	工程量	综合单价/元	合价/元
1	14-38	外墙内表面抹混合砂浆	10 m²	31.037	209.95	6 516.22
2	14-22	柱面抹水泥砂浆	10 m²	0.88	382.25	336.38
3	14-8	外墙外表面抹水泥砂浆	10 m²	27.679	254.64	7 048.18
4	14-76	外墙抹灰面玻璃条嵌缝	10 m²	28.198	57.72	1 627.59
合计						15 528.37

答：该墙、柱面抹灰工程的合价为 15 528.37 元。

11. **解**：(1) 列项目：吊筋 1（15-34）、吊筋 2（15-34）、单层 U 型轻钢龙骨椭圆形（15-12）、复杂型轻钢龙骨（15-12）、纸面石膏板凹凸面层（15-46）、防火板凹凸底弧形部分（15-44）、防火板凹凸底（15-44）、铝塑板弧形面层（15-54）、铝塑板弧形面层（15-54）、自粘胶带（17-175）、筒灯孔（18-63）、明窗帘盒（18-67）、木装饰线条安装（18-14）、金属装饰条（18-15）、清油封底（17-174）、批腻子刷乳胶漆（17-179）、木线条油漆 3 遍（17-35）、木线条油漆减 1 遍（17-45）

(2) 计算工程量：

吊筋 1（1 050 mm）：$3.14/4 \times 5 \times 3$（p1 133）$= 11.78 \ \mathrm{m^2}$

吊筋 2（1 500 mm）：$10 \times 6 - 11.78 = 48.22 \ \mathrm{m^2}$

单层 U 型轻钢龙骨椭圆形：$11.78 \ \mathrm{m^2}$

复杂型轻钢龙骨：$48.22 \ \mathrm{m^2}$

纸面石膏板凹凸面层：$11.78 + 3.14 \times [(5^2 + 3^2)/2]^{1/2} \times 0.45 = 17.60 \ \mathrm{m^2}$

防火板、铝塑板弧形部分：5×3-11.78＝3.22 m²

防火板、铝塑板面层：48.22-0.5×0.5×4-0.3×10-3.22＝41.00 m²

自粘胶带：3.14×[(5²+3²)/2]^{1/2}＝12.95 m

筒灯孔：8 个

明窗帘盒：10 m

60 mm 宽红松平线木装饰线条：12.95 m

铝合金金属装饰条：10+5.7+5.7＝21.4 m

纸面石膏板清油封底、批腻子刷乳胶漆：17.60 m²

木线条油漆：12.95×0.35＝4.53 m

（3）套定额（见表 8-11）：

表 8-11　计算结果

序号	定额编号	项目名称	计量单位	工程量	综合单价计算/元	合价/元
1	15-34 换 1	φ8 吊筋 h＝1 050 mm	10 m²	1.178	60.54-15.80+(1.05-0.25)÷0.75× 3.93×4.02＝61.59	72.55
2	15-34 换 2	φ8 吊筋 h＝15 000 mm	10 m²	4.822	60.54-15.80+(1.5-0.25)÷0.75× 3.93×4.02＝71.07	342.70
3	15-12 换 1	单层 U 型轻钢龙骨椭圆形	10 m²	1.178	(2.22×85×0.87 单层+3.4)× 1.8 圆形×1.37+401.90-8.84 小龙骨-0.39 小接件-5.2 小龙骨吊件- 7.8 小龙骨平面连接件＝792.90	934.04
4	15-12 换 2	复杂型轻钢龙骨	10 m²	4.822	(2.22×85×0.87 单层+3.4)×1.37+ 401.90-8.84 小龙骨-0.39 小接件- 5.2 小龙骨吊件-7.8 小龙骨平面连接件＝609.24	2 937.76
5	15-46 换	纸面石膏板凹凸面层	10 m²	1.76	113.9×1.15 圆弧形× 1.37+150.42＝329.87	580.57
6	15-44 换 1	防火板底弧形部分	10 m²	0.322	105×1.15 弧形×1.37+135.15-132+11× 35 防火板单价 p1 058＝554.21	178.46
7	15-44 换 2	防火板底	10 m²	4.1	279.55-132+11×35 防火板单价 p1 058＝532.55	2 183.46
8	15-54 换 1	铝塑板弧形面层	10 m²	0.322	119.85×1.15 弧形×1.37+959.62＝ 1 148.44	369.80
9	15-54	铝塑板弧形面层	10 m²	4.1	1 123.81	4 607.62
10	17-175	自粘胶带	10 m	1.295	77.11	99.86
11	18-63	筒灯孔	10 个	0.6	28.99	17.39
12	18-67	明窗帘盒	100 m	0.1	4 656.38	465.64
13	18-14 换	木装饰线条	100 m	0.129	(173.4×1.68 钢龙骨安装+15)× 1.37+657.06＝1 076.71	138.90

序号	定额编号	项目名称	计量单位	工程量	综合单价计算/元	合价/元
14	18-15	金属装饰条	100 m	0.214	820.56−399+105×5=946.56	202.56
15	17-174	清油封底	10 m²	1.76	43.68	76.88
16	17-179 换	批腻子乳胶漆 2 遍	10 m²	1.76	(1.9−0.32 减腻子一遍−0.165 减乳胶漆一遍)×85×1.37+75.57−(9.13+0.38+0.77+5.3)×30%腻子材料−1.2×12 乳胶漆材料=221.27	389.44
17	17-35	木线条油漆 3 遍	10 m	0.453	194.41	88.11
18	17-45	减 1 遍油漆	10 m	−0.453	31.51	−14.28
合计						13 671.46

答：该顶棚龙骨面层部分合价为 13 671.46 元。

12. 解：（1）列项目：吊筋 1（15-34）、吊筋 2（15-34）、吊筋 3（15-34）、吊筋 4（15-34）、轻钢龙骨（15-8）、纸面石膏板（15-46）

（2）计算工程量：

吊筋 1、吊筋 3：$(30-0.24-12)\times(10-0.24-6)=66.78$ m²

吊筋 2、吊筋 4：$(30-0.24)\times(10-0.24)-66.78=223.68$ m²

轻钢龙骨：$(30-0.24)\times(10-0.24)\times2=580.92$ m²

纸面石膏板：$580.92+0.5\times(30-12.24+10-6.24)\times2\times2=623.96$ m²

（3）套定额（见表 8-12）：

表 8-12 计算结果

序号	定额编号	项目名称	计量单位	工程量	综合单价/元	合价/元
1	15-34 换 1	吊筋 $h=1.4$ m	10 m²	6.678	68.96	460.51
2	15-34 换 2	吊筋 $h=1.9$ m	10 m²	22.368	79.49	1 778.03
3	15-34 换 3	吊筋 $h=0.6$ m	10 m²	6.678	52.12	348.06
4	15-34 换 4	吊筋 $h=1.1$ m	10 m²	22.368	62.65	1 399.34
5	15-8	不上人轻钢龙骨 500×500	10 m²	58.092	639.87	37 171.33
6	15-46	纸面石膏板	10 m²	62.396	306.47	19 122.50
合计						60 279.77

注：15-34 换 1：$60.54+0.102\times4\times13\times0.395\times4.02=68.96$ 元/10 m²

15-34 换 2：$60.54+0.102\times9\times13\times0.395\times4.02=79.49$ 元/10 m²

15-34 换 3：$60.54-0.102\times4\times13\times0.395\times4.02=52.12$ 元/10 m²

15-34 换 4：$60.54+0.102\times1\times13\times0.395\times4.02=62.65$ 元/10 m²

答：该吊顶工程的合价为 60 279.77 元。

13. 解：（1）列项目：单层木门油漆（17－76）

（2）计算工程量：

1.5×2.1×15×0.81 = 38.27 m²

（3）套定额（见表 8-13）：

表 8-13　计算结果

序号	定额编号	项目名称	计量单位	工程量	综合单价/元	合价/元
1	17－76	木门油漆	10 m²	3.827	1 409.45	5 393.97
合计						5 393.97

第 9 章　措施项目费用的计算

习　　题

一、单项选择题（在下列每小题的四个备选答案中选出一个正确的答案，并将其字母标号填入题干的括号内）

1. 根据 2014 计价定额的规定，可以计算建筑物超高增加费的是（　　）。
   A. 5 层房屋
   B. 檐高 20 m 建筑物
   C. 6 层房屋
   D. 檐高 25 m 建筑物

2. 根据 2014 计价定额的规定，可以计算建筑物超高增加费的是（　　）。
   A. 6 层房屋
   B. 檐高 15 m 建筑物
   C. 7 层房屋
   D. 檐高 20 m 建筑物

3. 根据 2014 计价定额的规定，楼层整个超过 20 m 或层数超过 6 层部分应按其超过部分的建筑面积计算（　　）。
   A. 整层超高费
   B. 层高超高费
   C. 每米增高超高费
   D. 装饰工程超高人工降效系数

4. 根据 2014 计价定额的规定，建筑物檐高超过 20 m，但其最高一层或其中一层楼面未超过 20 m 且在 6 层以内时，该楼层在 20 m 以上部分按其超过部分的建筑面积计算（　　）。
   A. 整层超高费
   B. 层高超高费
   C. 每米增高超高费
   D. 装饰工程超高人工降效系数

5. 根据 2014 计价定额的规定，建筑物超高费以超高 20 m 或 6 层部分的（　　）。
   A. 建筑面积计算工程量
   B. 层数计算工程量
   C. 人工费计算工程量
   D. 分部分项工程费计算工程量

6. 根据 2014 计价定额的规定，单独装饰工程超高人工降效，以超过 20 m 部分或 6 层部分的（　　）。
   A. 建筑面积计算工程量
   B. 层数计算工程量
   C. 人工费计算工程量
   D. 分部分项工程费计算工程量

7. 根据 2014 计价定额的规定，执行综合脚手架项目的是（　　　）。

    A. 单独地下室工程　　　　　　　　　B. 檐高 4.00 m 的单层建筑

    C. 单独装饰工程　　　　　　　　　　D. 多层工业厂房

8. 根据 2014 计价定额的规定，执行综合脚手架项目的是（　　　）。

    A. 影剧院　　　　　　　　　　　　　B. 多层综合楼

    C. 单独装饰工程　　　　　　　　　　D. 多层工业厂房

9. 根据 2014 计价定额的规定，执行综合脚手架项目的是（　　　）。

    A. 影剧院　　　　　　　　　　　　　B. 仓库

    C. 医院　　　　　　　　　　　　　　D. 多层工业厂房

10. 根据 2014 计价定额的规定，执行综合脚手架项目的是（　　　）。

    A. 影剧院　　　　　　　　　　　　　B. 商场

    C. 饭堂　　　　　　　　　　　　　　D. 多层工业厂房

11. 根据 2014 计价定额的规定，混凝土条形基础在浇捣混凝土时需要计算脚手架的前提是（　　　）。

    A. 基础埋深超过 1.00 m，基础底宽超过 3 m

    B. 基础埋深超过 1.50 m，基础底宽超过 3 m

    C. 基础埋深超过 1.00 m，基础底宽超过 4 m

    D. 基础埋深超过 1.50 m，基础底宽超过 4 m

12. 根据 2014 计价定额的规定，独立柱基在浇捣混凝土时需要计算脚手架的前提是（　　　）。

    A. 基础埋深超过 1.00 m，混凝土底面积超过 9 m^2

    B. 基础埋深超过 1.50 m，混凝土底面积超过 9 m^2

    C. 基础埋深超过 1.00 m，混凝土底面积超过 16 m^2

    D. 基础埋深超过 1.50 m，混凝土底面积超过 16 m^2

13. 根据 2014 计价定额的规定，满堂基础在浇捣混凝土时需要计算脚手架的前提是（　　　）。

    A. 基础埋深超过 1.00 m，混凝土底面积超过 9 m^2

    B. 基础埋深超过 1.50 m，混凝土底面积超过 9 m^2

    C. 基础埋深超过 1.00 m，混凝土底面积超过 16 m^2

    D. 基础埋深超过 1.50 m，混凝土底面积超过 16 m^2

14. 根据 2014 计价定额的规定，钢筋混凝土框架柱、梁、墙混凝土浇捣时需要计算脚手架的前提是（　　　）。

    A. 层高超过 3.60 m　　　　　　　　　B. 净高超过 3.60 m

    C. 层高超过 5.00 m　　　　　　　　　D. 净高超过 5.00 m

15. 根据 2014 计价定额的规定，砌体砌筑需要计算脚手架的前提是其砌筑高度应超过（　　　）。

    A. 1.5 m　　　　　　　　　　　　　　B. 2 m

    C. 3 m　　　　　　　　　　　　　　　D. 3.6 m

16. 根据 2014 计价定额的规定，计算浇捣混凝土条形基础脚手架时应套用定额 （　　）。

    A. 砌墙脚手架　　　　　　　　　　　　　B. 抹灰脚手架

    C. 满堂脚手架　　　　　　　　　　　　　D. 混凝土浇捣脚手架

17. 根据 2014 计价定额的规定，计算浇捣独立基础混凝土脚手架时应套用定额 （　　）。

    A. 砌墙脚手架　　　　　　　　　　　　　B. 抹灰脚手架

    C. 满堂脚手架　　　　　　　　　　　　　D. 混凝土浇捣脚手架

18. 根据 2014 计价定额的规定，计算浇捣满堂基础混凝土脚手架时应套用定额 （　　）。

    A. 砌墙脚手架　　　　　　　　　　　　　B. 抹灰脚手架

    C. 满堂脚手架　　　　　　　　　　　　　D. 混凝土浇捣脚手架

19. 根据 2014 计价定额的规定，无地下室底层柱支模高度净高是指 （　　）。

    A. 从设计室内地面至上层板顶面、楼层板顶面至上层板顶面

    B. 从设计室内地面至上层板底面、楼层板顶面至上层板底面

    C. 从设计室外地面至上层板顶面、楼层板顶面至上层板顶面

    D. 从设计室外地面至上层板底面、楼层板顶面至上层板底面

20. 根据 2014 计价定额的规定，现浇钢筋混凝土柱、梁、墙、板的支模高度以净高 （　　）。

    A. 3.00 m 为准　　　　　　　　　　　　B. 3.60 m 为准

    C. 5.00 m 为准　　　　　　　　　　　　D. 8.00 m 为准

21. 根据 2014 计价定额的规定，⊥、L、+形柱模板套直形墙模板定额的前提是每根柱两边之和超过 （　　）。

    A. 1 m　　　　　　B. 2 m　　　　　　C. 3 m　　　　　　D. 4 m

22. 根据 2014 计价定额的规定，计算柱模板时应另增加对拉螺栓的前提是柱周长大于 （　　）。

    A. 3 m　　　　　　B. 3.6 m　　　　　C. 5 m　　　　　　D. 8 m

23. 根据 2014 计价定额的规定，模板中的对拉螺栓按摊销量考虑的是 （　　）。

    A. 地下室内墙　　　　　　　　　　　　　B. 地下室外墙

    C. 屋面水箱　　　　　　　　　　　　　　D. 消防水池

24. 根据 2014 计价定额的规定，模板中的对拉螺栓按一次性使用考虑的是 （　　）。

    A. 地下室内墙　　　　　　　　　　　　　B. 地下室外墙

    C. 地上部分外墙　　　　　　　　　　　　D. 地上部分内墙

25. 根据 2014 计价定额的规定，悬挑雨篷模板按柱、梁、板模板考虑的前提是 （　　）。

    A. 挑出超过 1.2 m　　　　　　　　　　　B. 挑出超过 1.5 m

    C. 挑出超过 1.8 m　　　　　　　　　　　D. 地上部分内墙

26. 根据 2014 计价定额的规定，计算基坑排水的前提是坑底在地下常水位以下、基坑底面积超过 （　　）。

    A. 20 m²　　　　　B. 50 m²　　　　　C. 100 m²　　　　D. 150 m²

27. 根据 2014 计价定额的规定，井点降水按套天计算，一套的井点管数量以 （　　）。

    A. 30 根为准　　　　　　　　　　　　　B. 40 根为准

    C. 50 根为准　　　　　　　　　　　　　D. 60 根为准

28. 根据 2014 计价定额的规定，建筑物垂直运输中的卷扬机施工考虑的机械为（　　）。

    A. 1 台卷扬机
          B. 2 台卷扬机

    C. 1 台塔式起重机、1 台卷扬机
    D. 1 台塔式起重机、2 台卷扬机

29. 根据 2014 计价定额的规定，建筑物垂直运输中的塔式起重机施工考虑的机械为（　　）。

    A. 1 台卷扬机
          B. 2 台卷扬机

    C. 1 台塔式起重机、1 台卷扬机
    D. 1 台塔式起重机、2 台卷扬机

30. 根据 2014 计价定额的规定，不计算垂直运输机械台班的单层建筑物垂直运输高度在（　　）。

    A. 3.6 m 以内
          B. 5 m 以内

    C. 8 m 以内
          D. 9 m 以内

二、多项选择题（在下列每小题的五个备选答案中有二至四个正确答案，请将正确答案全部选出，并将其字母标号填入题干的括号内）

1. 根据江苏省 2014 计价定额规定，计算建筑物超高增加费的前提有（　　）。

    A. 檐高超过 20 m
          B. 檐高达到 20 m

    C. 层高超过 3.6 m
          D. 层高达到 3.6 m

    E. 层数超过 6 层

2. 根据江苏省 2014 计价定额规定，建筑物超高增加费包含的内容有（　　）。

    A. 人工降效
          B. 垂直运输机械费

    C. 高压水泵摊销
          D. 上下联络通信

    E. 材料二次搬运费

3. 根据 2014 计价定额的规定，综合脚手架综合了（　　）。

    A. 砌筑外墙脚手架
          B. 砌筑内墙脚手架

    C. 抹灰脚手架
          D. 混凝土浇捣脚手架

    E. 金属过道防护棚

4. 根据 2014 计价定额的规定，综合脚手架费用包含（　　）。

    A. 洞口临边防护费
          B. 电器防护设施费

    C. 脚手架的搭设费
          D. 脚手架的拆除费

    E. 脚手材料的摊销费

5. 根据 2014 计价定额的规定，模板工程中的螺栓是按一次性投入考虑的有（　　）

    A. 地面以上墙
          B. 地下室内墙

    C. 地下室外墙
          D. 屋面水箱

    E. 地面以上的柱

6. 根据 2014 计价定额的规定，模板工程中的螺栓是按摊销量考虑的有（　　）。

    A. 地面以上墙
          B. 地下室内墙

    C. 地下室外墙
          D. 屋面水箱

    E. 消防水池

7. 根据 2014 计价定额的规定，按水平投影面积计算模板工程量的有（   ）。

   A. 有梁板   B. 水平挑板

   C. 后浇带   D. 阳台

   E. 楼梯

8. 某工程采用先人工开挖基坑土后排水的施工方法，根据 2014 计价定额的规定，可计算（   ）。

   A. 人工挖湿土排水费   B. 轻型井点安装费

   C. 轻型井点拆除费   D. 轻型井点使用费

   E. 基坑排水费

9. 某工程采用先抽水后人工开挖基坑土的施工方法，根据 2014 计价定额的规定，可计算（   ）。

   A. 人工挖湿土排水费   B. 轻型井点安装费

   C. 轻型井点拆除费   D. 轻型井点使用费

   E. 基坑排水费

10. 根据 2014 计价定额的规定，垂直运输费工作内容包括我省调整后的国家工期定额内完成单位工程全部工程项目所需的垂直运输机械台班，不包括（   ）。

   A. 机械的安拆和场外运费   B. 折旧费

   C. 大修理费   D. 路基铺垫

   E. 轨道铺拆

11. 根据 2014 计价定额的规定，场内二次搬运费的使用范围包括（   ）。

   A. 市区沿街建筑

   B. 预制成品构件的场内运输

   C. 材料不能直接运到单位工程周边，需再次中转

   D. 建设单位不能按正常合理的施工组织设计提供材料，构件堆放场地和临时设施用地

   E. 施工中实际发生材料的二次搬运

三、判断改错题（在下列每小题后面的括号内，正确的填"√"，错误的填"×"，错误的要在题目的下方写出正确的答案）

1. 根据 2014 计价定额规定，建筑物超高增加费包干使用，不论实际发生多少，均按定额执行，不调整。   （   ）

2. 根据 2014 计价定额规定，建筑物超高增加费中包含了施工机械的机械降效系数。（   ）

3. 根据 2014 计价定额规定，楼层整个超过 20 m 或 6 层以上楼层，若该层层高超过 3.6 m，则层高每增高 1 m 按相应定额的 20%计算每米增高超高费。   （   ）

4. 根据 2014 计价定额规定，楼层整个超过 20 m 或 6 层以上楼层，若该层层高超过 3.6 m，则层高每增高 1 m 按相应定额的 10%计算层高超高费。   （   ）

5. 根据 2014 计价定额规定，计算建筑物超高增加费时，同一建筑物中有 2 个或 2 个以上的不同檐口高度时，按高的指标套用定额。   （   ）

6. 根据 2014 计价定额规定，单独地下室计算脚手架费用时应适用综合脚手架规定。　（　　）

7. 根据 2014 计价定额规定，礼堂计算脚手架费用时应适用单项脚手架规定。　（　　）

8. 根据 2014 计价定额单项脚手架的规定，凡砌筑高度超过 3.6 m 的砌体均需计算砌墙脚手架。　　　　　　　　　　　　　　　　　　　　　　　　　　　　　　（　　）

9. 根据 2014 计价定额单项脚手架的规定，室内净高超过 3.6 m 时，顶棚需抹灰应按 3.6 m 以上抹灰脚手架计算。　　　　　　　　　　　　　　　　　　　　　（　　）

10. 根据 2014 计价定额单项脚手架的规定，室内顶棚净高超过 3.6 m 的板下勾缝、刷浆、油漆可与抹灰合并计算一次脚手架费用。　　　　　　　　　　　　　　　（　　）

11. 根据 2014 计价定额单项脚手架的规定，现浇钢筋混凝土独立柱、单梁、墙高度超过 1.5 m 应计算浇捣脚手架。　　　　　　　　　　　　　　　　　　　　　（　　）

12. 根据 2014 计价定额脚手架的规定，金属过道防护棚是以一面利用外脚手架计算的，如搭设独立防护棚，需换算。　　　　　　　　　　　　　　　　　　　　　（　　）

13. 根据 2014 计价定额脚手架的规定，金属过道防护棚是以铺单层竹笆片计算的，如施工高层建筑搭设双层竹笆片，应换算。　　　　　　　　　　　　　　　　　（　　）

14. 根据 2014 计价定额脚手架的规定，当结构施工搭设的电梯井脚手架延续至电梯设备安装使用时，可直接套用安装用电梯井脚手架。　　　　　　　　　　　　　（　　）

15. 根据 2014 计价定额脚手架的规定，当建筑物垂直运输机械数量与定额不同时，不作调整。　　　　　　　　　　　　　　　　　　　　　　　　　　　　　　　（　　）

16. 根据 2014 计价定额的规定，柱的支模高度净高是：无地下室底层是指设计室内地面至上层板底面、楼层板顶面至上层板底面。　　　　　　　　　　　　　　　（　　）

17. 根据 2014 计价定额的规定，计算垂直运输费时，混凝土构件使用泵送混凝土浇注者，垂直运输台班量需要折减。　　　　　　　　　　　　　　　　　　　　（　　）

18. 根据 2014 计价定额的规定，外墙脚手架包括一面抹灰脚手架在内。　（　　）

19. 根据 2014 计价定额的规定，斜道包含的内容为只用于行走而不运送材料。　（　　）

20. 根据 2014 计价定额的规定，模板工程内容中包括了场内运输，未包括场外运输。（　　）

21. 根据 2014 计价定额的规定，后浇板带模板工程的工期按立最底层的支撑开始至拆最高层的支撑止。　　　　　　　　　　　　　　　　　　　　　　　　　　（　　）

22. 根据 2014 计价定额的规定，飘窗上下挑板、空调板模板按板式雨篷模板执行。

　　　　　　　　　　　　　　　　　　　　　　　　　　　　　　　　　（　　）

23. 根据 2014 计价定额的规定，井点降水定额区分轻型与简易井点降水，降水过程中不需要使用粗砂过滤，用抽水设备接入钢管不通过过滤直接抽水的属于简易井点降水。（　　）

24. 根据 2014 计价定额建筑物垂直运输方面的规定，实际使用的塔式起重机型号与定额不一致时，按实调整。　　　　　　　　　　　　　　　　　　　　　　　（　　）

25. 根据 2014 计价定额建筑物垂直运输方面的规定，整体连通地下室按单独地下室工程执行。　　　　　　　　　　　　　　　　　　　　　　　　　　　　　　　（　　）

26. 根据 2014 计价定额场内二次搬运费方面的规定，松散材料运输包括做方。　（　　）

27. 根据 2014 计价定额建筑物垂直运输方面的规定，一个工程，出现两个或两个以上檐口高度（层数），使用同一台垂直运输机械时，定额不作调整。　　　　　　　（　　）

28. 根据 2014 计价定额建筑物垂直运输方面的规定，一个工程，出现两个或两个以上檐口高度（层数），使用不同垂直运输机械时，应依照国家工期定额，分别计算。（　　）

29. 根据 2014 计价定额建筑物垂直运输方面的规定，垂直运输高度小于 3.6 m 的单层建筑物、单独地下室和围墙，不计算垂直运输机械台班。（　　）

30. 根据 2014 计价定额建筑物垂直运输方面的规定，"层数"指地面以上建筑物的层数。
（　　）

四、填空题

1. 江苏省 2014 计价定额的建筑物超高增加费用包括建筑物超高增加费和_____超高人工降效系数两部分内容。

2. 建筑物设计室外地面至檐口的高度超过 20 m 或建筑物超过_____层时，应计算超高费。

3. 楼层整个超过 20 m 或层数超过 6 层部分，应按其超过部分的建筑面积计算_____超高费。

4. 楼层整个超过 20 m 或 6 层以上楼层，如该层层高超过 3.6 m，层高每增高 1 m，按相应定额的 20% 计算_____超高费。

5. 建筑物檐高超过 20 m，但其最高一层或其中一层楼面未超过 20 m 且在 6 层以内时，则该楼层在 20 m 以上部分的超高费，每超过 1 m 按相应定额的 20% 计算计算_____超高费。

6. 江苏省 2014 计价定额中的综合脚手架综合了外墙砌筑脚手架（含外墙面的一面抹灰脚手架）、内墙砌筑和柱、梁、墙、_____抹灰脚手在内。

7. 垂直运输高度小于 3.6 m 的单层建筑物、_____地下室和围墙，不计算垂直运输机械台班。

五、名词解释

1. 人工土方施工排水费用
2. 基坑排水费用
3. 檐高

六、简答题

1. 简述江苏省 2014 计价定额中超高费包含的内容。

2. 简述江苏省 2014 计价定额中关于柱、梁、墙、板支模高度净高的规定。

七、案例题

1. 某 6 层建筑，每层高度均大于 2.2 m，每层水平投影面积均为 1 500 m²，房屋高度的分布情况和有关标高如图 9-1 所示，请按 2014 计价定额规定计算该建筑

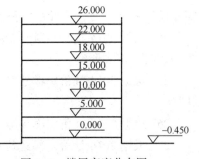

图 9-1　楼层高度分布图

的超高费。

2. 图 7-5 为某一层砖混结构房屋，已知外部采用双排脚手架，内部采用单排脚手架，请按 2014 计价定额计算该房屋脚手架工程的相关子目工程量、综合单价和合价。

3. 将上题中屋顶标高由 3.00 m 改为 9.00 m，计算该房屋砌筑及抹灰脚手架的工程量、综合单价和合价。

4. 计算图 7-11 所示钢筋混凝土构件的混凝土浇捣脚手架工程量、综合单价和合价（室外地坪标高−0.300 m，垫层考虑支模板）。

5. 图 9-2 为某现浇单层框架结构房屋的建筑平面图及 1—1 剖面图，轴线为柱中，图中墙上均有梁，柱截面尺寸为 400 mm×400 mm，梁截面尺寸为 300 mm×400 mm，外墙上梁外侧与墙外侧平齐，内墙上梁居中，墙厚 240 mm，板厚 100 mm，计算该房屋地面以上部分砌墙、抹灰、混凝土浇捣脚手架工程量、综合单价和合价。

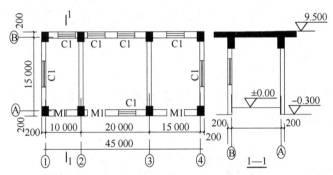

图 9-2　某现浇单层框架结构房屋的建筑平面图及 1—1 剖面图

6. 根据 2014 计价定额规定，采用组合钢模板按接触面积计算图 7-12 所示工程的模板工程量及综合单价和合价。

7. 某工程设有钢筋混凝土柱 20 根，柱下独立基础形式如图 9-3 所示，采用复合模板，试计算混凝土垫层（厚 0.1 m）和独立基础模板的工程量、综合单价及合价。

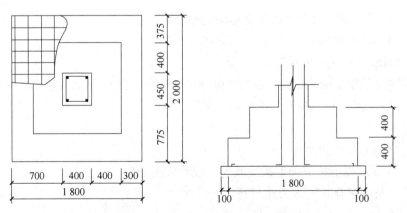

图 9-3　独立基础平面图及断面图

8. 某三类建筑工程筏形基础，地下室外墙防水层面外包尺寸为 44.8 m×59.8 m，基础底面尺寸为 45 m×60 m，室外地面标高−0.3 m，基础底面标高−1.70 m，筏形基础下采用 C10

混凝土垫层 100 mm 厚，每边伸出基础 100 mm，地下常水位 −1.00 m，采用人工挖土，土壤为三类土。按 2014 计价定额计算该筏形基础施工期间的施工排水工程量、综合单价及合价。

9. 某三类建筑工程，基坑采用轻型井点降水，实际使用 70 根井点管降水 45 天，按 2014 计价定额计算施工降水工程量、综合单价和合价。

习题参考答案

一、单项选择题（在下列每小题的四个备选答案中选出一个正确的答案，并将其字母标号填入题干的括号内）

1. D	2. C	3. A	4. C	5. A	6. C	7. B	8. B	9. C
10. B	11. B	12. D	13. D	14. A	15. A	16. C	17. C	18. C
19. D	20. B	21. B	22. B	23. A	24. B	25. B	26. D	27. C
28. B	29. C	30. A						

二、多项选择题（在下列每小题的五个备选答案中有二至四个正确答案，请将正确答案全部选出，并将其字母标号填入题干的括号内）

1. AE	2. ACD	3. ABC	4. CDE	5. CD
6. AB	7. BDE	8. AB	9. CDE	10. ADE
11. CD				

三、判断改错题（在下列每小题后面的括号内，正确的填"√"，错误的填"×"，错误的要在题目的下方写出正确的答案）

1. （√）

2. （×）"施工机械"改为"除垂直运输机械外"

3. （×）"每米增高超高费"改为"层高超高费"

4. （×）"10%"改为"20%"

5. （×）"按高的指标套用定额"改为"应分别按不同高度竖向切面的建筑面积套用定额"

6. （×）"综合脚手架"改为"单项脚手架"

7. （√）

8. （×）"3.6 m"改为"1.5 m"

9. （×）"3.6 m 以上抹灰脚手架"改为"满堂脚手架"

10. （×）"与抹灰合并"改为"另行"

11. （×）"3.6 m"改为"1.5 m"

12. （√）

13. （√）

14. （×）"可直接套用安装用电梯井脚手架"改为"套用安装用电梯井脚手架时应扣除

定额中的人工及机械"

15. （×）"不作调整"改为"可按比例调整定额含量"

16. （×）"室内地面"改为"室外地面"

17. （√）

18. （√）

19. （×）"只用于行走而不运送材料"改为"用于行走和运送材料"

20. （×）"未包括"改为"也包括了"

21. （√）

22. （√）

23. （√）

24. （×）"按实调整"改为"不予调整，仍按定额执行"

25. （√）

26. （×）"包括"改为"不包括"

27. （√）

28. （√）

29. （√）

30. （√）

四、填空题

1. 装饰工程

2. 6

3. 整层

4. 层高

5. 每米增高

6. 顶棚

7. 单独

五、名词解释

1. 人工土方施工排水费用：在人工开挖湿土、淤泥、流沙等施工过程中的机械排放地下水费用。

2. 基坑排水费用：地下常水位以下且基坑底面积超过 150 m^2（两个条件同时具备）的土方开挖以后，在基础或地下室施工期间所发生的排水包干费用。

3. 檐高：设计室外地坪至檐口的高度，突出主体建筑物顶的女儿墙、电梯间、楼梯间、水箱等不计入檐口高度以内。

六、简答题

1. 参考答案：人工降效、除垂直运输机械外的机械降效系数、高压水泵摊销、上下联络通信等所需费用。

2. 参考答案：（1）柱：无地下室底层是指设计室外地面至上层板底面、楼层板顶面至上层板底面；（2）梁：无地下室底层是指设计室外地面至上层板底面、楼层板顶面至上层板底面；（3）板：无地下室底层是指设计室外地面至上层板底面、楼层板顶面至上层板底面；（4）墙：筏形基础板顶面（或反梁顶面）至上层板底面、楼层板顶面至上层板底面。

七、案例题

1. 解：（1）列项目：整层超高费（19-1）、层高超高费（19-1）、每米增高超高费（19-1）

（2）计算工程量：1 500 m²

（3）套定额（见表 9-1）：

表 9-1　计算结果

序号	定额编号	项目名称	计量单位	工程量	综合单价/元	合价/元
1	19-1	建筑物高度 20~30 m 以内超高	m²	1 500	29.30	43 950.00
2	19-1 换×0.6	层高超高费	m²	1 500	3.52	5 280.00
3	19-1 换×2.5	每米增高超高费	m²	1 500	14.65	21 975.00
		合计				71 205.00

注：19-1 换：29.30×0.2 = 5.86 元/m²

答：该建筑的超高费合计 71 205.00 元。

2. 解：（1）列项目：砌墙外架子（20-11）、砌墙里架子（20-9）、3.6 m 以内抹灰脚手架（20-23）

（2）计算工程量：

外墙脚手架：(7.24+5.24)×2×(3.5+0.45) = 98.59 m²

内墙脚手架：(5-0.24)×2.7 = 12.85 m²

内墙粉刷脚手架（包括外墙内部粉刷）：[(7-0.24-0.24)×2+(5-0.24)×4]×2.9 = 93.03 m²

顶棚粉刷脚手架：(7-0.24-0.24)×(5-0.24) = 31.04 m²

3.60 m 以内抹灰脚手架：93.03+31.04 = 124.07 m²

（3）套定额（见表 9-2）：

表 9-2　计算结果

序号	定额编号	项目名称	计量单位	工程量	综合单价/元	合价/元
1	20-11	砌筑外墙脚手架	10 m²	9.859	185.31	1 826.97
2	20-9	砌筑内墙脚手架	10 m²	1.285	16.33	20.98
3	20-23	3.6 m 以内抹灰脚手架	10 m²	12.407	3.90	48.39
		合计				1 896.34

答：该脚手架工程的合价为 1 896.34 元。

3. 解：（1）列项目：综合脚手架（20-3+20-4）

（2）计算工程量：

综合脚手架：7.24×5.24＝37.94 m²

（3）套定额（见表9-3）：

表9-3 计算结果

序号	定额编号	项目名称	计量单位	工程量	综合单价/元	合价/元
1	20-3+20-4	综合脚手架	1 m²建筑面积	37.94	89.96	3 413.08
合计						3 413.08

答：该工程的脚手架合价为3 413.08元。

4. 分析：该独立基础从室外地坪到垫层上表面的深度为1.9-0.3＝1.60 m>1.50 m，独立基础的底面积为4.5×3.6＝16.2 m²>16 m²，应计算基础混凝土浇捣脚手架；该独立柱柱高4.58+1.3＝5.88 m>3.60 m，需计算独立柱混凝土浇捣增加脚手费。

解：（1）列项目：基础混凝土浇捣脚手架（20-20）、独立柱混凝土浇捣脚手架（20-26）

（2）计算工程量：

基础混凝土脚手架工程量：（4.5+0.2+2×0.3）×（3.6+0.2+2×0.3）＝23.32 m²

独立柱混凝土浇捣脚手架工程量：（0.9×2+3.6）×5.88＝31.75 m²

（3）套定额（见表9-4）：

表9-4 计算结果

序号	定额编号	项目名称	计量单位	工程量	综合单价/元	合价/元
1	20-20 换	基础混凝土浇捣脚手架	10 m²	2.332	47.06	109.74
2	20-26	柱浇捣脚手架	10 m²	3.175	36.16	114.81
合计						224.55

注：20-20 换：156.85×0.3＝47.06元/10 m²

答：该工程的混凝土浇捣脚手架合价为224.55元。

5. 解：（1）列项目：综合脚手架（20-3+20-4×0.5）、混凝土浇捣满堂脚手架（20-21×0.3）

（2）计算工程量：

综合脚手架：45.4×15.4＝699.16 m²

混凝土浇捣脚手架：45.0×15.0＝675.0 m²

（3）套定额（见表9-5）：

表9-5 计算结果

序号	定额编号	项目名称	计量单位	工程量	综合单价/元	合价/元
1	20-3+20-4×0.5	综合脚手架	1 m²建筑面积	699.16	83.66	58 491.73
2	20-21×0.3	混凝土浇捣脚手架	10 m²	67.5	58.52	3 970.35
合计						62 462.08

答：该工程的脚手架合价为62 462.08元。

6. 解：（1）列项目：净高 3.60 m 以内矩形柱组合钢模板（21-26）、净高 3.60 m 以外矩形柱组合钢模板（21-26）、净高 3.60 m 以内有梁板组合钢模板（21-56）、净高 3.60 m 以外有梁板组合钢模板（21-56）

（2）计算工程量：

净高 3.60 m 以内柱模板：$6×4×0.45×2.9-0.35×0.4×14=29.36$ m²

净高 3.60 m 以外柱模板：$6×4×0.45×(6+1.85-0.4-0.4-0.1)-0.35×0.4×14=73.1$ m²

净高 3.60 m 以内、净高 3.60 m 以外有梁板模板：

KL1：$(2×0.4+0.35)×(6-0.45)×3=19.15$ m²

KL2：$(2×0.4+0.35)×(5-0.45)×4=20.93$ m²

B：$6.45×10.45-0.45×0.45×6-0.35×5.55×3-0.35×4.55×4+(6.45×2+10.45×2)×0.1=57.37$ m²

小计：97.45 m²

（3）套定额（见表9-6）

表 9-6　计算结果

序号	定额编号	项目名称	计量单位	工程量	综合单价/元	合价/元
1	21-26	矩形柱组合钢模板	10 m²	2.936	581.58	1 707.52
2	21-26 换	矩形柱组合钢模板	10 m²	7.31	831.10	6 075.34
3	21-56	C30 有梁板组合钢模板	10 m²	9.745	461.37	4 496.05
4	20-56 换	C30 有梁板组合钢模板	10 m²	9.745	634.82	6 186.32
合计						18 465.23

注：21-26 换：$581.58+0.15×(17.32+14.96)+0.6×297.66×1.37=831.10$ 元/10 m²

21-56 换：$461.37+0.15×(17.67+24.26)+0.6×203.36×1.37=634.82$ 元/10 m²

答：该模板工程的合价为 18 465.23 元。

7. 解：（1）列项目：混凝土垫层模板（21-2）、独立基础模板（21-12）

（2）计算工程量：

垫层：$S_{垫}=(1.8+0.2+2.0+0.2)×2×0.1×20=16.8$ m²

独立基础模板：$S_{上}=(1.2+1.25)×2×0.4=1.96$ m²

$S_{下}=(1.8+2.0)×2×0.4=3.04$ m²

$S=(1.96+3.04)×20=100$ m²

（3）套定额（见表9-7）：

表 9-7　计算结果

序号	定额编号	项目名称	计量单位	工程量	综合单价/元	合价/元
1	21-2	混凝土垫层模板	10 m²	1.68	699.25	1 174.74
2	21-12	独立基础模板	10 m²	10	605.78	6 057.80
合计						7 232.54

答：混凝土垫层和独立基础复合木模板部分的合价共计 7 232.54 元。

8. 解：（1）列项目：人工挖湿土排水（22-1）、基坑排水（22-2）

（2）计算工程量：施工考虑不放坡、留工作面（从垫层边开始留工作面）

基坑排水：45.8×60.8 = 2 784.64 m²

挖湿土：（44.8+1）×（59.8+1）×0.8 = 2 227.71 m³

（3）套定额（见表9-8）：

表9-8 计算结果

序号	定额编号	项目名称	计量单位	工程量	综合单价/元	合价/元
1	22-1	挖湿土施工排水	m³	2 227.71	12.97	28 893.40
2	22-2	基坑排水	10 m²	278.464	298.07	83 001.76
合计						111 895.16

答：该施工排水合价为 111 895.16 元。

9. 解：（1）列项目：安装井点管（22-11）、拆除井点管（22-12）、井点降水（22-13）

（2）计算工程量：

安装、拆除井点管：70 根

井点降水：2 套×45 天 = 90 套·天

（3）套定额（见表9-9）：

表9-9 计算结果

序号	定额编号	项目名称	计量单位	工程量	综合单价/元	合价/元
1	22-11	安装井点管	10 根	7	783.61	5 485.27
2	22-12	拆除井点管	10 根	7	306.53	2 145.71
3	22-13	井点降水	套·天	90	372.81	33 552.90
合计						41 183.88

答：该施工降水合价为 41 183.88 元。

第 10 章　工程量清单计价模式概述

习　题

一、单项选择题（在下列每小题的四个备选答案中选出一个正确的答案，并将其字母标号填入题干的括号内）

1. 我国工程造价的计价方式实现从传统定额计价向工程量清单计价转变的时间点为（　　）。
    A. 1998 年　　　　　　　　　　　　B. 2003 年
    C. 2008 年　　　　　　　　　　　　D. 2013 年
2. 标志着我国工程计价由定额计价向定额计价与清单计价双轨制转变的是（　　）。
    A. 2000 清单计价规范的发布　　　　B. 2003 清单计价规范的发布
    C. 2005 清单计价规范的发布　　　　D. 2013 清单计价规范的发布
3. 《建设工程工程量清单计价规范》（GB 50500—2013），简称"13 计价规范"，经中华人民共和国住房和城乡建设部公告发布，于（　　）。
    A. 2013 年 5 月 1 日正式施行　　　　B. 2013 年 7 月 1 日正式施行
    C. 2013 年 10 月 1 日正式施行　　　D. 2013 年 12 月 1 日正式施行
4. 中华人民共和国住房和城乡建设部 2013 年公告发布的清单计价方面的规范为 1 本计价规范和（　　）。
    A. 3 本计量规范　　　　　　　　　　B. 5 本计量规范
    C. 7 本计量规范　　　　　　　　　　D. 9 本计量规范
5. 载明建设工程分部分项工程项目、措施项目、其他项目的名称和相应数量，以及规费、税金项目等内容的明细清单称为（　　）。
    A. 工程量清单　　　　　　　　　　　B. 招标工程量清单
    C. 已标价工程量清单　　　　　　　　D. 未标价工程量清单
6. 招标人依据国家标准、招标文件、设计文件及施工现场实际情况编制的，随招标文件发布供投标报价的工程量清单，包括说明和表格的是（　　）。
    A. 工程量清单　　　　　　　　　　　B. 招标工程量清单
    C. 已标价工程量清单　　　　　　　　D. 未标价工程量清单

7. 构成合同文件组成部分的投标文件中已标明价格，经算术性错误修正且承包人已确认的工程量清单，包括其说明和表格的是（　　）。

    A. 工程量清单   B. 招标工程量清单

    C. 已标价工程量清单   D. 未标价工程量清单

8. 为完成工程项目施工，发生于该工程施工准备和施工过程中的技术、生活、安全、环境保护等方面的项目称为（　　）。

    A. 分部分项工程   B. 措施项目

    C. 其他项目   D. 工程项目

9. 分部分项工程和措施项目清单名称的阿拉伯数字标识称为（　　）。

    A. 项目编码   B. 项目名称

    C. 项目特征   D. 项目内容

10. 构成分部分项工程项目、措施项目自身价值的本质特征的是（　　）。

    A. 项目编码   B. 项目名称

    C. 项目特征   D. 项目内容

11. 完成一个规定清单项目所需的人工费、材料和工程设备费、施工机具使用费和企业管理费、利润，以及一定范围内的风险费用的是（　　）。

    A. 综合单价   B. 风险费用

    C. 工程成本   D. 项目内容

12. 隐含于已标价工程量清单综合单价中，用于化解发承包双方在工程合同中约定内容和范围内的市场价格波动风险的费用的是（　　）。

    A. 综合单价   B. 风险费用

    C. 工程成本   D. 项目内容

13. 承包人为履行合同所发生或将要发生的所有合理开支，包括管理费和应分摊的其他费用，但不包括利润的是（　　）。

    A. 综合单价   B. 风险费用

    C. 成本   D. 费用

14. 招标工程量清单必须作为招标文件的组成部分，其准确性和完整性由（　　）。

    A. 招标人负责   B. 投标人负责

    C. 招标咨询人负责   D. 招标人和投标人共担风险

15. 投标人的投标报价高于招标控制价的，（　　）。

    A. 应说明理由   B. 中标后应调整招标控制价

    C. 应予废标   D. 在 10% 范围内为有效标

16. 暂估价中列出的单价计入清单综合单价中的是（　　）。

    A. 暂估材料费   B. 暂估专业工程费

    C. 暂估人工费   D. 暂估机械费

二、多项选择题（在下列每小题的五个备选答案中有二至四个正确答案，请将正确答案全部选出，并将其字母标号填入题干的括号内）

1. 编制"13计价规范"依据的主要法律法规有（　　）。
   A. 中华人民共和国建筑法
   B. 中华人民共和国招标投标法
   C. 中华人民共和国合同法
   D. 农民工工资支付保障规定
   E. 境内机构外币现钞收付管理办法

2. "13计价规范"适用于（　　）。
   A. 可行性研究阶段的计价活动
   B. 设计阶段的计价活动
   C. 建设工程发承包阶段的计价活动
   D. 建设工程实施阶段的计价活动
   E. 竣工决算阶段的计价活动

3. 根据"13计价规范"的规定，建设工程发承包及实施阶段的工程造价包括（　　）。
   A. 直接费
   B. 间接费
   C. 分部分项工程费
   D. 措施项目费
   E. 其他项目费

4. 根据"13计价规范"的规定，应对工程造价文件的质量负责的有（　　）。
   A. 编制工程造价文件的人员
   B. 核对工程造价文件的人员
   C. 编制工程造价文件的单位
   D. 审查工程造价文件的人员
   E. 审查工程造价文件的单位

5. 根据"13计价规范"的规定，建设工程发承包及实施阶段的计价活动应遵循（　　）。
   A. 客观的原则
   B. 公正的原则
   C. 公平的原则
   D. 最低价中标的原则
   E. 公开招标的原则

6. 招标工程量清单的编制人应为（　　）。
   A. 具有编制能力的招标人
   B. 具有编制能力的投标人
   C. 接受委托，具有相应资质的工程造价咨询人
   D. 接受委托，具有相应资质的投标人
   E. 具有编制能力的监理人

7. 招标工程量清单包括内容有（　　）。
   A. 分部分项工程量清单
   B. 措施项目清单
   C. 规费清单
   D. 税金清单
   E. 材料清单

8. 分部分项工程项目清单必须载明（　　）。
   A. 项目编码
   B. 项目名称
   C. 项目特征
   D. 项目内容
   E. 项目风险

9. 综合单价应包括人工费、材料费、施工机具使用费、风险因素和（　　　）。

    A. 材料购置费　　　　　　　　　　　B. 利润

    C. 税金　　　　　　　　　　　　　　D. 企业管理费

    E. 工程设备费

10. 关于工程量清单说法正确的有（　　　）。

    A. 工程量清单是招标文件的组成部分　　B. 工程量清单是投标文件的组成部分

    C. 工程量清单是合同的组成部分　　　　D. 工程量清单由投标人提供

    E. 工程量清单由招标人提供

三、判断改错题（在下列每小题后面的括号内，正确的填"√"，错误的填"×"，错误的要在题目的下方写出正确的答案）

1. 承担工程造价文件的编制与核对的工程造价人员及其所在单位，应对工程造价文件的质量负责。（　　　）

2. 使用国有资金投资的建设工程发承包，宜采用工程量清单计价。（　　　）

3. 工程量清单必须采用综合单价计价。（　　　）

4. 措施项目中的安全文明施工费必须按国家或省级、行业建设主管部门的规定计算，不得作为竞争性费用。（　　　）

5. 规费和税金必须按国家或省级、行业建设主管部门的规定计算，不得作为竞争性费用。（　　　）

6. 承包人投标时，甲供材料单价应计入相应项目的综合单价中。签约后，发包人应按合同约定扣除甲供材料款，不予支付。（　　　）

7. 建设工程发承包，宜在招标文件、合同中明确计价中的风险内容及其范围。（　　　）

8. 招标工程量清单宜作为招标文件的组成部分，其准确性和完整性由招标人负责。（　　　）

9. 分部分项工程项目清单必须载明项目编码、项目名称、项目特征、计量单位和工程量。（　　　）

10. 分部分项工程项目清单宜根据相关工程现行国家计量规范规定的项目编码、项目名称、项目特征、计量单位和工程量计算规则进行编制。（　　　）

11. 措施项目清单宜根据相关工程现行国家计量规范的规定编制。（　　　）

12. 国有资金投资的建设工程招标，招标人必须编制招标控制价。（　　　）

13. 工程造价咨询人接受招标人委托编制招标控制价，不得接受投标人委托编制投标报价。（　　　）

14. 招标控制价根据有关规定编制后，可进行 10% 幅度的上调或下浮。（　　　）

15. 暂估价中的材料、工程设备单价应按招标工程量清单中列出的单价计入综合单价。（　　　）

16. 投标人必须按工程量清单填报价格。项目编码、项目名称、项目特征、计量单位、

工程量必须与招标工程量清单一致。　　　　　　　　　　　　　　（　　）

17. 招标工程量清单应由分部分项工程项目清单、措施项目清单、其他项目清单、规费和税金项目清单组成。　　　　　　　　　　　　　　　　　　　（　　）

18. 工程计价表格必须采用统一格式。　　　　　　　　　　　　　（　　）

四、填空题

1. 承担工程造价文件的编制与核对的工程造价人员及其所在_____，应对工程造价文件的质量负责。

2. 使用国有资金投资的建设工程发承包，_____采用工程量清单计价。

3. 非国有资金投资的建设工程，_____采用工程量清单计价。

4. 承包人投标时，甲供材料单价应计入相应项目的_____中。

5. 招标工程量清单必须作为招标文件的组成部分，其准确性和完整性由_____负责。

6. 招标工程量清单应以单位（项）工程为单位编制，应由分部分项工程项目清单、措施项目清单、其他项目清单、规费和_____项目清单组成。

7. 分部分项工程项目清单必须载明项目编码、项目名称、_____、计量单位和工程量。

8. 国有资金投资的建设工程招标，招标人_____编制招标控制价。

9. 投标人的投标报价高于招标控制的应予_____。

五、名词解释

1. 工程量清单

2. 招标工程量清单

3. 已标价工程量清单

4. 分部分项工程

5. 项目编码

6. 项目特征

7. 综合单价

8. 风险费用

9. 工程成本

10. 单价合同

11. 总价合同

12. 成本加酬金合同

13. 工程造价信息

14. 工程造价指数

15. 索赔

16. 现场签证

17. 提前竣工（赶工）费

18. 误期赔偿费

19. 不可抗力

20. 工程设备

21. 缺陷责任期

22. 质量保证金

23. 费用

24. 利润

25. 企业定额

26. 规费

27. 发包人

28. 承包人

29. 工程造价咨询人

30. 造价工程师

31. 造价员

32. 单价项目

33. 总价项目

34. 工程计量

35. 工程结算

36. 招标控制价

37. 投标价

38. 签约合同价（合同价款）

39. 预付款

40. 进度款

41. 合同价款调整

42. 竣工结算价

43. 工程造价鉴定

六、简答题

1. 简述"13 计价规范"的构成。
2. 简述"13 计价规范"对发包人提供材料和工程设备的规定。
3. 简述"13 计价规范"对承包人提供材料和工程设备的规定。
4. 简述"13 计价规范"中应由发包人承担计价风险的因素。
5. 按照"13 计价规范"的规定，说明编制和复核招标控制价的依据。
6. 简要说明工程计价表格的组成。

习题参考答案

一、单项选择题（在下列每小题的四个备选答案中选出一个正确的答案，并将其字母标号填入题干的括号内）

1. B   2. B   3. B   4. D   5. A   6. B   7. C   8. B   9. A
10. C   11. A   12. B   13. D   14. A   15. C   16. A

二、多项选择题（在下列每小题的五个备选答案中有二至四个正确答案，请将正确答案全部选出，并将其字母标号填入题干的括号内）

1. ABC   2. CD   3. CDE   4. ABC   5. ABC
6. AC   7. ABCD   8. ABC   9. BDE   10. ACE

三、判断改错题（在下列每小题后面的括号内，正确的填"√"，错误的填"×"，错误的要在题目的下方写出正确的答案）

1. （√）
2. （×）"宜"改为"必须"
3. （×）"必须"改为"应"
4. （√）
5. （√）
6. （√）
7. （×）"宜"改为"必须"
8. （×）"宜"改为"必须"
9. （√）
10. （×）"宜"改为"必须"
11. （×）"宜"改为"必须"
12. （√）
13. （×）"不得接受"改为"不得再就同一工程接受"
14. （×）"可进行10%幅度的"改为"不得"
15. （√）
16. （√）
17. （√）
18. （×）"必须"改为"宜"

四、填空题

1. 单位

2. 必须

3. 宜

4. 综合单价

5. 招标人

6. 税金

7. 项目特征

8. 必须

9. 废标

五、名词解释

1. 工程量清单：载明建设工程分部分项工程项目、措施项目、其他项目的名称和相应数量，以及规费、税金项目等内容的明细清单。

2. 招标工程量清单：招标人依据国家标准、招标文件、设计文件及施工现场实际情况编制的，随招标文件发布供投标报价的工程量清单，包括说明和表格。

3. 已标价工程量清单：构成合同文件组成部分的投标文件中已标明价格，经算术性错误修正且承包人已确认的工程量清单，包括其说明和表格。

4. 分部分项工程：是单项或单位工程的组成部分，是按结构部位、路段长度及施工特点或施工任务将单项或单位工程划分为若干分部的工程，分项工程是分部工程的组成部分，是按不用施工方法、材料、工序及路段长度等将分部工程划分为若干个分项或项目的工程。

5. 项目编码：分部分项工程和措施项目清单名称的阿拉伯数字标识。

6. 项目特征：构成分部分项工程项目、措施项目自身价值的本质特征。

7. 综合单价：完成一个规定清单项目所需的人工费、材料和工程设备费、施工机具使用费和企业管理费、利润，以及一定范围内的风险费用。

8. 风险费用：隐含于已标价工程量清单综合单价中，用于化解发承包双方在工程合同中约定内容和范围内的市场价格波动风险的费用。

9. 工程成本：承包人为实施合同工程并达到质量标准，在确保安全施工的前提下，必须消耗或使用的人工、材料、工程设备、施工机械台班及其管理等方面发生的费用和按规定缴纳的规费和税金。

10. 单价合同：发承包双方约定以工程量清单及其综合单价进行合同价款计算、调整和确认的建设工程施工合同。

11. 总价合同：发承包双方约定以施工图及其预算和有关条件进行合同价款计算、调整和确认的建设工程施工合同。

12. 成本加酬金合同：发承包双方约定以施工工程成本再加合同约定酬金进行合同价款计算、调整和确认的建设工程施工合同。

13. 工程造价信息：工程造价管理机构根据调查和测算发布的建设工程人工、材料、工程设备、施工机械台班的价格信息，以及各类工程的造价指数、指标。

14. 工程造价指数：反映一定时期的工程造价相对于某一固定时期的工程造价变化程度的比值或比率。包括按单位或单项工程划分的造价指数，按工程造价构成要素划分的人工、材料、机械等价格指数。

15. 索赔：在工程合同履行过程中，合同当事人一方因非己方的原因而遭受损失，按合同约定或法律法规规定应由对方承担责任，从而向对方提出补偿的要求。

16. 现场签证：发包人现场代表（或其授权的监理人、工程造价咨询人）与承包人现场代表就施工过程中涉及的责任时间所作的签认证明。

17. 提前竣工（赶工）费：承包人应发包人的要求而采取加快工程进度措施，使合同工程工期缩短，由此产生的应由发包人支付的费用。

18. 误期赔偿费：承包人未按照合同工程的计划进度施工，导致实际工期超过合同工期（包括经发包人批准的延长工期），承包人应向发包人赔偿损失的费用。

19. 不可抗力：发承包双发在工程合同签订时不能预见的，对其发生的后果不能避免，并且不能克服的自然灾害和社会性突发事件。

20. 工程设备：指构成或计划构成永久工程一部分的机电设备、金属结构设备、仪器装置及其他类似的设备和装置。

21. 缺陷责任期：指承包人对已交付使用的合同工程承担合同约定的缺陷修复责任的期限。

22. 质量保证金：发承包双方在工程合同中约定，从应付合同价款中预留，用以保证承包人在缺陷责任期内履行缺陷修复义务的金额。

23. 费用：承包人为履行合同所发生或将要发生的所有合理开支，包括管理费和应分摊的其他费用，但不包括利润。

24. 利润：承包人完成合同工程获得的盈利。

25. 企业定额：施工企业根据本企业的施工技术、机械装备和管理水平而编制的人工、材料和施工机械台班等的消耗标准。

26. 规费：根据国家法律、法规规定，由省级政府或省级有关权力部门规定施工企业必须缴纳的，应计入建筑安装工程造价的费用。

27. 发包人：具有工程发包主体资格和支付工程价款能力的当事人，以及取得该当事人资格的合法继承人，本规范有时又称招标人。

28. 承包人：被发包人接受的具有工程施工承包主体资格的当事人，以及取得该当事人资格的合法继承人，本规范有时又称投标人。

29. 工程造价咨询人：取得工程造价咨询资质等级证书，接受委托从事建设工程造价咨询活动的当事人，以及取得该当事人资格的合法继承人。

30. 造价工程师：取得造价工程师注册证书，在一个单位注册、从事建设工程造价活动的专业人员。

31. 造价员：取得全国建设工程造价员资格证书，在一个单位注册，丛书建设工程造价活动的专业人员。

32. 单价项目：工程量清单中以单价计价的项目，即根据合同工程图纸（含设计变更）和相关工程现行国家计量规范规定的工程量计算规则进行计量，与已标价工程量清单相应综合单价进行价款计算的项目。

33. 总价项目：工程量清单中以总价计价的项目，即此类项目在相关工程现行国家计量规范中无工程量计算规则，以总价（或计算基础乘费率）计算的项目。

34. 工程计量：发承包双方根据合同约定，对承包人完成合同工程的数量进行的计算和确认。

35. 工程结算：发承包双方根据合同约定，对合同工程在实施中、终止时、已完工后进行的合同价款计算、调整和确认。包括期中结算、终止结算、竣工结算。

36. 招标控制价：招标人根据国家或省级、行业建设主管部门颁发的有关计价依据和办法，以及拟定的招标文件和招标工程量清单，结合工程具体情况编制的招标工程的最高投标限价。

37. 投标价：投标人投标时响应招标文件要求所报出的对已标价工程量清单汇总后标明的总价。

38. 签约合同价（合同价款）：发承包双发在工程合同中约定的工程造价，即包括了分部分项工程费、措施项目费、其他项目费、规费和税金的合同总金额。

39. 预付款：在开工前，发包人按照合同约定，预先支付给承包人用于购买合同工程施工所需的材料、工程设备，以及组织施工机械和人员进场等的款项。

40. 进度款：在合同工程施工过程中，发包人按照合同约定对付款周期内承包人完成的合同价款给予支付的款项，也是合同价款期中结算支付。

41. 合同价款调整：在合同价款调整因素出现后，发承包双方根据合同约定，对合同价款进行变动的提出、计算和确认。

42. 竣工结算价：发承包双方依据国家有关法律、法规和标准规定，按照合同约定确定的，包括在履行合同过程中按合同约定进行的合同价款调整，是承包人按合同约定完成了全部承包工作后，发包人应付给承包人的合同总金额。

43. 工程造价鉴定：工程造价咨询人接受人民法院、仲裁机关委托，对施工合同纠纷案件中的工程造价争议，运用专门知识进行鉴别、判断和评定，并提供鉴定意见的活动。也称为工程造价司法鉴定。

六、简答题

1. 参考答案："13 计价规范"共包括 16 章和 11 个附录。

第一章总则，第二章术语，第三章一般规定，第四章工程量清单编制，第五章招标控制价，第六章投标报价，第七章合同价款约定，第八章工程计量，第九章合同价款调整，第十章合同价款期中支付，第十一章竣工结算支付，第十二章合同解除的价款结算与支付，第十三章合同价款争议的解决，第十四章工程造价鉴定，第十五章工程计价资料与档案，第十六章工程计价表格。

附录 A 物价变化合同价款调整方法。

附录 B 工程计价文件封面。

附录 C 工程计价文件扉页。

附录 D 工程计价总说明。

附录 E 工程计价汇总表。

附录 F 分部分项工程和措施项目计价表。

附录 G 其他项目计价表。

附录 H 规费、税金项目计价表。

附录 J 工程计量申请（核准）表。

附录 K 合同价款支付申请（核准）表。

附录 L 主要材料、工程设备一览表。

2. 参考答案：（1）发包人提供的材料和工程设备（以下简称甲供材料）应在招标文件中按照本规范附录 L.1 的规定填写《发包人提供材料和工程设备一览表》，写明甲供材料的名称、规格、数量、单价、交货方式、交货地点等。承包人投标时，甲供材料单价应计入相应项目的综合单价中，签约后，发包人应按合同约定扣除甲供材料款，不予支付。（2）承包人应根据合同工程进度计划的安排，向发包人提交甲供材料交货的日期计划。发包人应按计划提供。（3）发包人提供的甲供材料如规格、数量或质量不符合合同要求，或由于发包人原因发生交货日期延误、交货地点及交货方式变更等情况的，发包人应承担由此增加的费用和（或）工期延误，并应向承包人支付合理利润。（4）发承包双方对甲供材料的数量发生争议不能达成一致的，应按照相关工程的计价定额同类项目规定的材料消耗量计算。（5）若发包人要求承包人采购已在招标文件中确定为甲供材料的，材料价格应由发承包双方根据市场调查确定，并应另行签订补充协议。

3. 参考答案：（1）除合同约定的发包人提供的甲供材料外，合同工程所需的材料和工程设备应由承包人提供，承包人提供的材料和工程设备均应由承包人负责采购、运输和保管。（2）承包人应按合同约定将采购材料和工程设备的供货人及品种、规格、数量和供货时间等提交发包人确认，并负责提供材料和工程设备的质量证明文件，满足合同约定的质量标准。（3）对承包人提供的材料和工程设备经检测不符合合同约定的质量标准，发包人应立即要求承包人更换，由此增加的费用和（或）工期延误应由承包人承担。对发包人要求检测已具有合格证明的材料、工程设备，但经检测证明该项材料、工程设备符合合同约定的质量标准，发包人应承担由此增加的费用和（或）工期延误，并向承包人支付合理利润。

4. 参考答案：（1）国家法律、法规、规章和政策发生变化；（2）省级或行业建设主管部门发布的人工费调整，但承包人对人工费或人工单价的报价高于发布的除外；（3）由政府定价或政府指导价管理的原材料等价格进行了调整。

5. 参考答案：（1）"13 计价规范"；（2）国家或省级、行业建设主管部门颁发的计价定额和计价方法；（3）建设工程设计文件及相关资料；（4）拟定的招标文件及招标工程量清单；（5）与建设项目相关的标准、规范、技术资料；（6）施工现场情况、工程特点及常规施工方案；（7）工程造价管理机构发布的工程造价信息；当工程造价信息没有发布时，参照市场价；（8）其他的相关资料。

6. 参考答案：附录 B 工程计价文件封面。

附录 C 工程计价文件扉页。

附录 D 工程计价总说明：表-01。

附录 E 工程计价汇总表。

附录 F 分部分项工程和措施项目计价表。

附录 G 其他项目计价表。

附录 H 规费、税金项目计价表：表–13。

附录 J 工程计量申请（核准）表：表–14。

附录 K 合同价款支付申请（核准）表。

附录 L 主要材料、工程设备一览表。

第11章 房屋建筑与装饰工程工程量计算规范

习 题

一、单项选择题（在下列每小题的四个备选答案中选出一个正确的答案，并将其字母标号填入题干的括号内）

1. 按"13 计量规范"的规定，工程计量时以"t"为单位的每一项目汇总的有效位数应保留小数点后（   ）。

    A. 零位数字   B. 一位数字

    C. 二位数字   D. 三位数字

2. 按"13 计量规范"的规定，工程计量时以"m"为单位的每一项目汇总的有效位数应保留小数点后（   ）。

    A. 一位数字   B. 二位数字

    C. 三位数字   D. 四位数字

3. 按"13 计量规范"的规定，工程计量时以"m^2"为单位的每一项目汇总的有效位数应保留小数点后（   ）。

    A. 一位数字   B. 二位数字

    C. 三位数字   D. 四位数字

4. 按"13 计量规范"的规定，工程计量时以"m^3"为单位的每一项目汇总的有效位数应保留小数点后（   ）。

    A. 一位数字   B. 二位数字

    C. 三位数字   D. 四位数字

5. 按"13 计量规范"的规定，工程计量时以"kg"为单位的每一项目汇总的有效位数应保留小数点后（   ）。

    A. 一位数字   B. 二位数字

    C. 三位数字   D. 四位数字

6. 按"13 计量规范"的规定，工程计量时以"个"为单位的每一项目汇总的有效位数应保留小数点后（　　）。

    A. 零位数字　　　　　　　　　　B. 一位数字

    C. 二位数字　　　　　　　　　　D. 三位数字

7. 按"13 计量规范"的规定，工程计量时以"根"为单位的每一项目汇总的有效位数应保留小数点后（　　）。

    A. 零位数字　　　　　　　　　　B. 一位数字

    C. 二位数字　　　　　　　　　　D. 三位数字

8. 工程量清单的项目编码，应采用阿拉伯数字表示，位数为（　　）。

    A. 八位　　　　　　　　　　　　B. 九位

    C. 十位　　　　　　　　　　　　D. 十二位

9. 工程量清单的项目编码，应按附录的规定设置的是（　　）。

    A. 一到八位　　　　　　　　　　B. 一到九位

    C. 一到十位　　　　　　　　　　D. 一到十二位

10. 工程量清单的项目编码，应根据拟建工程的工程量清单项目名称和项目特征设置的是（　　）。

    A. 八到十二位　　　　　　　　　B. 九到十二位

    C. 十到十二位　　　　　　　　　D. 十一到十二位

11. "平整场地"（010101001）项目适用于建筑场地在 ± 30 cm 以内的挖、填、运、找平。工程量按设计图示尺寸以（　　）。

    A. 建筑物首层建筑面积计算

    B. 建筑物首层外围建筑尺寸每边各加 2 m 的面积计算

    C. 建筑物首层和地下室两者中较大者的建筑面积计算

    D. 建筑物首层外围结构尺寸每边各加 2 m 的面积计算

12. 山坡切土适用的清单项目为（　　）。

    A. 挖沟槽土方　　　　　　　　　B. 挖基坑土方

    C. 挖一般土方　　　　　　　　　D. 平整场地

13. 挖沟槽土方（010101003）清单项目工程内容包括（　　）。

    A. 挖湿土排水　　　　　　　　　B. 基坑排水

    C. 土方回填　　　　　　　　　　D. 土方运输

14. 工程量清单项目"平整场地"中应描述弃土运距（或弃土地点）的前提是（　　）。

    A. 挖土量大于填土量　　　　　　B. 填土量大于挖土量

    C. 全部是挖方　　　　　　　　　D. 全部是填方

15. 工程量清单项目"平整场地"中应描述取土运距（或取土地点）的前提是（　　）。

    A. 挖土量大于填土量　　　　　　B. 填土量大于挖土量

    C. 全部是挖方　　　　　　　　　D. 全部是填方

16. "锚杆（锚索）"（010202007）清单项目中应包含（　　）。

    A. 钢筋网的内容　　　　　　　　B. 喷射混凝土的内容

    C. 施工平台搭拆费　　　　　　　D. 土方开挖的内容

17. 根据"13计量规范"，试桩与打桩之间间歇时间，机械在现场的停置，应包括在（　　）。

    A. 机械进退场费内   B. 机械停置费内

    C. 打试桩的报价内   D. 打桩的报价内

18. 根据"13计量规范"，预制管桩桩顶与承台连接构造应（　　）。

    A. 包括在打预制桩清单项中   B. 包括在接桩清单项中

    C. 按预制构件另列清单项   D. 按混凝土及钢筋混凝土另列清单项

19. 根据"13计量规范"，现浇桩的超灌长度（　　）。

    A. 包括在桩长工程量中   B. 包括在打桩综合单价中

    C. 另列混凝土工程相关项目计算   D. 包括在措施项目中

20. 根据"13计量规范"，沉管灌注桩采用预制桩尖，桩尖内容应（　　）。

    A. 包括在桩长工程量中   B. 包括在打桩综合单价中

    C. 另列混凝土工程相关项目计算   D. 包括在措施项目中

21. 根据"13计量规范"，标准砖尺寸为240 mm×115 mm×53 mm的标准砖3/4砖墙的计算厚度为（　　）。

    A. 120 mm   B. 180 mm

    C. 240 mm   D. 365 mm

22. 根据"13计量规范"，标准砖尺寸为240 mm×115 mm×53 mm的标准砖1砖墙的计算厚度为（　　）。

    A. 120 mm   B. 180 mm

    C. 240 mm   D. 365 mm

23. 根据"13计量规范"，标准砖尺寸为240 mm×115 mm×53 mm的标准砖1.5砖墙的计算厚度为（　　）。

    A. 120 mm   B. 180 mm

    C. 240 mm   D. 365 mm

24. 根据"13计量规范"，截面厚度不大于300 mm，各肢截面高度与厚度之比的最大值大于4但不大于8的剪力墙应按（　　）。

    A. 短肢剪力墙编码列项   B. 直形墙编码列项

    C. 柱编码列项   D. 挡土墙编码列项

25. 根据"13计量规范"，各肢截面高度与厚度之比的最大值不大于4的剪力墙应按（　　）。

    A. 短肢剪力墙编码列项   B. 直形墙编码列项

    C. 柱编码列项   D. 挡土墙编码列项

26. 根据"13计量规范"，各肢截面高度与厚度之比的最大值大于8的剪力墙应按（　　）。

    A. 短肢剪力墙编码列项   B. 直形墙编码列项

    C. 柱编码列项   D. 挡土墙编码列项

27. 根据"13计量规范"，金属结构工程的清单项目按质量计算工程量是，工程量中需要包括钢螺栓质量的是（　　）。

    A. 钢网架   B. 钢屋架

    C. 钢托架   D. 钢桁架

28. 根据"13 计量规范",金属构件的切边,不规则及多边形钢板发生的损耗(   )。

    A. 在工程量中考虑   B. 在综合单价中考虑

    C. 在管理费中考虑   D. 在施工措施费中考虑

29. 根据"13 计量规范","木质门带套"清单项目按面积计算工程量时,面积为(   )。

    A. 门框外围面积   B. 包括门套的外围面积

    C. 门洞口面积   D. 门扇外围面积

30. 根据"13 计量规范",柱帽的工程量按(   )。

    A. 柱计算   B. 梁计算

    C. 板计算   D. 柱帽计算

31. 根据"13 计量规范",现浇混凝土"直型楼梯""弧型楼梯"(010406002)的工程量按设计图示尺寸以水平投影面积计算,不扣除宽度≤(   )。

    A. 200 mm 的楼梯井   B. 300 mm 的楼梯井

    C. 400 mm 的楼梯井   D. 500 mm 的楼梯井

32. 根据"13 计量规范",雨篷、阳台板清单项目,其工程量计算规则以下叙述正确的是(   )。

    A. 按设计图示尺寸以墙外部分体积计算(包括牛腿、挑檐)

    B. 按挑出墙(梁)外的水平投影面积计算

    C. 按设计图示尺寸以墙外部分面积计算

    D. 按设计图示尺寸以体积计算

33. 根据"13 计量规范",梁与柱相连时,梁长算至(   )。

    A. 柱的内侧面   B. 轴线

    C. 柱中心线   D. 柱外缘线

34. 根据"13 计量规范",当整体楼梯与现浇楼板无梯梁连接时,以楼梯的最后一个踏步边缘加(   )。

    A. 100 mm   B. 200 mm

    C. 300 mm   D. 500 mm

35. 根据"13 计量规范","木楼梯"工程量按设计图示尺寸以水平投影面积计算,不扣除宽度≤(   )。

    A. 200 mm 的楼梯井   B. 300 mm 的楼梯井

    C. 400 mm 的楼梯井   D. 500 mm 的楼梯井

36. 根据"13 计量规范",不规则多边形钢板面积按其(   )。

    A. 实际面积计算   B. 外接矩形计算

    C. 外接圆形计算   D. 内接矩形计算

37. 根据"13 计量规范",楼梯侧面镶贴块料面层,应按(   )。

    A. 楼梯装饰清单项编码列项   B. 墙面装饰清单项编码列项

    C. 零星装饰清单项编码列项   D. 顶棚装饰清单项编码列项

38. 根据"13计量规范"，金属楼梯扶手、栏杆应按（　　）。
  A. 楼梯装饰清单项编码列项　　　　　B. 地面、楼面装饰清单项编码列项
  C. 扶手、栏杆清单项编码列项　　　　D. 零星装饰清单项编码列项

39. 根据"13计量规范"，"水泥砂浆楼地面"工程量按设计图示尺寸以面积计算，不扣除间壁墙和（　　）。
  A. 0.3 m² 以内的柱面积　　　　　　　B. 0.5 m² 以内的柱面积
  C. 0.6 m² 以内的柱面积　　　　　　　D. 柱面积

40. 根据"13计量规范"，"水泥砂浆楼地面"工程量按设计图示尺寸以面积计算，不扣除间壁墙和（　　）。
  A. 0.3 m² 以内的垛面积　　　　　　　B. 0.5 m² 以内的垛面积
  C. 0.6 m² 以内的垛面积　　　　　　　D. 垛面积

41. 根据"13计量规范"，"水泥砂浆楼地面"工程量按设计图示尺寸以面积计算，不扣除间壁墙和（　　）。
  A. 0.3 m² 以内的附墙烟囱面积　　　　B. 0.5 m² 以内的附墙烟囱面积
  C. 0.6 m² 以内的附墙烟囱面积　　　　D. 附墙烟囱面积

42. 根据"13计量规范"，"水泥砂浆楼地面"工程量按设计图示尺寸以面积计算，不扣除间壁墙和（　　）。
  A. 0.3 m² 以内的孔洞面积　　　　　　B. 0.5 m² 以内的孔洞面积
  C. 0.6 m² 以内的孔洞面积　　　　　　D. 孔洞面积

43. 根据"13计量规范"，金属扶手带栏杆、栏板工程量按（　　）。
  A. 设计图示以扶手中心线长度（包括弯头长度）计算
  B. 水平投影长度计算
  C. 设计图示扶手外包线长度（包括弯头长度）计算
  D. 水平投影长度×1.18计算

44. 根据"13计量规范"，石材楼梯面层工程量按设计图示尺寸以楼梯（　　）。
  A. 展开面积计算　　　　　　　　　　B. 水平投影面积计算
  B. 展开面积×1.18计算　　　　　　　D. 水平投影面积×1.18计算

45. 根据"13计量规范"，顶棚吊顶清单工程量应扣除（　　）。
  A. 独立柱所占面积　　　　　　　　　B. 附墙柱所占面积
  C. 检查口所占面积　　　　　　　　　D. 间壁墙所占面积

二、多项选择题（在下列每小题的五个备选答案中有二至四个正确答案，请将正确答案全部选出，并将其字母标号填入题干的括号内）

1. 根据"13计量规范"，实心砖墙项目工程量计算规则正确的有（　　）。
  A. 坡屋面无檐口顶棚的外墙高度计算至屋面板底
  B. 有屋架且室内外均有顶棚其外墙高度算至屋架下弦
  C. 有屋架且无顶棚者其外墙高度算至屋架下弦
  D. 位于屋架下弦的内墙高度屋架下弦底
  E. 无屋架的内墙高度算至顶棚底

2. 根据"13 计量规范",以下有关工程量计算规则正确的有（　　）。

　　A. 外墙抹灰面积按外墙垂直投影面积计算

　　B. 内墙裙抹灰按内墙净长线乘以高度计算

　　C. 零星抹灰项目适用于面积在 1 m² 以内的少量抹灰

　　D. 柱的抹灰按柱断面周长乘以高度计算

　　E. 墙面抹灰不扣除墙与构件交接处的面积

3. 根据"13 计量规范",屋面排水管综合单价应包括（　　）。

　　A. 排水管内容　　　　　　　　　　B. 雨水口内容

　　C. 开洞内容　　　　　　　　　　　D. 水斗内容

　　E. 防水内容

4. 根据"13 计量规范",整体楼地面装饰按设计图示尺寸以面积计算,不扣除（　　）。

　　A. 间壁墙面积　　　　　　　　　　B. 独立柱面积

　　C. 墙垛面积　　　　　　　　　　　D. 0.3 m² 以内的孔洞面积

　　E. 室内地沟面积

5. 根据"13 计量规范"的规定,与水泥砂浆楼地面工程量计算规则相同的有（　　）。

　　A. 石材楼地面　　　　　　　　　　B. 现浇水磨石楼地面

　　C. 橡塑楼地面　　　　　　　　　　D. 木地板

　　E. 细石混凝土楼地面

6. 根据"13 计量规范",顶棚吊顶工程量按设计图示尺寸以水平投影面积计算,扣除（　　）。

　　A. 间壁墙的面积　　　　　　　　　B. 独立柱的面积

　　C. 墙垛的面积　　　　　　　　　　D. 0.3 m² 以内的孔洞的面积

　　E. 与顶棚相连的窗帘盒的面积

三、判断改错题（在下列每小题后面的括号内,正确的填"√",错误的填"×",错误的要在题目的下方写出正确的答案）

1. 根据"13 计量规范",土（石）方体积应按挖掘前的天然密实体积计算,非天然密实土（石）方可按土石方体积折算系数表进行折算。　　　　　　　　　　　　　　（　　）

2. 根据"13 计量规范","锚杆（锚索）"项目中的钻孔、布筋、锚杆安装、灌浆、张拉等搭设的施工平台搭拆费用,应列入综合单价内。　　　　　　　　　　　　　（　　）

3. 根据"13 计量规范","人工挖孔灌注桩"的工作内容包括护壁和桩芯制作。（　　）

4. 根据"13 计量规范",桩的工程量计算规则中,桩长包括超灌部分长度。（　　）

5. 根据"13 计量规范","砖散水、地坪"项目不仅仅是铺砖面层,而是包括了土方挖、运、填、垫层、铺砌砖等工作内容。　　　　　　　　　　　　　　　　　（　　）

6. 根据"13 计量规范",单独的薄壁柱以异形柱编码列项。　　　　　　　（　　）

7. 根据"13 计量规范",架空式混凝土台阶按现浇楼梯相应项目编码列项。（　　）

8. 根据"13 计量规范","雨篷、阳台板"工程量按设计图示尺寸以墙外部分水平投影面积计算。　　　　　　　　　　　　　　　　　　　　　　　　　　　　（　　）

9. 根据"13 计量规范",钢构件需射线探伤,该费用应包括在报价内。   （ ）

10. 根据"13 计量规范",钢构件需超声波探伤,该费用应包括在报价内。   （ ）

11. 根据"13 计量规范",混凝土"直型楼梯""弧型楼梯"的工程量按设计图示尺寸以水平投影面积计算,不扣除宽度≤300 mm 的楼梯井。   （ ）

12. 根据"13 计量规范",空斗墙的窗间墙、窗台下、楼板下等的实砌部分,包含在墙体项目内。   （ ）

13. 根据"13 计量规范","木楼梯"项目适用于楼梯和爬梯。工程量按设计图示尺寸以水平投影面积计算,不扣除宽度小于 300 mm 的楼梯井。   （ ）

14. 清单中关于楼梯整体面层和块料面层的工程量计算规则是一样的,而计价定额中就区分不同面层采用不同的计算规则。   （ ）

15. 根据"13 计量规范",凡栏杆、栏板含扶手的项目,不得单独将扶手进行编码列项。
                                                                                  （ ）

四、填空题

1. 房屋建筑与装饰工程计价,＿＿＿＿＿＿＿按"13 计量规范"规定的工程量计算规则进行工程计量。

2. "13 计量规范"桩的工程量计算规则中,桩长不包括超灌部分长度,超灌在清单＿＿＿＿＿＿中考虑。

3. "13 计量规范"中平整场地工程量按设计图示尺寸以建筑物＿＿＿＿＿＿计算。

五、名词解释

1. 石梯带
2. 石梯膀
3. 短肢剪力墙
4. 综合脚手架
5. 外脚手架
6. 里脚手架
7. 满堂脚手架

六、简答题

1. 简述"13 计量规范"工程计量时每一项目汇总的有效位数应遵守的规定。
2. 简述"13 计量规范"关于模板工程列项的规定。

七、案例题

1. 根据图 7-5 的题意,按"13 计量规范"及江苏省贯彻文件规定计算土石方工程的分部分项工程清单。

2. 根据图 7-5 题意及本章案例题题 1 中清单,按 2014 计价定额计算土石方工程的分部分项清单综合单价。

3. 已知室外地面以下二类土厚 8~10 m，三类土厚 10~12 m，采用普通混凝土 C30 现场预制混凝土方桩，钢筋不考虑，按 "13 计量规范" 计算图 7-6 所示桩基础工程的工程量清单。

4. 根据图 7-6 题意及本章案例题题 3 中清单，采用组合钢模板，按 2014 计价定额计算桩基础工程的分部分项清单综合单价。

5. 按 "13 计量规范" 计算图 7-5 所示砖基础工程的工程量清单。

6. 根据图 7-5 题意及本章案例题题 5 中清单，按 2014 计价定额计算砖基础工程的分部分项清单综合单价。

7. 按 "13 计量规范" 计算图 7-12 所示现浇框架柱、梁、板混凝土及钢筋混凝土工程的工程量清单（钢筋工程量按含钢量计算）。

8. 根据图 7-12 题意及本章案例题题 7 中清单，采用组合钢模板，按 2014 计价定额计算现浇框架柱、梁、板混凝土及钢筋混凝土工程的清单综合单价。

9. 按 "13 计量规范" 计算图 7-13 所示屋面工程的工程量清单。

10. 根据图 7-13 题意及本章案例题题 9 中清单，按 2014 计价定额计算屋面工程的清单综合单价。

11. 根据第 8 章案例题题 2 的题意，按 "13 计量规范" 计算楼地面工程的工程量清单。

12. 根据第 8 章案例题题 2 的题意及本章案例题题 11 中清单，按 2014 计价定额计算楼地面工程的清单综合单价。

13. 根据第 8 章案例题题 10 的题意，按 "13 计量规范" 计算墙、柱面工程的工程量清单。

14. 根据第 8 章案例题题 10 的题意及本章案例题题 13 中清单，按 2014 计价定额计算墙、柱面工程的清单综合单价。

15. 根据第 8 章案例题题 12 的题意，按 "13 计量规范" 计算顶棚工程的工程量清单。

16. 根据第 8 章案例题题 12 的题意及本章案例题题 15 中清单，按 2014 计价定额计算顶棚工程的清单综合单价。

习题参考答案

一、单项选择题（在下列每小题的四个备选答案中选出一个正确的答案，并将其字母标号填入题干的括号内）

1. D	2. B	3. B	4. B	5. B	6. A	7. A	8. D	9. B
10. C	11. A	12. C	13. D	14. A	15. D	16. C	17. C	18. D
19. B	20. B	21. B	22. C	23. D	24. A	25. C	26. B	27. A
28. B	29. C	30. C	31. D	32. A	33. A	34. C	35. B	36. A
37. C	38. C	39. A	40. A	41. A	42. A	43. A	44. B	45. A

二、多项选择题（在下列每小题的五个备选答案中有二至四个正确答案，请将正确答案全部选出，并将其字母标号填入题干的括号内）

1. AD   2. ABDE   3. ACD   4. AD   5. BE
6. BE

三、判断改错题（在下列每小题后面的括号内，正确的填"√"，错误的填"×"，错误的要在题目的下方写出正确的答案）

1.（√）
2.（√）
3.（×）"护壁"改为"混凝土护壁"
4.（×）"包括"改为"不包括"
5.（√）
6.（×）"单独的薄壁柱以异形柱"改为"单独的薄壁柱根据其截面形状确定，以异形柱或矩形柱"
7.（√）
8.（×）"水平投影面积"改为"体积"
9.（√）
10.（√）
11.（×）"300 mm"改为"500 mm"
12.（×）"包含在墙体项目内"改为"按零星砌砖项目编码列项"
13.（×）"小于"改为"≤"
14.（√）
15.（√）

四、填空题

1. 必须
2. 综合单价
3. 首层建筑面积

五、名词解释

1. 石梯带：在石梯（台阶）的两侧（或一侧）、与石梯斜度完全一致的石梯封头的条石称石梯带。

2. 石梯膀：石梯（台阶）的两侧面，形成的两直角三角形部分称为石梯膀（古建筑中称"象眼"）。

3. 短肢剪力墙：截面厚度不大于300 mm，各肢截面高度与厚度之比的最大值大于4但不大于8的剪力墙。

4. 综合脚手架：整个房屋建筑结构及装饰施工常用的各种脚手架的总体。

5. 外脚手架：沿建筑物外墙外围搭设的脚手架。

6. 里脚手架：沿室内墙边等搭设的脚手架。

7. 满堂脚手架：在工作面范围内满设的脚手架，多用于室内净空较高的顶棚抹灰、吊顶等施工所搭设。

六、简答题

1. 参考答案：（1）以"t"为单位，应保留小数点后三位数字，第四位小数四舍五入；（2）以"m""m^2""m^3""kg"为单位，应保留小数点后两位数字，第三位小数四舍五入；（3）以"个""件""根""组""系统"为单位，应取整数。

2. 参考答案：（1）现浇混凝土工程项目"工作内容"中包括模板工程的内容，同时又在措施项目中单列了现浇混凝土模板工程项目。对此，招标人应根据工程实际情况选用。若招标人在措施项目清单中未编列现浇混凝土模板项目清单，即表示现浇混凝土模板项目不单列，现浇混凝土工程项目的综合单价中应包括模板工程费用。（2）对预制混凝土构件按现场制作编制项目，"工作内容"中包括模板工程，不再单列。若采用成品预制混凝土构件时，构件成品价（包括模板、钢筋、混凝土等所有费用）应计入综合单价中。

七、案例题

1. 解：列项目：（1）挖沟槽干土（010101003001）、基础土方回填（010103001001）
（2）计算工程量（参见第7章案例案题题1）：
挖土体积 $V=23.54$ m^3
回填土体积$=13.65$ m^3
（3）工程量清单（见表11-1）：

表 11-1　工程量清单

序号	项目编码	项目名称	项目特征	计量单位	工程数量
1	010101003001	挖沟槽土方	1. 土壤类别：三类干土 2. 挖土深度：0.55 m 3. 弃土距离：沟边	m^3	23.54
2	010103001001	基础土方回填	1. 密实度要求：满足规范及设计 2. 填方材料品种：满足规范及设计 3. 填方粒径要求：满足规范及设计 4. 填方来源、运距：现场堆积土，沟边	m^3	13.65

2．解：（1）列项目：010101003001 挖沟槽干土（人工挖地槽1-23）

010103001001 基础土方回填（夯填基槽回填土1-104）

（2）计算工程量（参见第7章分析计算题题3）：

人工挖地槽：23.54 m³

夯填基槽回填土：13.65 m³

（3）清单计价（见表11-2）：

表11-2　清单计价

序号	项目编码	项目名称	计量单位	工程数量	金额/元	
					综合单价	合价
1	010101003001	挖沟槽土方	m³	23.54	**47.47**	1 117.44
	1-27	人工挖地槽三类干土1.5 m	m³	23.54	47.47	1 117.44
2	010103001001	基础土方回填	m³	13.65	**31.17**	425.47
	1-104	基槽回填土	m³	13.65	31.17	425.47

答：土石方工程的清单综合单价如上表中黑体所示。

3．解：（1）列项目：预制钢筋混凝土方桩（010301001001）

（2）计算工程量：

预制钢筋混凝土方桩：120 根

（3）工程量清单（见表11-3）：

表11-3　工程量清单

序号	项目编码	项目名称	项目特征	计量单位	工程数量
1	010301001001	预制钢筋混凝土桩	1. 地层情况：二类土厚 8~10 m，三类土厚 10~12 m 2. 送桩深度、桩长：2.35 m、15 m 3. 桩截面：450 mm×450 mm 4. 沉管方法：静力压桩 5. 接桩方式：方桩包钢板 6. 混凝土强度等级：普通混凝土 C30	根	120

4．解：（1）列项目：010201001001 预制钢筋混凝土方桩（打桩3-2、接桩3-26、送桩3-6、桩制作混凝土6-60、桩制作模板21-105）

（2）计算工程量（参见第7章案例题题2）：

打桩、桩制作：$V=0.45×0.45×15×120=364.5$ m³

接桩：接头数量2×120=240 个

送桩：$V' = 0.45 \times 0.45 \times (2.8 - 0.45 + 0.5) \times 120 = 69.26 \text{ m}^3$

方桩模板：$5.89 \text{ m}^2/\text{m}^3 \times 364.5 \text{ m}^3 = 2146.91 \text{ m}^2$

（3）清单计价（见表 11-4）：

表 11-4　清单计价

序号	项目编码	项目名称	计量单位	工程数量	金额/元	
					综合单价	合价
1	010301001001	预制钢筋混凝土桩	根	120	**2 920.51**	350 461.66
	3-2	打预制混凝土方桩桩长 18 m 以内	m³	364.5	251.08	91 518.66
	3-26 换	方桩包钢板接桩	个	240	301.22	72 292.80
	3-6	送预制混凝土方桩桩长 18 m 以内	m³	69.26	222.95	15 441.52
	6-60	现场预制方桩	m³	364.5	448.84	163 602.18
	21-105	方桩模板	10 m²	214.691	35.43	7 606.50

答：桩基础工程的清单综合单价如上表中黑体所示。

5. **解**：（1）列项目：砖基础（010401001001）

混凝土垫层（010501001001）

（2）计算工程量（参见第 7 章案例题题 1）：

砖基础：4.94 m³

垫层体积 $= 0.096 \times 28.04 = 2.69 \text{ m}^3$

（3）工程量清单（见表 11-5）：

表 11-5　工程量清单

序号	项目编码	项目名称	项目特征	计量单位	工程数量
1	010401001001	砖基础	1. 砖品种、规格、强度等级：标准砖、240 mm×115 mm×53 mm、MU10 2. 基础类型：条形基础 3. 砂浆强度等级：M5 水泥砂浆 4. 防潮层种类：2 cm 厚防水砂浆	m³	4.94
2	010501001001	混凝土垫层	1. 混凝土种类：自拌混凝土 2. 混凝土强度等级：C10 3. 沟槽要求：原土打底夯	m³	2.69

6. **解**：（1）列项目：010301001001 砖基础（砖基础 4-1、防水砂浆防潮层 4-52）

010501001001 混凝土垫层（原土打底夯 1-100、混凝土垫层 6-178）

（2）计算工程量（参见第 7 章案例题题 1）：

砖基础体积 $V_{基础} = S \times L = 0.171\ 84 \times 28.76 = 4.94 \text{ m}^3$

$S_{防潮层} = 0.24 \times 28.76 = 6.90 \text{ m}^2$

垫层体积 = 0.096×28.04 = 2.69 m³

原土打底夯：（0.96+2×0.3）×（24+3.44）= 42.81 m²

（3）清单计价（见表11-6）：

表 11-6　清单计价

序号	项目编码	项目名称	计量单位	工程数量	金额/元	
					综合单价	合价
1	010401001001	砖基础	m³	4.94	**430.55**	2 126.90
	4-1	M5水泥砂浆砖基础	m³	4.94	406.25	2 006.88
	4-52	2 cm防水砂浆防潮层	10 m²	0.69	173.94	120.02
2	010501001001	混凝土垫层	m³	2.36	**466.98**	1 102.07
	1-100	原土打底夯	10 m²	4.281	15.08	64.56
	6-1	自拌混凝土C10垫层	m³	2.69	385.69	1 037.51

答：砖基础部分分部分项清单综合单价如上表中黑体所示。

7. **分析**：混凝土工程与模板工程紧密相连，考虑到净高3.6 m以上模板子目要换算，故列清单时最好将净高3.60 m以内和以外的混凝土工程采用第五级编码进行区分。

解：（1）列项目：现浇矩形柱3.6 m以上（010502001001）、现浇矩形柱3.6 m以内（010502001002）、现浇有梁板3.6 m以上（010505001001）、现浇有梁板3.6 m以内（010505001001）

（2）计算工程量（参见第7章案例题题8）：

现浇矩形柱3.6 m以上：6×0.45×0.45×（6+1.85-0.8）= 8.566 m³

现浇矩形柱3.6 m以内：6×0.45×0.45×3 = 3.645 m³

现浇有梁板3.6 m以上、现浇有梁板3.6 m以内：23.24÷2 = 11.62 m³

3.6 m以上 φ12以内现浇构件钢筋：0.05×8.566+0.03×11.62 = 0.777 t

3.6 m以上 φ25以内现浇构件钢筋：0.116×8.566+0.07×11.62 = 1.807 t

3.6 m以内 φ12以内现浇构件钢筋：0.05×3.645+0.03×11.62 = 0.531 t

3.6 m以内 φ25以内现浇构件钢筋：0.116×3.645+0.07×11.62 = 1.236 t

（3）工程量清单（见表11-7）：

表 11-7　工程量清单

序号	项目编码	项目名称	项目特征	计量单位	工程数量
1	010502001001	现浇3.6 m以上矩形柱	1. 混凝土种类：自拌 2. 混凝土强度等级：C30	m³	8.566
2	010502001002	现浇3.60 m以内矩形柱	1. 混凝土种类：预拌混凝土泵送 2. 混凝土强度等级：C30	m³	3.645

序号	项目编码	项目名称	项目特征	计量单位	工程数量
3	010505001001	现浇 3.60 m 以上有梁板	1. 混凝土种类：预拌混凝土泵送 2. 混凝土强度等级：C30	m³	11.62
4	010505001001	现浇 3.60 m 以内有梁板	1. 混凝土种类：预拌混凝土泵送 2. 混凝土强度等级：C30	m³	11.62
5	010515001001	现浇 3.60 m 以上混凝土钢筋	φ12 以内 HPB235 级钢筋	t	0.777
6	010515001002	现浇 3.60 m 以上混凝土钢筋	φ12~φ25HRB335 级钢筋	t	1.807
7	010515001003	现浇 3.60 m 以内混凝土钢筋	φ12 以内 HPB235 级钢筋	t	0.531
8	010515001004	现浇 3.60 m 以内混凝土钢筋	φ12~φ25HRB335 级钢筋	t	1.236

8. 解：（1）列项目：010502001001 现浇矩形柱 3.6 m 以上（现浇矩形 6-14、柱模板21-26）

010502001002 现浇矩形柱 3.6 m 以内（现浇矩形 6-14、柱模板21-26）

010505001001 现浇有梁板 3.6 m 以上（现浇有梁板 6-32、有梁板模板 21-56）

010505001002 现浇有梁板 3.6 m 以内（现浇有梁板 6-32、有梁板模板 21-56）

010515001001 现浇 3.60 m 以上混凝土钢筋（φ12 以内钢筋 5-1）

010515001002 现浇 3.60 m 以上混凝土钢筋（φ25 以内钢筋 5-2）

010515001001 现浇 3.60 m 以内混凝土钢筋（φ12 以内钢筋 5-1）

010515001002 现浇 3.60 m 以内混凝土钢筋（φ25 以内钢筋 5-2）

（2）计算工程量（参见第 7 章案例题题 8）：

现浇柱 3.60 m 以上柱：6×0.45×0.45×(6.00+1.85-0.4-0.4) = 8.566 m³

现浇柱 3.60 m 以上柱模板：8 m²/m³×8.444 m³ = 67.55 m²

现浇柱 3.60 m 以内：6×0.45×0.45×3 = 3.645 m³

现浇柱 3.60 m 以内柱模板：8 m²/m³×3.524 m³ = 28.19 m²

现浇有梁板 3.6 m 以上、3.6 m 以内：23.24÷2 = 11.62 m³

现浇有梁板 3.6 m 以上、3.6 m 以内模板：10.7 m²/m³×11.62 m³ = 124.33 m²

计价定额钢筋工程量同清单钢筋工程量。

（3）清单计价（见表 11-8）：

表 11-8　清单计价

序号	项目编码	项目名称	计量单位	工程数量	金额/元	
					综合单价	合价
1	010502001001	现浇矩形柱 3.60 m 以上	m³	8.566	**1 164.44**	9 948.90
	6-14	C30 矩形柱	m³	8.566	506.05	4 334.82

序号	项目编码	项目名称	计量单位	工程数量	综合单价	合价
	21-26 换	柱模板	10 m²	6.755	831.10	5 614.08
2	010502001002	现浇矩形柱 3.60 m 以内	m³	3.645	**717.87**	2 616.21
	6-14	C30 矩形柱	m³	3.645	506.05	977.15
	21-26	柱模板	10 m²	2.819	581.58	1 639.47
3	010505001001	现浇有梁板 3.60 m 以上	m³	11.62	**1 109.67**	12 894.32
	6-32	C30 有梁板	m³	11.62	430.43	5 001.60
	21-56 换	有梁板模板	10 m²	12.433	634.82	7 892.72
4	010505001002	现浇有梁板 3.60 m 以内	m³	11.62	**263.34**	10 362.72
	6-32	C30 有梁板	m³	11.62	891.80	5 001.60
	21-56	有梁板模板	10 m²	11.62	461.37	5 361.12
5	010515001001	现浇混凝土钢筋	t	0.777	**5 507.12**	4 279.03
	5-1 换	φ12 以内钢筋	t	0.777	5 507.12	4 279.03
6	010515001002	现浇混凝土钢筋	t	1.807	**5 020.41**	9 071.88
	5-2 换	φ12～φ25	t	1.807	5 020.41	9 071.88
7	010515001001	现浇混凝土钢筋	t	0.531	**5 470.72**	2 904.95
	5-1	φ12 以内钢筋	t	0.531	5 470.72	2 904.95
8	010515001002	现浇混凝土钢筋	t	1.236	**4 998.87**	6 178.60
	5-2	φ12～φ25	t	1.236	4 998.87	6 178.60

注：21-26 换：581.58+0.15×（14.96+17.32）+0.6×297.66×1.37＝831.10 元/10 m²

21-56 换：461.37+0.15×（24.26+17.67）+0.6×203.36×1.37＝634.82 元/10 m²

5-1 换：5 470.72+0.03×885.60×1.37＝5 507.12 元/m³

5-2 换：4 998.87+0.03×523.98×1.37＝5 020.41 元/m³

答：现浇框架柱、梁、板混凝土及钢筋混凝土工程的分部分项清单综合单价如上表中黑体所示。

9. **解**：（1）列项目：瓦屋面（010901001001）

（2）计算工程量（参见第 7 章案例题题 11）：

瓦屋面：89.58 m²

（3）工程量清单（见表11-9）：

表11-9　工程量清单

序号	项目编码	项目名称	项目特征	计量单位	工程数量
1	010901001001	瓦屋面	1. 瓦：水泥彩瓦 420 mm×332 mm（有效面积 345 mm×300 mm）；铺水泥脊瓦 2. 基层：20 mm 厚 1∶2.5 防水砂浆找平，1∶2.5 水泥砂浆粉挂瓦条，断面为 20 mm×30 mm@ 345 mm，1∶2.5 水泥砂浆铺瓦	m²	89.58

10. 解：（1）列项目：010901001001 瓦屋面（防水砂浆找平层 10-72、水泥砂浆挂瓦条 10-5、铺水泥瓦 10-7、铺水泥脊瓦 10-8）

（2）计算工程量（参见第 7 章分析计算题题 8）：

铺水泥瓦、水泥砂浆挂瓦条、防水砂浆找平层：$12.84×6.24×1.118 = 89.58 \ m^2$

脊瓦：$4×3.12×1.50+6.6 = 25.32 \ m$

（3）清单计价（见表 11-10）：

表11-10　清单计价

序号	项目编码	项目名称	计量单位	工程数量	金额/元	
					综合单价	合价
1	01091001001	瓦屋面	m²	89.58	**71.80**	6 432.13
	10-72 换	20 mm 防水砂浆	10 m²	8.958	196.07	1 756.40
	10-5	水泥砂浆挂瓦条	10 m²	8.958	68.93	617.47
	10-7	1∶2.5 水泥砂浆铺水泥瓦	10 m²	8.958	368.70	3 302.81
	10-8	铺水泥脊瓦	10 m	2.532	298.36	755.45

答：瓦屋面工程的分部分项清单综合单价如上表中黑体所示。

11. 解：（1）列项目：同质地砖楼地面（011102003001）、同质地砖弧形粘贴楼地面（011102003002）、同质地砖踢脚线（011105003001）、同质地砖台阶面（011107002001）

（2）计算工程量（参见第 8 章案例题题 2）：

011102003001 同质地砖楼地面：$（30-0.24-0.12）×（15-0.24）-1×1-0.5×0.5+1.2×0.12+1.2×0.24+1.8×0.6 = 437.75 \ m^2$

011102003002 同质地砖弧形粘贴楼地面：$1×1-3.1416×0.5^2 = 0.21 \ m^2$

011105003001 同质地砖踢脚线：115.44 m

011107002001 同质地砖台阶面：$0.9×1.8 = 1.62 \ m^2$

（3）工程量清单（见表11-11）：

表 11-11　工程量清单

序号	项目编码	项目名称	项目特征	计量单位	工程数量
1	011102003001	同质地砖楼地面	1. 找平层厚度、砂浆配合比：20 mm 厚 1：3 水泥砂浆 2. 结合层厚度、砂浆配合比：5 mm 厚 1：2 水泥砂浆 3. 面层品种、规格、颜色：500 mm×500 mm 镜面同质地砖、米黄色 4. 酸洗打蜡要求：酸洗打蜡	m²	437.75
2	011102003002	同质地砖弧形粘贴楼地面	1. 找平层厚度、砂浆配合比：20 mm 厚 1：3 水泥砂浆 2. 结合层厚度、砂浆配合比：5 mm 厚 1：2 水泥砂浆 3. 面层品种、规格、颜色：500 mm×500 mm 镜面同质地砖、米黄色 4. 酸洗打蜡要求：酸洗打蜡	m²	0.21
3	011105003001	同质地砖踢脚线	1. 找平层厚度、砂浆配合比：20 mm 厚 1：3 水泥砂浆 2. 结合层厚度、砂浆配合比：5 mm 厚 1：2 水泥砂浆 3. 面层品种、规格、颜色：500 mm×500 mm 镜面同质地砖、米黄色	m	115.44
4	011107002001	同质地砖台阶面	1. 找平层厚度、砂浆配合比：20 mm 厚 1：3 水泥砂浆 2. 结合层厚度、砂浆配合比：5 mm 厚 1：2 水泥砂浆 3. 面层品种、规格、颜色：500 mm×500 mm 镜面同质地砖、米黄色 4. 酸洗打蜡要求：酸洗打蜡	m²	1.62

12. **解**：（1）列项目：011102003001 同质地砖楼地面（同质地砖地面 13-81、地面酸洗打蜡 13-110）

011102003001 同质地砖弧形楼地面（地砖地面 13-81、弧长增加补、地面酸洗打蜡 13-110）

011102003001 地砖踢脚线（地砖踢脚线 13-95）

011102003001 同质地砖台阶面（台阶地砖面 13-93、台阶酸洗打蜡 13-111）

（2）计算工程量（参见第8章案例题题2）：

地面同质砖、酸洗打蜡：437.75 m²

地面弧形贴面、酸洗打蜡：0.21 m²

弧长增加：3.141 6×2×0.5 = 3.14 m

台阶同质砖、酸洗打蜡：1.8×(3×0.3+3×0.15) = 2.43 m²

踢脚线：115.44 m

（3）清单计价（见表 11-12）：

表 11-12　清单计价

序号	项目编码	项目名称	计量单位	工程数量	金额/元	
					综合单价	合价
1	011102003001	同质地砖楼地面	m²	437.75	**154.72**	67 727.80
	13-81 换 1	地面 600 mm×600 mm 镜面同质砖	10 m²	43.775	14 90.16	65 231.75
	13-110	地面酸洗打蜡	10 m²	43.775	57.02	2 496.05
2	011102003002	同质地砖弧形楼地面	m²	0.21	**301.81**	63.38
	13-81 换 2	地面弧形贴面	10 m²	0.021	1 568.00	32.93
	补	弧长增加	10 m	0.314	93.15	29.25
	13-110	地面酸洗打蜡	10 m²	0.021	57.02	1.20
3	01115003001	同质地砖踢脚线	m	115.44	**27.77**	3 206.23
	13-95 换	同质砖踢脚线 120 mm	10 m	11.544	277.74	3 206.23
4	011107002001	同质地砖台阶面	m²	1.62	**277.47**	449.50
	13-93 换	台阶同质地砖	10 m²	0.243	1 770.31	430.19
	13-111	台阶酸洗打蜡	10 m²	0.243	79.47	19.31

注：13-81 换 1：1 007.70-510+10.2×97.30 = 1 490.16 元/10 m²

13-81 换 2：1 007.70-510+11×97.30 = 1 568.00 元/10 m²

补：(0.6×85+0.6×14.69)×1.37+0.14×80 = 93.15 元/10 m

13-93 换 1：272.24-526.50+10.53×97.30 = 1 770.31 元/10 m²

13-95 换：205.37-76.50+1.53×97.30 = 277.74 元/10 m²

答：该楼地面工程的清单综合单价如上表中黑体所示。

13. 解：（1）列项目：水泥砂浆外墙面（011201001001）、混合砂浆内墙面（011201001002）、柱面水泥砂浆（011202001001）

（2）计算工程量（参见第 8 章案例题题 3）：

外墙外表面抹水泥砂浆：276.79 m²

外墙内表面抹混合砂浆：312.77 m²

柱面抹水泥砂浆：3.141 6×2×2.8＝17.59 m²

（3）工程量清单（见表11-13）：

表11-13　工程量清单

序号	项目编码	项目名称	项目特征	计量单位	工程数量
1	011201001001	外部水泥砂浆	1. 墙体：实心标准砖墙 2. 底层厚度、砂浆配合比：12 mm 厚 1：3 水泥砂浆 3. 面层厚度、砂浆配合比：8 mm 厚 1：2.5 水泥砂浆 4. 分格缝宽度、材料种类：3 mm 玻璃条分隔	m²	276.79
2	011201001002	内部混合砂浆	1. 墙体：实心标准砖墙 2. 底层厚度、砂浆配合比：15 mm 厚 1：1：6 混合砂浆 3. 面层厚度、砂浆配合比：5 mm 厚 1：0.3：3 混合砂浆	m²	312.77
3	011202001001	柱面水泥砂浆	1. 柱体类型：钢筋混凝土 2. 底层厚度、砂浆配合比：12 mm 厚1：3 水泥砂浆 3. 面层厚度、砂浆配合比：8 mm 厚 1：2.5 水泥砂浆	m²	17.59

14. **解**：（1）列项目：011201001001 水泥砂浆外墙面（外墙面抹灰14-8、外墙玻璃条嵌缝14-76）

011201001002 混合砂浆内墙面（内墙面抹灰14-38）

011202001001 柱面水泥砂浆（柱面抹灰14-22）

（2）计算工程量（参见第8章案例题题3）：

外墙外表面抹水泥砂浆：276.79 m²

外墙内表面抹混合砂浆：312.77 m²

柱面抹水泥砂浆：3.141 6×2×2.8＝17.59 m²

墙面嵌缝：（30.24+15.24）×2×3.1＝281.98 m²

（3）清单计价（见表11-14）：

表11-14　清单计价

序号	项目编码	项目名称	计量单位	工程数量	金额/元 综合单价	金额/元 合价
1	011201001001	外部水泥砂浆	m²	276.79	**31.34**	8 675.77
	14-8	外墙外表面抹水泥砂浆	10 m²	27.679	254.64	7 048.18

序号	项目编码	项目名称	计量单位	工程数量	金额/元	
					综合单价	合价
	14-76	外墙抹灰面玻璃条嵌缝	10 m²	28.198	57.72	1 627.59
2	011201001002	内部混合砂浆	m²	312.77	**21.00**	6 566.61
	14-38	外墙内表面抹混合砂浆	10 m²	31.277	209.95	6 566.61
3	011202001001	柱面水泥砂浆	m²	17.59	**38.23**	672.38
	14-22	柱面抹水泥砂浆	10 m²	1.759	382.25	672.38

答：该墙柱面工程的清单综合单价如上表中黑体所示。

15. 解：（1）列项目：1 层顶棚吊顶（011302001001）、2 层顶棚吊顶（011302001002）

（2）计算工程量（参见第 8 章案例题题 4）：

1、2 层工程量：$(30-0.24)×(10-0.24) = 290.46$ m²

（3）工程量清单（见表 11-15）：

表 11-15 工程量清单

序号	项目编码	项目名称	项目特征	计量单位	工程数量
1	011302001001	1 层顶棚吊顶	1. 吊顶形式、吊杆规格、高度：凹凸型，φ8 吊杆，1.9 m、1.4 m 两种高度 2. 龙骨材料种类、规格、中距：装配式 U 型（不上人型）轻钢龙骨 500×500 3. 面层材料、种类、规格：龙牌纸面石膏板 1 200 mm×3 000 mm×9.5 mm	m²	290.46
2	011302001002	2 层顶棚吊顶	1. 吊顶形式、吊杆规格、高度：凹凸型，φ6 吊杆，0.6 m、1.1 m 两种高度 2. 龙骨材料种类、规格、中距：装配式 U 型（不上人型）轻钢龙骨 500×500 3. 面层材料、种类、规格：龙牌纸面石膏板 1 200 mm×3 000 mm×9.5 mm	m²	290.46

16. 解：（1）列项目：011302001001 顶棚吊顶（吊筋 15-34、吊筋 15-34、复杂型轻钢龙骨 15-8、凹凸型顶棚面层 15-46）

011302001002 顶棚吊顶（吊筋 15-34、吊筋 15-34、复杂型轻钢龙骨 15-8、凹凸型顶棚面层 15-46）

（2）计算工程量（参见第 8 章案例题题 4）：

吊筋 1、吊筋 3：$(30-0.24-12)×(10-0.24-6) = 66.78$ m²

吊筋 2、吊筋 4：$(30-0.24)×(10-0.24)-66.78 = 223.68$ m²

轻钢龙骨：$(30-0.24)×(10-0.24) = 290.46$ m²

纸面石膏板：290.46+0.5×（30-12.24+10-6.24）×2=311.98 m²

（3）清单计价（见表 11-16）：

表 11-16　清单计价

序号	项目编码	项目名称	计量单位	工程数量	综合单价	合价
					金额/元	
1	011302001001	1 层顶棚吊顶	m²	290.46	**104.61**	30 385.45
	15-34 换 1	吊筋 $h=1.4$ m	10 m²	6.678	68.96	460.51
	15-34 换 2	吊筋 $h=1.9$ m	10 m²	22.368	79.49	1 778.03
	15-8	不上人轻钢龙骨 500 mm×500 mm	10 m²	29.046	639.87	18 585.66
	15-46	纸面石膏板	10 m²	31.198	306.47	9 561.25
2	011302001001	2 层顶棚吊顶	m²	290.46	**102.92**	29 894.31
	15-34 换 3	吊筋 $h=0.6$ m	10 m²	6.678	52.12	348.06
	15-34 换 4	吊筋 $h=1.1$ m	10 m²	22.368	62.65	1 399.34
	15-8	不上人轻钢龙骨 500 mm×500 mm	10 m²	29.046	639.87	18 585.66
	15-46	纸面石膏板	10 m²	31.198	306.47	9 561.25

答： 该顶棚工程的清单综合单价如上表中黑体所示。

第12章 工程计量、合同价款的调整与支付

习 题

一、单项选择题（在下列每小题的四个备选答案中选出一个正确的答案，并将其字母标号填入题干的括号内）

1. 实行招标的工程合同价款由发承包双方依据招标文件和中标人的投标文件在书面合同中约定，时间为中标通知书发出之日起（　　　）。
   A. 14 日内　　　　　　　　　　　　B. 15 日内
   C. 28 日内　　　　　　　　　　　　D. 30 日内

2. 招标文件与中标人投标文件不一致的地方，（　　　）。
   A. 以招标文件为准　　　　　　　　B. 以投标文件为准
   C. 重新招标　　　　　　　　　　　D. 双方协商

3. 不实行招标的工程合同价款，在发承包双发认可的工程价款基础上，由发承包双发在（　　　）。
   A. 招标文件中约定　　　　　　　　B. 在投标文件中约定
   C. 合同中约定　　　　　　　　　　D. 公证处公证约定

4. 实行工程量清单计价的工程，宜采用（　　　）。
   A. 单价合同　　　　　　　　　　　B. 总价合同
   C. 成本加酬金合同　　　　　　　　D. 一口价合同

5. 建设规模较小、技术难度较低，工期较短，且施工图设计已审查批准的建设工程可采用（　　　）。
   A. 单价合同　　　　　　　　　　　B. 总价合同
   C. 成本加酬金合同　　　　　　　　D. 一口价合同

6. 紧急抢险、救灾及施工技术特别复杂的建设工程可采用（　　　）。
   A. 单价合同　　　　　　　　　　　B. 总价合同
   C. 成本加酬金合同　　　　　　　　D. 一口价合同

7. 单价合同中的承包人应当按照合同约定的计量周期和时间向发包人提交当期已完工程量报告。发包人应在收到报告后（　　　）。

    A. 7 日内核实   B. 14 日内核实

    C. 15 日内核实   D. 28 日内核实

8. 单价合同的计量中，当承包人认为发包人核实后的计量结果有误时，应在收到计量结果通知后的（　　　）。

    A. 7 日内向发包人提出书面意见   B. 14 日内向发包人提出书面意见

    C. 15 日内向发包人提出书面意见   D. 28 日内向发包人提出书面意见

9. 出现合同价款调增事项后，承包人应向发包人提交合同价款调增报告并附上相关资料的时限为（　　　）。

    A. 14 日内   B. 15 日内

    C. 28 日内   D. 30 日内

10. 出现合同价款调减事项后，承包人应向发包人提交合同价款调减报告并附上相关资料的时限为（　　　）。

    A. 14 日内   B. 15 日内

    C. 28 日内   D. 30 日内

11. 发（承）包人在收到承（发）包人合同价款调增（减）报告及相关资料后应及时予以确认或向承（发）包人提出协商意见，时限为（　　　）。

    A. 14 日内   B. 15 日内

    C. 28 日内   D. 30 日内

12. 当工程变更导致清单项目的工程数量发生变化超过一定幅度，该项目单价应按规定调整，该幅度为（　　　）。

    A. 工程量偏差超过 10%   B. 工程量偏差超过 15%

    C. 工程量偏差超过 20%   D. 工程量偏差超过 25%

13. 工程量清单漏项或设计变更引起新的工程量清单项目，其相应综合单价由（　　　）。

    A. 发包人提出   B. 承包人提出

    C. 监理方提出   D. 审计人员提出

14. 当工程量增加 15% 以上时，增加部分的工程量的综合单价（　　　）。

    A. 按原来的项目单价确定   B. 应予调低

    C. 应予调高   D. 应由甲方决定是否调整

15. 当工程量减少 15% 以上时，减少后剩余部分的工程量的综合单价（　　　）。

    A. 按原来的项目单价确定   B. 应予调低

    C. 应予调高   D. 应由甲方决定是否调整

16. 任一计日工项目持续进行时，承包人应在该项工作实施结束后向发包人提交有计日工记录汇总的现场签证报告一式三份，该提交时限为（　　　）。

    A. 24 h 内   B. 48 h 内

    C. 72 h 内   D. 5 天内

17. 发包人在收到承包人提交计日工现场签证报告后应及时予以确认并将其中一份返还给承包人，该签证时限为（　　　）。

    A. 1 天内   B. 2 天内

    C. 3 天内   D. 5 天内

18. 承包人采购材料和工程设备的，当双方没有约定时，物价变化可以调整单价的前提为（　　　）。

    A. 单价变化超过 10%   B. 单价变化超过 10%

    C. 单价变化超过 15%   D. 单价变化超过 20%

19. 工程竣工移交后，由于洪水等不可抗力造成项目的损坏，承担保修费用的单位是（　　　）。

    A. 施工单位   B. 设计单位

    C. 建设单位   D. 监理单位

20. 招标人应依据相关工程的工期定额合理计算工期，压缩的工期天数不得超过定额工期的（　　　）。

    A. 10%   B. 15%   C. 20%   D. 25%

21. 承包人向发包人提交索赔意向通知书的时间为在知道或应当知道索赔事件发生后的（　　　）。

    A. 14 日内   B. 15 日内

    C. 28 日内   D. 30 日内

22. 承包人应在收到发包人指令后向发包人提交现场签证报告，时限为（　　　）。

    A. 7 日内   B. 14 日内

    C. 15 日内   D. 28 日内

23. 发包人应在收到现场签证报告后对报告内容进行核实，时限为（　　　）。

    A. 24 h 内   B. 48 h 内

    C. 72 h 内   D. 5 天内

24. 包工包料工程的预付款的支付比例不得低于签约合同价（扣除暂列金额）的（　　　）。

    A. 5%   B. 10%   C. 20%   D. 30%

25. 包工包料工程的预付款的支付比例不宜高于签约合同价（扣除暂列金额）的（　　　）。

    A. 5%   B. 10%   C. 20%   D. 30%

26. 发包人应先行预付部分安全文明施工费，预付期限为开工后的（　　　）。

    A. 7 日内   B. 14 日内

    C. 15 日内   D. 28 日内

27. 发包人应预付部分安全文明施工费，额度为不低于当年施工进度计划的总额的（　　　）。

    A. 30%   B. 40%   C. 50%   D. 60%

28. 进度款的支付比例按照合同约定，按期中结算价款总额计，不低于（　　　）。

    A. 30%   B. 40%   C. 50%   D. 60%

29. 进度款的支付比例按照合同约定，按期中结算价款总额计，不高于（　　　）。

    A. 30%   B. 50%   C. 70%   D. 90%

30. 发包人应在收到承包人进度款支付申请后，根据计量结果和合同约定对申请内容予以核实，核实的时限为收到申请后的（　　　）。

    A. 7 日内
                B. 14 日内

    C. 15 日内
                D. 28 日内

31. 发包人应在收到承包人提交的竣工结算文件后进行核对，核对的时限为（　　　）。

    A. 7 日内
                B. 14 日内

    C. 15 日内
                D. 28 日内

32. 发包人委托工程造价咨询人核对竣工结算的，工程造价咨询人应在 28 天内（　　　）。

    A. 进行核对
                B. 提出核对意见

    C. 核对完毕
                D. 给出结论报告

33. 发包人应在收到最终结清支付申请后予以核实，期限为（　　　）。

    A. 7 日内
                B. 14 日内

    C. 15 日内
                D. 28 日内

34. 工程造价管理机构应在收到合同价款争议申请后就发承包双方提请的争议问题进行解释或认定，时间为（　　　）。

    A. 10 日内
                B. 15 日内

    C. 10 个工作日内
          D. 15 个工作日内

35. 合同发生争议，当调解人就争议事项向发承包双方提交了调解书，调解书对双方均有约束力的前提是（　　　）。

    A. 任一方在收到调解书后 7 天内未发出表示异议的通知

    B. 任一方在收到调解书后 14 天内未发出表示异议的通知

    C. 任一方在收到调解书后 21 天内未发出表示异议的通知

    D. 任一方在收到调解书后 28 天内未发出表示异议的通知

二、多项选择题（在下列每小题的五个备选答案中有二至四个正确答案，请将正确答案全部选出，并将其字母标号填入题干的括号内）

1. 因工程变更引起已标价工程量清单项目或其工程数量发生变化时，应按照下列规定调整：（　　　）。

    A. 已标价工程量清单中有适用于变更工程项目的，应采用该项目的单价

    B. 已标价工程量清单中没有适用但有类似于变更工程项目的，可在合理范围内参照类似项目的单价

    C. 已标价工程量清单中没有适用但有类似于变更工程项目的，由工程师确定

    D. 已标价工程量清单中没有适用但有类似于变更工程项目的，由承包方提出适当的变更价格，由工程师确认后执行

    E. 已标价工程量清单中没有适用也没有类似于变更工程项目的，由承包方提出适当的变更价格，由发包人确认后执行

2. 工程变更引起施工方案改变并使措施项目发生变化时，应按照下列规定调整措施项目费：（　　）。

  A. 安全文明施工费应按照实际发生变化的措施项目依据国家或省级、行业建设主管部门的规定计算

  B. 采用单价计算的措施项目费，应按照实际发生变化的措施项目，按工程变更的规定确定单价

  C. 采用单价计算的措施项目费，应按照实际发生变化的措施项目，由工程师确定单价

  D. 按总价（或系数）计算的措施项目费，按照实际发生变化的措施项目调整，但应考虑承包人报价浮动因素

  E. 按总价（或系数）计算的措施项目费，按照实际发生变化的措施项目调整，由工程师确定价格

3. 对于任一招标工程量清单项目，当因工程变更等原因导致工程量偏差超过15%时，清单项目单价可进行调整。调整原则为（　　）。

  A. 当工程量增加15%以上时，所有的工程量的综合单价应予调低

  B. 当工程量增加15%以上时，增加部分的工程量的综合单价应予调低

  C. 当工程量减少15%以上时，减少后剩余部分的工程量的综合单价应予调高

  D. 当工程量减少15%以上时，所有的工程量的综合单价应予调高

  E. 当工程量减少15%以上时，减少部分的工程量的综合单价应予调高

4. 因不可抗力导致的费用中由发包人负担的是（　　）。

  A. 工程本身的损失   B. 发包方人员伤亡

  C. 承包方人员伤亡   D. 第三方人员伤亡

  E. 承包人应工程师要求留在施工场地的必要的管理人员及保卫人员的费用

5. 因不可抗力导致的费用中由承包人负担的是（　　）。

  A. 工程本身的损失   B. 发包方人员伤亡

  C. 承包方人员伤亡   D. 第三方施工机具损坏的维修费用

  E. 承包人应工程师要求留在施工场地的必要的管理人员及保卫人员的费用

三、判断改错题（在下列每小题后面的括号内，正确的填"√"，错误的填"×"，错误的要在题目的下方写出正确的答案）

1. 实行招标的工程合同价款应在中标通知书发出之日起 15 日内，由发承包双方依据招标文件和中标人的投标文件在书面合同中约定。（　　）

2. 实行招标的工程，合同约定不得违背招标、投标文件中关于工期、造价、质量等方面的实质性内容。（　　）

3. 招标文件与中标人投标文件不一致的地方，以招标文件为准。（　　）

4. 实行工程量清单计价的工程，宜采用单价合同。（　　）

5. 工程计量时，工程量可以按照相关工程现行国家计量规范规定的工程量计算规则计算。（　　）

6. 因承包人原因造成的超出合同工程范围施工或返工的工程量，发包人不予计量。
（　　）

7. 成本加酬金合同应按单价合同的规定计量。（　　）

8. 单价合同的计量，工程量可以以承包人完成合同工程应予计量的工程量确定。（　　）

9. 施工中进行工程计量，当发现招标工程量清单中出现缺项、工程量偏差，或因工程变更引起工程量增减时，应按清单工程量计算。（　　）

10. 已签约合同价中的暂列金额应由发包人掌握使用。（　　）

11. 发包人不按合同约定支付工程进度款，双方又未达成延期付款协议，导致施工无法进行时，承包人如停止施工，由承包人承担违约责任。（　　）

12. 若施工期内市场价格波动超出一定幅度时，应按合同约定调整工程价款；合同没有约定或约定不明确的，应按省级或行业建设主管部门或其授权的工程造价管理机构的规定调整。
（　　）

13. 暂列金额减去工程价款调整与索赔、现场签证金额后，如有余额归承包人。（　　）

14. 发包人或受其委托的工程造价咨询人收到承包人递交的竣工结算书后，在合同约定时间内，不核对竣工结算或未提出核对意见的，视为承包人递交的竣工结算书已经认可，发包人应向承包人支付工程结算价款。（　　）

15. 发包人应对承包人递交的竣工结算书签收，拒不签收的，承包人可以不交付竣工工程。
（　　）

16. 同一工程竣工结算核对完成，发、承包双发签字确认后，发包人可以要求承包人与另一个或多个工程造价咨询人重复核对竣工结算。（　　）

17. 预付款应从每一个支付期应支付给承包人的工程进度款中扣回。（　　）

18. 发包人应按照合同约定的质量保证金比例从结算款中预留质量保证金。（　　）

19. 发承包双方或一方在收到工程造价管理机构书面解释或认定后不可以按照合同约定的争议解决方式提请仲裁或诉讼。（　　）

20. 合同价款争议发生后，发承包双方任何时候都可以进行协商。（　　）

四、填空题

1. 合同约定不得违背招标、投标文件中关于_____、造价、质量等方面的实质性内容。

2. 实行工程量清单计价的工程，宜采用_____合同。

3. 建设规模较小、技术难度较低，工期较短，且施工图设计已审查批准的建设工程可采用_____合同。

4. 紧急抢险、救灾及施工技术特别复杂的建设工程可采用_____合同。

5. 发包人认为需要进行现场计量核实时，应在计量前_____通知承包人，承包人应为计量提供便利条件并派人参加。

6. 当承包人认为发包人核实后的计量结果有误时，应在收到计量结果通知后的_____天内向发包人提出书面意见，并应附上其认为正确的计量结果和详细的计算资料。

7. 采用工程清单方式招标形成的总价合同，其工程量应按照_____合同的规定计算。

8. 出现合同价款调增事项（不含工程量偏差、计日工、现场签证、索赔）后的_____天内，承包人应向发包人提交合同价款调增报告并附上相关资料。

9. 根据"13 计价规范"规定，当工程变更导致清单项目的工程量偏差超过_____时，该项目单价应按照有关规定进行调整。

10. 包工包料工程的预付款的支付比例不得低于签约合同价（扣除暂列金额）的_____。

11. 包工包料工程的预付款的支付比例不宜高于签约合同价（扣除暂列金额）的_____。

五、简答题

1. 简述因工程变更引起已标价工程量清单项目或其工程数量发生变化时的单价调整规定。
2. 简述在不可抗力情况下发承包双方承担并调整合同价款合同工期的原则。
3. 简述承包人向发包人提出索赔的程序。
4. 简述承包人处理索赔的程序。
5. 简述质量保证金的预留、扣除和返还规字。

六、分析计算题

1. 某中亚国家交通工程项目，由我国某央企集团公司承建，工程建设总工期 46 个月，主要建筑物包括道路及桥梁。合同总价约为 28 900 万美元。根据招标文件规定，在该国境内外的任何进出口环节的税费都将由承包商承担，业主协助承包商办理进出口有关手续。该工程于 2015 年 4 月 8 日颁发招标文件，2015 年 8 月 29 日为提交投标书的截止时间。

2016 年 3 月 15 日，工程正式开工，此时承包商发现：根据该国海关总署最新下发的规定，从 2016 年 4 月 1 日起，以前各部委关于减免税的文件一律作废，所有进口物资全部按最新颁布的海关税表上分项设定的税率计征关税和商业利润税。对比招标文件中规定的税率，按此新规定征税的税率将从原来的 2% 上升到 20%，并且从 2015 年 4 月 10 日起，计税的美元兑换该国货币的汇率也将从 1：1 755 上升至 1：4 261，经计算，由于该国海关进出口法律以及汇率的改变，承包商将面临高达近 2 000 000 美元的损失。对此承包商提出价款调整，要求业主补偿税率及汇率损失。

请问：承包商的税率和汇率损失的补偿要求合理吗？为什么？

2. 某工程招标控制价为 9 524 858 元，中标人的投标报价为 8 983 393 元，施工过程中，采用 PE 高分子防水卷材（1.5 mm），清单项目中无类似项目，工程造价管理机构发布有：该卷材单价为 18 元/m^2，定额人工费 4.92 元/m^2，除卷材外的其他材料费为 0.38 元/m^2，管理费和利润为 1.85 元/m^2。

计算：该工程的报价浮动率和确定卷材防水的综合单价。

3. 某工程约定采用价格指数法调整合同价款，具体约定如表 12-1 所示，本期完成合同价款为 2 745 822.82 元，其中：已按现行价格计算的计日工价款 9 800 元，发承包双方确认应增加的索赔金额 3 468.55 元，请用价格调整公式计算应调整的合同价款差额。

表 12-1　承包人提供主要材料和工程设备一览表（适用于价格指数差额调整法）

工程名称：　　　　标段：　　　　　　　　　　　　　　　　第　页　共　页

序号	名称、规格、型号	变值权重 B	基本价格指数 F_0	现行价格指数 F_t	备注
1	人工费	0.18	110%	125%	
2	钢材	0.11	4 000 元/t	4 200 元/t	
3	预拌混凝土 C30	0.16	340 元/m³	365 元/m³	
4	页岩砖	0.05	300 元/千块	322 元/千块	
5	机械费	0.08	100%	100%	
	定值权重 A	0.42	—	—	
	合计	1	—	—	

4. 某工程采用预拌混凝土（由承包人提供）所需品种如表 12-2 所示，在施工期间，采购预拌混凝土时，其单价分别为 C20：330 元/m³，C25：345 元/m³，C30：355 元/m³，请问哪些材料的单价需要调整？

表 12-2　承包人提供主要材料和工程设备一览表（适用于造价信息差额调整法）

工程名称：　　　　标段：　　　　　　　　　　　　　　　　第　页　共　页

序号	名称、规格、型号	单位	数量	风险系数/(%)	基准单价/元	投标单价/元	发承包人确认单价/元	备注
1	预拌混凝土 C20	m³	25	≤5	310	308	309.50	
2	预拌混凝土 C25	m³	560	≤5	323	325	325	
3	预拌混凝土 C30	m³	3120	≤5	340	340	340	

习题参考答案

一、单项选择题（在下列每小题的四个备选答案中选出一个正确的答案，并将其字母标号填入题干的括号内）

1. D　2. B　3. C　4. A　5. B　6. C　7. A　8. A　9. A
10. A　11. A　12. B　13. B　14. B　15. C　16. A　17. B　18. A
19. C　20. C　21. C　22. A　23. B　24. B　25. D　26. D　27. D
28. D　29. D　30. B　31. D　32. C　33. B　34. C　35. D

二、多项选择题（在下列每小题的五个备选答案中有二至四个正确答案，请将正确答案全部选出，并将其字母标号填入题干的括号内）

1. ABE　　2. ABD　　3. BC　　4. ABDE　　5. CD

三、判断改错题（在下列每小题后面的括号内，正确的填"√"，错误的填"×"，错误的要在题目的下方写出正确的答案）

1. （×）"15"改为"30"
2. （√）
3. （×）"招标文件为准"改为"投标文件为准"
4. （√）
5. （×）"可以"改为"必须"
6. （√）
7. （√）
8. （×）"可以"改为"必须"
9. （×）"清单工程量计算"改为"承包人在履行合同义务中完成的工程量计算"
10. （√）
11. （×）"由承包人承担违约责任"改为"由发包人承担违约责任"
12. （√）
13. （×）"承包人"改为"发包人"
14. （√）
15. （√）
16. （×）"可以"改为"不可以"
17. （√）
18. （√）
19. （×）"不可以"改为"仍可"
20. （√）

四、填空题

1. 工期
2. 单价
3. 总价
4. 成本加酬金
5. 24 h
6. 7
7. 单价

8. 14

9. 15%

10. 10%

11. 30%

五、简答题

1. 参考答案：（1）已标价工程量清单中有适用于变更工程项目的，应采用该项目的单价；但当工程变更导致该清单项目的工程数量发生变化，且工程量偏差超过 15% 时，该项目单价应按照有关规定调整。（2）已标价工程量清单中没有适用但有类似于变更工程项目的，可在合理范围内参照类似项目的单价。（3）已标价工程量清单中没有适用也没有类似于变更工程项目的，应由承包人根据变更工程资料、计量规则和计价办法、工程造价管理机构发布的信息价格和承包人报价浮动率提出变更工程项目的单价，并应报发包人确认后调整。承包人报价浮动率可按下列公式计算：

招标工程：承包人报价浮动率 $L = (1 - 中标价 / 招标控制价) \times 100\%$

非招标工程：承包人报价浮动率 $L = (1 - 报价 / 施工图预算) \times 100\%$

（4）已标价工程量清单中没有适用也没有类似于变更工程项目，且工程造价管理机构发布的信息价格缺价的，应由承包人根据变更工程资料、计量规则、计价办法和通过市场调查等确定有合法依据的市场价格提出变更工程项目的单价，并应报告发包人确认后调整。

2. 参考答案：（1）合同工程本身的损害、应因工程损害导致第三方人员伤亡和财产损失以及运至施工场地用于施工的材料和待安装的设备的损害，应由发包人承担；（2）发包人、承包人人员伤亡应由其所在单位负责，并应承担相应费用；（3）承包人的施工机械设备损坏及停工损失，应由承包人承担；（4）停工期间，承包人应发包人要求留在施工场地的必要的管理人员及保卫人员的费用应由发包人承担；（5）工程所需清理、修改费用，应由发包人承担。

3. 参考答案：（1）承包人应在知道或应当知道索赔时间发生后 28 天内，向发包人提交索赔意向通知书，说明发生索赔时间的事由。承包人逾期未发出索赔意向通知书的，丧失索赔的权利。（2）承包人应在发出索赔意向通知书后 28 天内，向发包人正式提交索赔通知书。索赔通知书应详细说明索赔理由和要求，并应附必要的计录和证明材料。（3）索赔时间具有连续影响的，承包人应继续提交延续索赔通知，说明连续影响的实际情况和计录。（4）在索赔时间影响结束后的 28 天内，承包人应向发包人提交最终索赔通知书，说明最终索赔要求，并应附必要的记录和证明材料。

4. 参考答案：（1）发包人收到承包人的索赔通知书后，应及时查验承包人的记录和证明材料。（2）发包人应在收到索赔通知书或有关索赔的进一步证明材料后的 28 天内，将索赔处理结果答复承包人，如果发包人逾期未作出答复，视为承包人索赔要求已被发包人认可。（3）承包人接受索赔处理结果的，索赔款项应作为增加合同价款，在当期进度款中进行支付；承包人不接受索赔处理结果的，应按合同约定的争议解决方式办理。

5. 参考答案：（1）发包人应按照合同约定的质量保证金比例从结算款中预留质量保证

金。（2）承包人未按照合同约定履行属于自身责任的工程缺陷修改义务的，发包人有权从质量保证金中扣除缺陷修复的各项支出。经查验，工程缺陷属于发包人原因造成的，应由发包人承担查验和缺陷修改的费用。（3）在合同约定的缺陷责任期终止后，发包人应按有关规定，将剩余的质量保证金返还给承包人。

六、分析计算题

1. 解：（1）工程于 2015 年 4 月 8 日颁发招标文件，2015 年 8 月 29 日为提交投标书的截止时间，由此可计算出基准日期为 2015 年 8 月 1 日。在此日期之前的法律法规变化风险由承包商承担，在此日期之后的法律法规变化风险由发包方承担。（2）汇率变化从 2015 年 4 月 10 日起，在基准日期前，该风险由承包方承担；税率变化从 2016 年 4 月 1 日起，在基准日期后，该风险由发包方承担。

2. 解：报价浮动率 L =（1−中标价/招标控制价）×100%

$$= (1-8\,983\,393/9\,524\,858) \times 100\% = 5.68\%$$

卷材防水的综合单价 =（4.92+18+0.38+1.85）×（1−5.68%）

$$= 25.15 \times 94.32\% = 23.72 \text{ 元}$$

答：该工程的报价浮动率为 5.68%，PE 卷材防水的综合单价确定为 23.72 元/m^2。

3. 解：（1）本期完成合同价款应扣除已按现行价格计算的计日工价款和确认的索赔金额：

$$2\,745\,822.82-9\,800-3\,468.55=2\,732\,554.27 \text{ 元}$$

（2）采用公式计算：

$$\Delta P = P_0\left[A+\left(B_1 \times \frac{F_{t1}}{F_{01}} + B_2 \times \frac{F_{t2}}{F_{02}} + B_3 \times \frac{F_{t3}}{F_{03}} + \cdots + B_n \times \frac{F_{tn}}{F_{0n}}\right)-1\right]$$

$$= 2\,732\,554.27 \times \left[0.42+\left(0.18 \times \frac{125}{110} + 0.11 \times \frac{4\,200}{4\,000} + 0.16 \times \frac{365}{340} + 0.05 \times \frac{322}{300} + 0.08 \times \frac{100}{100}\right)-1\right]$$

$$= 2\,732\,554.27 \times [0.42+(0.205+0.116+0.172+0.054+0.08)-1]$$

$$= 2\,732\,554.27 \times 0.047$$

$$= 128\,430.05 \text{ 元}$$

答：本期应增加合同价款 128 430.05 元。

4. 解：（1）C20：投标单价低于基准价，按基准价为基础计算风险系数（330÷310−1）×100% = 6.45%>5%，单价应调整，调整为 308+310×1.45% = 312 元/m^3。

（2）C25：投标单价高于基准价，按按标单价为基础计算风险系数（345÷325−1）×100% = 6.15%>5%，单价应调整，调整为 325+325×1.15% = 329 元/m^3。

（3）C30：投标单价等于基准价，按基准价为基础计算风险系数（355÷340−1）×100% = 4.4%<5%，单价不予调整。

答：预拌混凝土 C20、C25 的单价需要调整，C30 单价不需要调整。

第13章 历年江苏省造价员案例考试题及新解

13.1 二〇〇五年江苏省工程造价编审专业人员考试试题及参考答案

试题

本卷为案例分析题,初级做一~四题,共四题,总分100分;中级做三、五~八题,共五题(其中第八题已不属于2014计价定额的土建范畴,本次未收录),总分120分;多做和漏做的题均不得分。人工工资单价和施工机械台班单价全部以2014计价定额中价格为准;文字与图形不同时,以文字说明为准;小数点保留位数:土方及以kg或m²为单位的取整数,其他保留两位,后一位四舍五入。要求分析合理,结论正确,并简要写出计算过程。

一、(本题25分)

某三类工程项目,基础平面图、剖面图如下,根据地质勘探报告,土壤类别为三类,无地下水。该工程设计室外地坪标高为-0.300 m,室内标高±0.000 m以下砖基础采用M10水泥砂浆标准砖砌筑,-0.060 m处设防水砂浆防潮层,C10混凝土垫层(不考虑支模浇捣),C20钢筋混凝土条形基础,±0.000 m以上为M7.5混合砂浆烧结多孔砖砌筑,混凝土构造柱从钢筋混凝土条基中伸出。请计算:

1. 按2014计价定额规定计算土方人工开挖工程量,并套用相应计价定额综合单价;

2. 按2014计价定额规定计算混凝土基础、砖基础分部分项工程(防潮层、钢筋不算)数量,并套用相应计价定额综合单价。

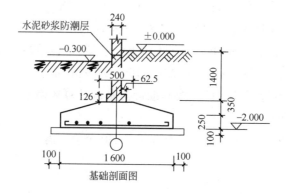

基础剖面图

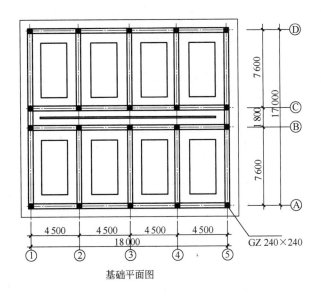

基础平面图

工程预算表

序号	定额编号	项目名称	计量单位	数量	综合单价	合价

工程量计算表

序号	项目名称	计算公式	计量单位	数量

序号	项目名称	计算公式	计量单位	数量

二、(本题 30 分)

下图为某非抗震结构三类工程项目，现场预制 C30 钢筋混凝土梁 YL-1，共计 20 根。

1. 请根据下图按 2014 计价定额的规定计算设计钢筋用量（除②钢筋和箍筋为 I 级钢筋外其余均为 II 级钢筋，主筋保护层厚度为 25 mm），并套用计价定额综合单价计算合价；

2. 请按照 2014 计价定额的规定计算出该钢筋分部分项工程费、措施项目费及汇总工程造价（措施费：安全文明施工费 0.18%、临时设施费 1%；规费：社会保险费率 1.6%；税金：3.44%；未列出的费用项目不计）。

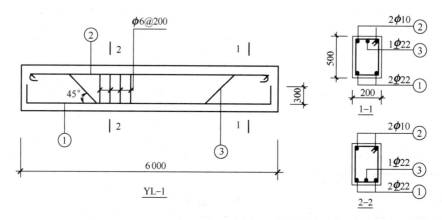

YL-1

钢筋计算表

编号	直径	简图	单根长度计算式	根数	总长度/m	重量/kg

工程预算表

序号	定额编号	项目名称	计量单位	数量	综合单价	合价

工程造价计价表

序号	费用名称	计算公式	金额/元

三、(本题 20 分)

某三类工程的多层商场，上人平屋面（檐口高度 17.25 m）的复合防水做法见下表，请依据 2014 计价定额的规定，确定出每个项目的综合单价。

工程预算表

序号	定额编号	项目名称	计量单位	工程数量	金额/元	
					综合单价	合价
		40 厚 C20 细石混凝土面层（有分格缝）	10 m²			
		φ4@150 双向钢筋	t			
		4 厚石灰砂浆隔离层	10 m²			
		三元乙丙防水卷材（APP 粘接剂）	10 m²			
		20 厚 1：2.5 水泥砂浆找平层	10 m²			
		40 厚喷涂改性聚氨酯硬泡体保温	10 m²			

序号	定额编号	项目名称	计量单位	工程数量	金额/元	
					综合单价	合 价
		2 厚聚氨酯涂料三度	10 m²			
		20 厚 1∶3 水泥砂浆找平层	10 m²			

四、(本题 25 分)

某多层现浇框架办公楼,工程类别三类,底层地面做法及按 2014 计价定额规定计算出来的工程量如下:

150 高水泥砂浆踢脚线	420 m
20 厚 1∶2 水泥砂浆面层	400 m²
80 厚 C15 混凝土(不分格)	32 m³
120 厚碎石夯实	48 m³
原土夯实	400 m²

相应的根据计量规范计算出来的工程量清单数量如下:

011101001001 水泥砂浆地面	450 m²
011105001001 水泥砂浆踢脚线	63 m²

请根据计量规范及 2014 计价定额有关规定,计算计价定额项目的综合单价和合价;工程量清单项目的综合单价和合价。

分部分项工程量清单计价表

工程名称:办公楼   第 页 共 页

序号	项目编码(定额编号)	项目名称	计量单位	工程数量	金额/元	
					综合单价	合价
一	011101001001	水泥砂浆地面	m²	450		

续表

序号	项目编码 (定额编号)	项目名称	计量单位	工程数量	金额/元	
					综合单价	合价
二	011105001001	水泥砂浆踢脚线	m²	63		

五、(本题 15 分)

某多层现浇框架办公楼三层楼面,板厚 120 mm,二层楼面至三层楼面高 4.2 m。请根据 2014 计价定额有关规定,计算该层楼面④~⑤轴和ⓒ~ⓓ轴范围内的(见下图,计算至 KL1、KL5 梁外侧)现浇混凝土梁板的混凝土工程量、模板工程量(按接触面积计算)及 KZ1 柱混凝土浇捣脚手架工程量。

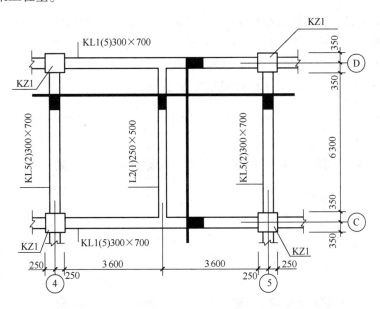

工程量计算书

序号	项目名称	计 算 公 式	计量单位	数 量

序号	项目名称	计 算 公 式	计量单位	数 量

六、(本题 25 分)

某三类工程项目，现浇框架结构层高为 4.20 m，混凝土强度等级为 C30，混凝土结构设计抗震等级为四级。请根据下图按 2014 计价定额的规定，计算该层框架梁 KL1①~⑦号钢筋的用量（除箍筋为Ⅰ级钢筋其余均为Ⅱ级螺纹钢筋，且为满足最小设计用量。伸入柱内锚固钢筋弯起部分按 15 d，主筋混凝土保护层厚度为 25 mm）。

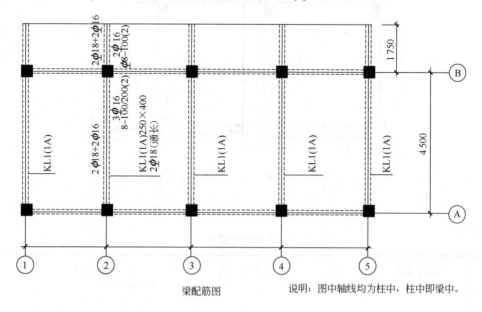

梁配筋图   说明：图中轴线均为柱中，柱中即梁中。

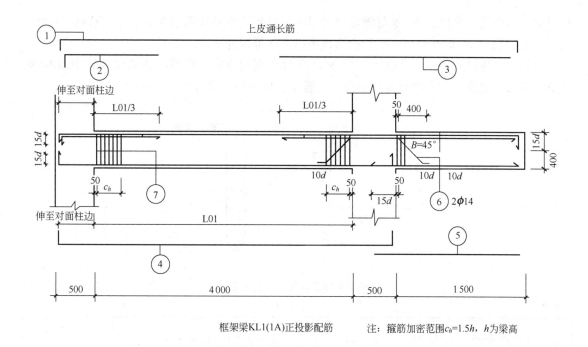

框架梁KL1(1A)正投影配筋　　　注：箍筋加密范围$c_h=1.5h$，h为梁高

钢筋计算表

编号	直径	简图	单根长度计算式/m	根数	重量/kg

七、(本题 25 分)

某三类商务楼工程 2005 年元月采用清单法招投标，其中的独立承台静力压 C30 混凝土预制方桩，桩制作采用现场搅拌机浇筑，桩场内运输距离为 200 m，桩截面为 400 mm×400 mm，

每根桩分为两段，采用∟76×6角钢接桩（每个桩接头型钢设计用量9.4 kg），设计桩长19 m（含桩尖长度），共计50根桩。平均自然地面以下送桩深度2 m。

请根据上述已知条件、计价规范及2014年计价定额规定，计算下表清单项目中2014年计价定额子目组成、综合单价及其合价；工程量清单项目的综合单价、合价。

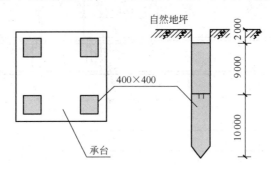

分部分项工程量清单计价表

工程名称：商务楼 第 页 共 页

序号	项目编码（定额编号）	项目名称	计量单位	工程数量	金额/元	
					综合单价	合价
一	010301001001	预制钢筋混凝土静力压桩	m	950		

工程量计算书

序号	项目名称	计 算 公 式	单 位	数 量

参考答案

一、(本题25分)

工程预算表

序号	定额编号	项目名称	计量单位	数量	综合单价	合价
1	1-28	底宽≤3 m 人工挖三类沟槽土方	m³	461	53.80	24 801.80
2	1-7+1-13	底宽≤7 m 人工挖三类沟槽土方	m³	164	36.92	6 054.88
3	4-1换	M10砖基础	m³	50.51	408.95	20 656.06
4	6-3	C20混凝土无梁条基	m³	108.15	373.32	40 374.56

注:4-1换:406.25-43.65+46.35=408.95 元/m³

工程量计算表

序号	项目名称	计算公式	计量单位	数量
1	底宽≤3 m 人工挖三类沟槽土方	沟槽1下口宽=1.6+2×0.3=2.2 m 沟槽1上口宽=2.2+2×0.33×(2-0.3)=3.322 m $S_{沟槽}=(2.2+3.322)×1.7÷2=4.6937$ m² $L_{沟槽}=(18+17)×2-4×2+(7.6-2.2)×6=94.4$ m $S_{垫层}=1.8×0.1=0.18$ m² $L_{垫层}=(18+17)×2-3.6×2+(7.6-1.8)×6=97.6$ m $V_1=4.6937×94.4+0.18×97.6=460.65$ m³	m³	461
2	底宽≤7 m 人工挖三类沟槽土方	沟槽2下口宽=1.8+1.6+2×0.3=4 m 沟槽2上口宽=4+2×0.33×(2-0.3)=5.122 m $S_{土方}=(4+5.122)×1.7÷2=7.7537$ m² $L_{土方}=18+2.2=20.2$ m $S_{垫层}=3.6×0.1=0.36$ m² $L_{垫层}=18+1.8=19.8$ m $V_1=7.7537×20.2+0.36×19.8=163.75$ m³	m³	164
3	混凝土无梁条基	$S_{矩形}=1.6×0.25=0.4$ m² $L_{沟槽}=(18+17)×2+(18-1.6)×2+(7.6-1.6)×6=138.8$ m $V_1=0.4×138.8=55.52$ m³ $V_2=0.35÷2×(0.5+1.6)×[(18+17)×2+(7.6-0.525×2)×6+(18-0.525×2)×2]=52.63$ $V_{混凝土基础}=55.52+52.63=108.15$ m³	m³	108.15

序号	项目名称	计算公式	计量单位	数量
4	砖基础	外形体积： $S_{外形} = 0.24 \times (1.4 + 0.066) = 0.352 \ m^2$ $L = (18 + 17) \times 2 + (7.6 - 0.24) \times 6 + (18 - 0.24) \times 2 = 149.68 \ m$ $V_{外形} = 0.352 \times 149.68 = 52.687 \ m^3$ 构造柱占据体积： $S_{构造柱} = 0.24 \times 0.24 \times 20 + 0.24 \times 0.03 \times 56 = 1.555 \ m^2$ $H = 1.4 \ m$ $V_{构造柱} = 1.555 \times 1.4 = 2.177 \ m^3$ $V_{砖基础} = 52.687 - 2.177 = 50.51 \ m^3$	m^3	50.51

二、(本题 30 分)

钢筋计算表

编号	直径	简图	单根长度计算式	根数	总长度/m	重量/kg
1	$\phi22$		$(6.0 - 0.025 \times 2) + 0.3 \times 2 = 6.55$	2×20	262.0	712.64
2	$\phi10$		$(6.0 - 0.025 \times 2) + 12.5 \times 0.01 = 6.075$	2×20	243.0	149.93
3	$\phi22$		$(6.0 - 0.025 \times 2) + 0.414 \times (0.5 - 0.025 \times 2) \times 2 = 6.3226$	1×20	126.45	343.95
4	$\phi6$		$(0.50 - 2 \times 0.025 + 2 \times 0.006) \times 2 + (0.2 - 2 \times 0.025 + 2 \times 0.006) \times 2 + 14 \times 0.006 = 1.332$	31×20	825.84	183.34
合计：$\phi20$ 内：333.27 kg			$\phi20$ 外：1 056.59 kg			

工程预算表

序号	定额编号	项目名称	计量单位	数量	综合单价	合价
1	5-9	现场预制混凝土构件 $\phi20$ 内	t	0.333	5 590.80	1 861.74
2	5-10	现场预制混凝土构件 $\phi20$ 外	t	1.057	4 851.29	5 127.81

工程造价计价表

序号	费用名称		计算公式	金额/元
一	分部分项工程费		1 861.74 + 5 127.81	6 989.55
二	措施项目费	安全文明施工费	(一) × 0.18%	12.58
		临时设施费	(一) × 1%	69.90

续表

序号	费用名称		计算公式	金额/元
三	其他项目费			0
四	规费	社会保险费	（一+二+三）×1.6%	113.15
五	税金		（一+二+三+四）×3.44%	247.17
六	工程造价		一+二+三+四+五	7 473.35

三、（本题 20 分）

工程预算表

序号	定额编号	项目名称	计量单位	综合单价	合价
				金额/元	
1	10-77	40 厚 C20 细石混凝土面层（有分格缝）	10 m²	417.07	
2	5-4 换	$\phi4@150$ 双向钢筋	t	6 401.18	
3	10-90 换	4 厚石灰砂浆隔离层	10 m²	40.16	
4	10-53	三元乙丙防水卷材（APP 粘接剂）	10 m²	639.85	
5	13-16 换	20 厚 1:2.5 水泥砂浆找平层	10 m²	170.27	
6	11-21	40 厚喷涂改性聚氨酯硬泡体保温	10 m²	1 129.10	
7	10-116	2 厚聚氨酯涂料二度	10 m²	719.06	
8	13-15	20 厚 1:3 水泥砂浆找平层	10 m²	130.68	

注：5-4 换：6 498.08-4 386.00+1.02×4 205＝6 401.18 元/t

10-90 换：38.24-5.77+5.77×4÷3＝40.16 元/10 m²

13-16 换：163.84-60.63+0.253×265.07＝170.27 元/10 m²

四、（本题 25 分）

分部分项工程量清单计价表

工程名称：办公楼　　　　　　　　　　　　　　　　　　　　　　　　第　页　共　页

序号	项目编码 （定额编号）	项目名称	计量单位	工程数量	综合单价	合价
					金额/元	
一	011101001001	水泥砂浆地面	m²	450	62.21	27 994.00
	13—22	20 厚 1:2 水泥砂浆	10 m²	40	165.31	6 612.40
	13—11	80 厚 C15 混凝土	m³	32	395.95	12 670.40
	13—9	120 厚碎石夯实	m³	48	171.45	8 229.60

序号	项目编码 (定额编号)	项目名称	计量单位	工程数量	金额/元 综合单价	金额/元 合价
	1—99	原土夯实	10 m²	40	12.04	481.60
二	011105001001	水泥砂浆踢脚线	m²	63	41.96	2 643.48
	13—27	水泥砂浆踢脚线	10 m	42	62.94	2 643.48

五、(本题 15 分)

工程量计算书

序号	项目名称	计算公式	计量单位	数量
1	现浇有梁板混凝土	7.008+0.637+2.506+2.192=12.34	m³	12.34
	混凝土：板	8×7.3×0.12=7.008		
	梁	L2：0.25×0.38×6.7=0.637		
		KL1：0.3×0.58×7.2×2=2.506		
		KL5：0.3×0.58×6.3×2=2.192		
2	有梁板模板	47.825+6.767+21.698+18.396=95	m²	95
	支模板	7.15×6.7-0.2×0.1×4=47.825		
	L2	(0.38×2+0.25)×6.7=6.767		
	KL1	(0.58×2+0.3)×7.2×2+0.12×7.2 -0.25×0.38×2=21.698		
	KL5	(0.58×2+0.3)×6.3×2=18.396		
3	混凝土浇捣脚手架	7.7×7=53.9	m²	54

六、(本题 25 分)

钢筋计算表

编号	直径	简图	单根长度计算式/m	根数	重量/kg
1	φ18	⎍	6.5-0.025×2+15×0.018×2=6.990	2×5	139.66
2	φ16	⌐	4.0/3+0.5-0.025+15×0.016=2.048	1×5	16.16
3	φ16	—	4.0/3+0.5+1.5-0.025=3.308	2×5	52.20
4	φ16	⊔	5.0-0.025×2+15×0.016×2=5.43	3×5	128.53
5	φ16	—	1.5-0.025+15×0.016=1.715	2×5	27.06

编号	直径	简图	单根长度计算式/m	根数	重量/kg
6	$\phi14$		$0.5+0.05\times2+(0.4-0.025\times2)\times1.414\times2+$ $10\times0.014\times2=1.870$	2×5	22.59
7	$\phi8$		$(0.4-0.025\times2+0.008\times2)\times2+(0.25-$ $0.025\times2)\times2+24\times0.008=1.356$	43×5	115.16
合计：115.16；380.52						

七、（本题 25 分）

分部分项工程量清单计价表

工程名称：商务楼 　　　　　　　　　　　　　　　　　　　　　　　第 页 共 页

序号	项目编码（定额编号）	项目名称	计量单位	工程数量	金额/元	
					综合单价	合价
一	010301001001	预制钢筋混凝土静力压桩	m	950	117.58	111 698.96
	6-60	C30 预制方桩制作	m³	152	448.84	68 223.68
	3-15 换	静力压方桩	m³	152	230.59	35 049.68
	3-19 换	打送桩	m³	20	189.48	3 789.60
	3-25 换	角钢电焊接桩	个	50	92.72	4 636.00

注：3-15 换：$239.17-13+0.01\times264.98-19.57-10.69+(24.02+153.93)\times(11\%+7\%)=230.59$ 元/m³

3-19 换：$188.04-15.84-8.64+(20.02+123.97)\times(11\%+7\%)=189.48$ 元/m³

3-25 换：$205.47-179.52+0.01\times4\,080+22.01\times(1+11\%+7\%)=92.72$ 元/个

工程量计算书

序号	项目名称	计算公式	单位	数量
1	桩体积	$0.4\times0.4\times19\times50$	m³	152
2	送桩体积	$0.4\times0.4\times(2+0.5)\times50$	m³	20
3	电焊接桩型钢	9.4×1.05	kg	10

13.2　二○○七年江苏省建设工程造价员资格考试试题及参考答案

试题

本卷为案例分析题，初级做一~四题，共四题，总分 100 分；中级做三~六题，共四题，总分 120 分；高级做四~七题，共四题，总分 120 分；多做和漏做的题均不得分。人工工资单价和施工机械台班单价全部以 2014 计价定额中价格为准；文字与图形不同时，以文字说明

为准；要求分析合理，结论正确，并简要写出计算过程。

一、(本题 25 分)

如图，某多层住宅变形缝宽度为 0.20 m，阳台水平投影尺寸为 1.80 m×3.60 m（共 18 个），雨篷水平投影尺寸为 2.60 m×4.00 m，坡屋面阁楼室内净高最高点为 3.65 m，坡屋面坡度为 1：2；平屋面女儿墙顶面标高为 11.60 m。请按建筑工程建筑面积计算规范（GB/T 50353—2013）计算下图的建筑面积，并按 2014 计价定额规定计算综合脚手架综合单价。

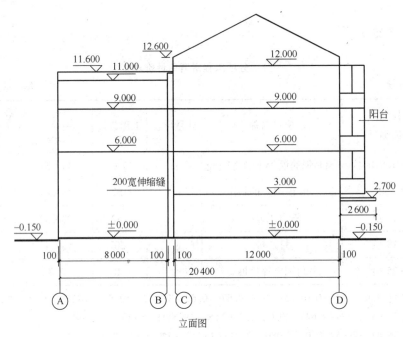

立面图

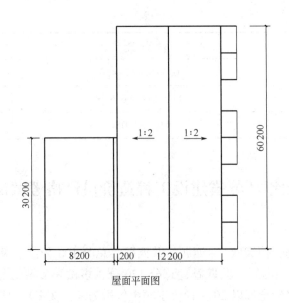

屋面平面图

建筑面积和工程量计算表

序号	项目名称	计算公式

二、(本题 25 分)

如图，某单位办公楼屋面现浇钢筋混凝土有梁板，板厚为 100 mm，A、B、1、4 轴截面尺寸为 240 mm×500 mm，2、3 轴截面尺寸为 240 mm×350 mm，柱截面尺寸为 400 mm×400 mm。请根据 2014 计价定额的有关规定，计算现浇钢筋混凝土有梁板的混凝土工程量、模板工程量（按接触面积计算）。

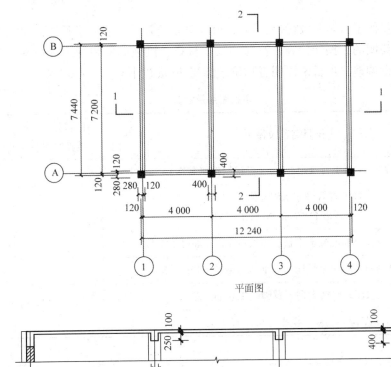

平面图

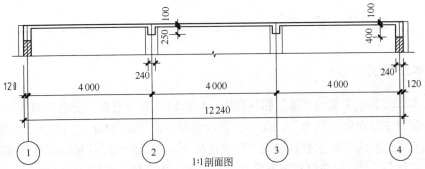

1:1剖面图

工程量计算表

序号	项目名称	单位	计算公式	数量

三、(本题 25 分)

根据下表提供的子目名称及做法，请按 2014 计价定额填写所列子目的计价定额编号和综合单价，其他未说明的，按计价表执行（人工、材料、机械单价和管理费费率、利润费率按计价定额子目不做调整，项目未注明者均位于标高 20 m 以下）。

定额套用及换算

计价表编号	子目名称及做法	单位	有换算的列简要换算过程	综合单价/元
	自卸汽车运土，运距 2 km（正铲挖掘机装车）			
	M10 混合砂浆 KP1 烧结多孔砖 240 mm×115 mm×90 mm 1 砖墙			
	C25 现浇自拌钢筋混凝土平板，板坡度 15°（混凝土工程）			
	C20 细石混凝土刚性防水屋面无分隔缝 50 mm 厚			
	水泥砂浆贴大理石踢脚线 120 mm 高			
	基础梁复合木模板（梁底有垫层）			

四、(本题 25 分)

如图，某单位传达室基础平面图和剖面图。根据地质勘探报告，土壤类别为三类，无地下水。该工程设计室外地坪标高为-0.300 m，室内地坪标高为±0.000 m，防潮层标高-0.060 m，防潮层做法为 C20 抗渗混凝土 P10 以内，防潮层以下用 M7.5 水泥砂浆砌标准砖基础，防潮层以上为多孔砖墙身，C20 钢筋混凝土条形基础，混凝土构造柱截面尺寸为 240 mm×240 mm，从钢筋混凝土条形基础中伸出。请按 2014 计价定额规定计算土方人工开挖、混凝土基础、砖基础、防潮层、模板工程量，并套用计价定额相应子目（模板按含模量计算）。

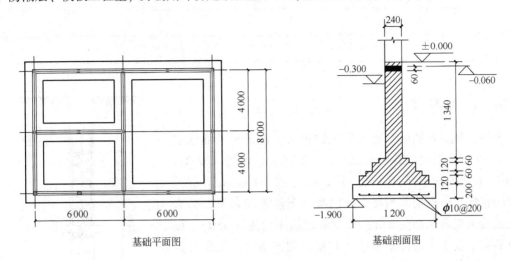

基础平面图 基础剖面图

工程量计算表

序号	项目名称	计算公式	计量单位	数量

工程预算表

序号	定额编号	项目名称	计量单位	数量	综合单价/元

序号	定额编号	项目名称	计量单位	数量	综合单价/元

五、(本题 35 分)

如图，某单独招标打桩工程编制标底。设计钻孔灌注混凝土桩 25 根，桩径 900 mm，设计桩长 28 m，入岩（V 类）1.5 m，自然地面标高 -0.6 m，桩顶标高 -2.60 m，C30 混凝土现场自拌，根据地质情况土孔混凝土充盈系数为 1.25，岩石孔混凝土充盈系数为 1.1，每根桩钢筋用量为 0.750 t。以自身的黏土及灌入的自来水进行护壁，砌泥浆池，泥浆外运按 8 km，桩头不需凿除。请按上述条件和 2014 计价定额的规定计算该打桩工程的分部分项工程费，并计算总造价（机械进退场费10 000 元，检验试验费费率0.18%，临时设施费费率1.5%，安全文明施工措施费按不创建省市文明工地标准计取，社会保险费率1.6%，税金费率：3.44%，其他未列项目不计取）。

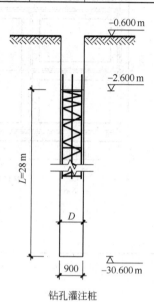

钻孔灌注桩

工程预算表

序号	定额编号	项目名称	计量单位	数量	综合单价	合价/元

工程量计算表

序号	项目名称	计算公式	计量单位	数量

序号	项目名称	计算公式	计量单位	数量

工程造价计算程序表

序号	费用名称		计算公式	金额/元
一	分部分项工程费			
二	措施项目费			
	其中	单价措施项目费		
		总价措施项目费		
三	其他项目费			
四	规费			
五	税金			
六	工程造价			

六、(本题 35 分)

框架梁 KL,如图所示,混凝土强度等级为 C20,二级抗震设计,钢筋定尺为 8 m,当梁通筋 $d > 22$ mm 时,选择焊接接头,柱的断面均为 500 mm×500 mm,保护层 25 mm,次梁断面 200 mm×300 mm。审核该梁所列的钢筋重量,未列出的不考虑。错误的部分划线删去,在下一行对应空格处给出正确解答即可,原来正确的部分不需要重复抄写(钢筋理论重量 $\phi25 = 3.85$ kg/m,$\phi18 = 1.998$ kg/m,$\phi10 = 0.617$ kg/m,受拉钢筋抗震锚固长度 $l_{aE} = 44d$,伸至边柱外 $0.4l_{aE}$)。

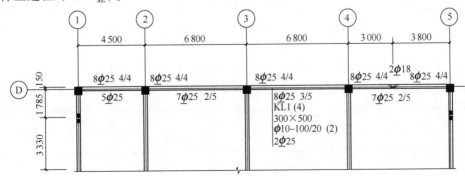

钢筋计算表

编号	直径	简图	单根长度计算式/m	根数	数量/m	重量/kg
1	25		$(4.5+6.8\times3-0.5+2\times10d+44d\times2+15d\times2)=27.85$	2	55.7	214.45
2	25		$(4.5-0.5+0.4\times44d+15d+0.5+6.3/3)=7.42$	4	29.66	114.19
3	25		$(4.5-0.5+0.4\times44d+15d++6.3/4)=6.39$	4	25.56	98.41
4	25		$6.3/4\times2+0.5=3.65$	4	14.6	56.21
5	25		$6.3/3\times2+0.5=4.7$	8	37.6	144.76
6	25		$6.3/3+0.4\times44d+15d=3.41$	2	6.83	26.30
7	25		$6.3/4+0.4\times44d+15d=2.39$	4	9.56	36.81
8	25		$4.5+0.4\times44d+15d+44d=6.42$	5	32.1	123.59
9	25		$6.3+44d\times2=8.5$	7	59.5	229.08

编号	直径	简图	单根长度计算式/m	根数	数量/m	重量/kg
10	25		$6.3+44d\times2=8.5$	8	68	261.8
11	25		$6.3+0.4\times44d+15d+44d=8.22$	7	57.51	221.41
12	18		$0.3+20d\times2+0.5\times1.414\times2=2.434$	2	4.87	9.73
13	10		$(0.3-0.05+0.01\times2)\times2+(0.5-0.05+0.01\times2)$ $\times2=1.68$	160	268.8	165.85
14			合计			1702.59

七、(本题 25 分)

我省某国有投资工程项目,采用清单法计价方式招标,招标文件规定以固定总价形式确定工程造价,工程结算造价=中标价+设计变更费用。在工程施工招投标、签订合同及施工工程中,发生了以下一些情况:

1. 在签订施工合同的当日,在乙方的提议下,经双方友好协商,在乙方中标价的基础上,另外增加赶工措施费 30 万元,并签订了一个补充协议,但按规定送交政府主管部门备案的施工合同中并无该补充协议。

2. 工程量清单中已提供了施工排水、降水项目,乙方在投标报价中根据计价表规定计算了基坑排水费用计 5 000 $m^2\times35$ 元/$m^2=175\,000$ 元,但实际施工中无地下水可抽,并未发生该项费用。

3. 基础混凝土浇筑前,由于场地狭小,基坑周边堆放了不少建筑材料,恰逢一场大雨,造成土体塌方,乙方要求延长工期 4 天,增加清理点工 180 个工日,工资单价按计价表规定 40 元计取,计 7 200 元。

4. 在工程量清单中,土方场外运输距离及费用规定由投标人自行确定,中标人按照 10 km 运距 22 元/$m^3\times20\,000m^3=440\,000$ 元报价,但实际施工中,乙方通过多方联系将土方送给了 1 km 以外另外一个施工队的工地，发生的费用仅为 5 元/m³×20 000 m³ = 100 000 元。

5. 由于设计图纸不明确，厚达 1.2 m 的地下室底板固定上部钢筋所需的施工撑筋，在招标答疑时招标人明确由投标人自主确定施工撑筋的规格、数量及费用，乙方按照 5 t×3 600 元/t = 18 000 元报价，但实际施工中施工单位仅发生了 4.5 t×3 600 元/t = 16 200 元。

6. 招标文件要求投标人为甲方及工程监理单位搭设砖混结构现场办公用平房 4 间，并提供了施工图纸及工程量清单，乙方投标报价中的该项费用为 2.8 万元。工程结算时，甲方有人提出该 4 间现场办公用房属临时设施，而乙方投标报价中已计算了临时设施费，不应再支付该 2.8 万元，否则属于重复收费。

7. 混凝土构件所需预拌商品混凝土由甲方供应，招标文件及施工合同对商品混凝土数量的确定均未作特别规定，乙方投标文件将预拌商品混凝土数量按设计图纸数量加定额规定损耗确定计入报价并填入了甲供材计划表内。施工中实际进场预拌商品混凝土数量比乙方计算的数量少了 2%。因此，甲方提出应按照实际进场商品混凝土数量列入工程结算中，乙方要求维持投标文件中的数量。

8. 根据设计变更，该工程增加了 300 m³ 的 KM1 砖内墙、钢筋混凝土矩形柱断面由 400 mm×500 mm 改为 400 mm×600 mm 增加混凝土 50 m³，施工单位在设计变更工程造价增减表中，提出了应相应增加砌墙脚手架费、混凝土模板费、临时设施费、材料检验试验费。

现请你以工程造价咨询企业审核人员身份，在进行工程结算审核时，就以上情况分别：

1. 确定各项目费用的类别（分部分项工程费、措施项目费、其他项目费）；

2. 确定各项目费用是否应该支付给施工单位，有数额的应明确费用数额。

费用名称	工程费用类别	是否应支付、支付多少?
赶工措施费		
基坑排水费		
点工		
土方场外运输费		
施工撑筋费		
现场办公用房		
预拌商品混凝土		
砌墙脚手费		
混凝土模板费		
临时设施费		
材料检验试验费		

参考答案

一、（本题 25 分）

参考答案：

建筑面积和工程量计算表

序号	名称	计算公式
1	低跨	1、2 层：30.20×8.40＝253.68 m² 3 层：30.20×8.40÷2＝126.84 m²
2	高跨	1 层：60.20×12.20＋2.60×4.00÷2＝739.64 m² 2~4 层：60.20×12.20＋6×1.80×3.60÷2＝753.88 m²
3	坡屋面	60.20×((3.65-2.1)×2×2＋(2.1-1.2)×2×2÷2)＝481.60 m²
合　计		253.68×2＋126.84＋739.64＋753.88×3＋481.60＝4 117.08 m²

序号	定额编号	项目名称	计量单位	数量	综合单价
1	20-1	檐高在 12 m 内层高在 3.6 m 内综合脚手架	m²	380.52	17.99
2	20-3	檐高在 12 m 内层高在 8 m 内综合脚手架	m²	253.68	77.35
3	20-5	檐高在 12 m 以上层高在 3.6 m 内综合脚手架	m²	3 482.88	21.41

二、（本题 25 分）

工程量计算表

序号	项目名称	单位	计算公式	数量
一	模板工程量	m²	90.46＋3.58＋6.96＋28.67	129.67
1	底模	m²	12.24×7.44-(0.4×0.24×4＋0.24×0.24×4)	90.46
2	板侧模	m²	(10.96＋6.96)×2×0.1	3.58
3	板下口梁侧模	m²	6.96×0.25×4	6.96
			(10.96＋6.96)×2×0.4×2	28.67
二	混凝土工程量	m³	9.107＋3.44＋0.835	13.382
1	板	m³	12.24×7.44×0.1	9.107
2	梁	m³	(6.96＋10.96)×0.24×0.4×2	3.44
			6.96×0.24×0.25×2	0.835

三、（本题 25 分）

定额套用及换算

计价定额编号	子目名称及做法	单位	有换算的列简要换算过程	综合单价
1-263	自卸汽车运土，运距2 km（正铲挖掘机装车）	1 000 m³		16 577.51
4-28 换	M10 混合砂浆 KP1 烧结多孔砖 240 mm×115 mm×90 mm 1 砖墙	m³	184.17-35.71+36.92	185.38
6-34 换	C25 现浇自拌钢筋混凝土平板，板坡度 15°（混凝土工程）	m³	446.90-276.61+273.51+ 102.50×0.03×1.37	448.01
10-78+10-79×2	C20 细石混凝土刚性防水屋面无分隔缝 50 mm 厚	10 m²	349.39+28.51×2	406.41
13-50 换	水泥砂浆贴大理石踢脚线 120 mm 高	10 m	477.53-382.5+382.5×120÷150	401.03
21-42	基础梁复合木模板（梁底有垫层）	10 m²	无底模套地圈梁	430.39

四、（本题 25 分）

工程量计算表

序号	项目名称	计算公式	计量单位	数量
1	人工挖≤3 m 基槽	[（12.00+8.00）×2+6.20+4.20]×1/2×（1.80+2.856）× 1.60＝187.73m³	m³	187.73
2	混凝土无梁式条基	[（12.00+8.00）×2+6.80+4.80]×1.20×0.20＝12.384 m³	m³	12.384
3	砖基础	[（12.00+8.00）×2+7.76+5.76]×0.24×（1.58+0.525）＝ 53.52×0.24×2.105＝27.038m³ 扣：0.24×0.24×1.58×14＝-1.274 m³ 0.24×0.03×1.58×（10×2+4×3）＝-0.364m³	m³	25.40
4	混凝土防潮层	（53.52-0.24×14-0.03×32）×0.24＝49.20×0.24＝11.808 m²	m²	11.808
5	模板	12.384×0.74＝9.16 m²	m²	9.16
6	模板	11.808×0.06×8.33＝5.90 m²	m²	5.90

工程预算表

序号	定额编号	项目名称	计量单位	数量	综合单价
1	1-28	人工挖底宽≤3 m 三类干土深度 3 m 内	m³	187.73	53.80
2	6-3	C20 混凝土无梁式条形基础	m³	12.384	373.32
3	4-1 换	M7.5 水泥砂浆砖基础	m³	25.400	406.70
4	4-53	C20 抗渗混凝土 P10 以内（防潮层 6 cm 厚）	10 m²	1.181	276.41
5	21-3 或 21-4	混凝土无梁式条形基础模板	10 m²	0.916	430.71 或 545.34
6	21-41 或 21-42	混凝土防潮层模板	10 m²	0.590	430.39 或 562.77

注：4-1 换：406.25-43.65+44.10=406.70 元/m³

五、（本题 35 分）

工程预算表

序号	定额编号	项目名称	计量单位	数量	综合单价	合价/元
1	3-29	钻土孔（直径 1 000 以内）	m³	453.04	291.09	131 875.41
2	3-32 换	钻岩石孔（直径 1 000 以内）较软岩	m³	23.84	1 235.81	29 461.71
3	3-39 换	土孔混凝土	m³	435.56	473.45	206 215.88
4	3-40	岩石孔混凝土	m³	23.84	421.18	10 040.93
5	桩68 注3	砌泥浆池	m³	459.40	2.00	918.80
6	3-41+3-42×3	泥浆外运	m³	476.88	122.62	58 475.03
7	5-6 换	钢筋笼制安	t	18.75	5 283.96	99 074.25
		小计				536 062.01

注：3-32 换：1 084.57+0.15×(288.75+565.72)×(1+11%+7%)=1 235.81 元/m³

3-39 换：458.83-351.03+1.25×1.015×288.20=473.45 元/m³

5-6 换：5 432.56-195.53-93.85+(578.10+204.00)×(11%+7%)=5 283.96 元/t

工程量计算表

序号	项目名称	计算公式	计量单位	数量
1	钻土孔	$V_{钻土孔}=3.14×0.45^2×(30-1.5)×25=453.04$	m³	453.04
2	钻岩石孔	$V_{钻岩石孔}=3.14×0.45^2×1.5×25=23.84$	m³	23.84
3	土孔混凝土	$V_{土孔混凝土}=3.14×0.45^2×(28+0.9-1.5)×25=435.56$	m³	435.56
4	岩石混凝土	$V_{岩石孔混凝土}=3.14×0.45^2×1.5×25=23.84$	m³	23.84

序号	项目名称	计算公式	计量单位	数量
5	砌泥浆池	$V_{土孔混凝土}+V_{岩石孔混凝土}=435.56+23.84=459.40$	m^3	459.40
6	泥浆外运 8 km 内	$V_{钻土孔}+V_{钻岩石孔}=476.88$	m^3	476.88
7	钢筋笼	$0.75×25=18.75$	t	18.75

工程造价计算程序表

序号	费用名称			计算公式	金额/元
一	分部分项工程费				536 062.01
二	措施项目费				28 020.05
	其中	单价措施项目费	机械进退场费	10 000	10 000
		总价措施项目费	安全文明施工措施费	(一+单价措施项目费)×1.8%	9 829.12
			临时设施费	(一+单价措施项目费)×1.5%	8 190.93
三	其他项目费				
四	规费	社会保险费		(一+二+三)×1.6%	9 025.31
五	税金			(一+二+三+四)×3.44%	19 714.89
六	工程造价			一~五	592 822.16

六、(本题 35 分)

钢筋计算表

编号	直径	简图	单根长度计算式/m	根数	数量/m	重量/kg
1	$\phi25$		$(4.5+6.8×3-0.5+3×10d+0.4×44d×2+15d×2)$ $=26.78$,若双面焊,则 $5d=26.41$	2	53.56 52.81	206.21 或 203.32
2	$\phi25$		$(4.5-0.5+0.4×44d+15d+0.5+6.3/3)=7.42$	2	14.83	57.10
3	$\phi25$		$(4.5-0.5+0.4×44d+15d+0.5+6.3/4)=6.89$	4	27.56	106.11
4	$\phi25$		$6.3/3×2+0.5=4.7$	2×2	18.8	72.38
5	$\phi25$		$6.3/4×2+0.5=3.65$	2×4	29.2	112.42
6	$\phi25$		$6.3/3+0.4×44d+15d=3.41$	2	6.83	26.30

编号	直径	简图	单根长度计算式/m	根数	数量/m	重量/kg
7	$\phi25$		$6.3/4+0.4\times44d+15d=2.39$	4	9.56	36.81
8	$\phi25$		$4+0.4\times44d+15d+44d=5.92$	5	29.58	113.88
9	$\phi25$		$6.3+44d\times2=8.5+10d=8.75$ 若双面焊，则 $5d=8.63$	7	61.25 60.41	235.81 或232.58
10	$\phi25$		$6.3+44d\times2=8.5+10d=8.75$ 若双面焊，则 $5d=8.63$	8	70 69.04	269.5 或265.8
11	$\phi25$		$6.3+0.4\times44d+15d+44d=8.22$	7	57.51	221.41
12	$\phi18$		$0.3+20d\times2+(0.5-0.05)\times414\times2=2.295$	2	4.59	9.18
13	$\phi10$		$(0.3-0.05+0.01\times2)\times2+(0.5-0.05+0.01\times2)\times$ $2+24d=1.72$	145	249.4	153.88
14			合计			1 620.99 或 1 611.17

七、(本题 25 分)

费用名称	工程费用类别	是否应支付、支付多少?
赶工措施费	措施项目	不应支付
基坑排水费	措施项目	应支付17.5 万元
延长工期、点工	其他项目	不应支付、工期不延长
土方场外运输费	参照措施项目	应支付44 万元
施工撑筋费	参照措施项目	应支付1.8 万元
现场办公用房	实体项目参照分部分项项目，措施项目不变	应支付2.8 万元
预拌商品混凝土	分部分项项目	以乙方数量为准确定
砌墙脚手费	措施项目	应支付
混凝土模板费	措施项目	应支付
临时设施费	措施项目	不应支付
材料检验试验费	措施项目	不应支付

13.3 二〇〇九年江苏省建设工程造价员资格考试试题及参考答案

试题

本卷为案例分析题，初级做一~四题，共四题，总分100分；中级做三~六题，共四题，总分120分；高级做四~七题，共四题，总分120分；多做和漏做的题均不得分。除注明外，人工工资单价、材料单价和施工机械台班单价全部以2014计价定额中价格为准；文字与图形不同时，以文字说明为准；要求分析合理，结论正确，并简要写出计算过程。

一、(本题 25 分)

某现浇混凝土框架结构别墅如下图所示，外墙为370 mm厚多孔砖，内墙为240 mm厚多孔砖（内墙轴线为墙中心线），柱截面尺寸为370 mm×370 mm（除已标明的外，柱轴线为柱中心线），板厚为100 mm，梁高为600 mm。室内柱、梁、墙面及板底均做抹灰。坡屋面顶板下表面至楼面的净高的最大值为4.24 m，坡屋面为坡度1:2的两坡屋面。雨篷YP1水平投影尺寸为2.10 m×3.00 m，YP2水平投影尺寸为1.50 m×11.55 m，YP3水平投影尺寸为1.50 m×3.90 m。请按建筑面积计算规范（GB/T 50353—2013）和江苏省2014计价定额规定，计算：

1. 建筑面积；
2. 综合脚手架工程量和综合单价。

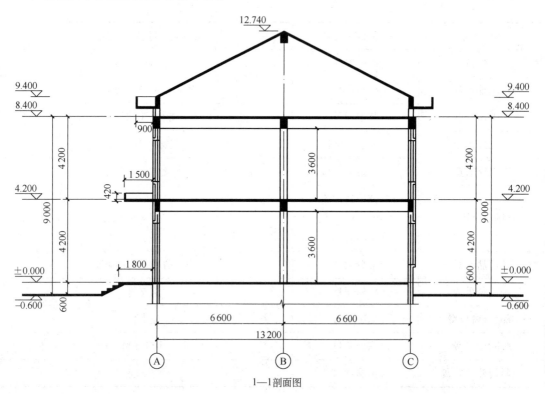

1—1剖面图

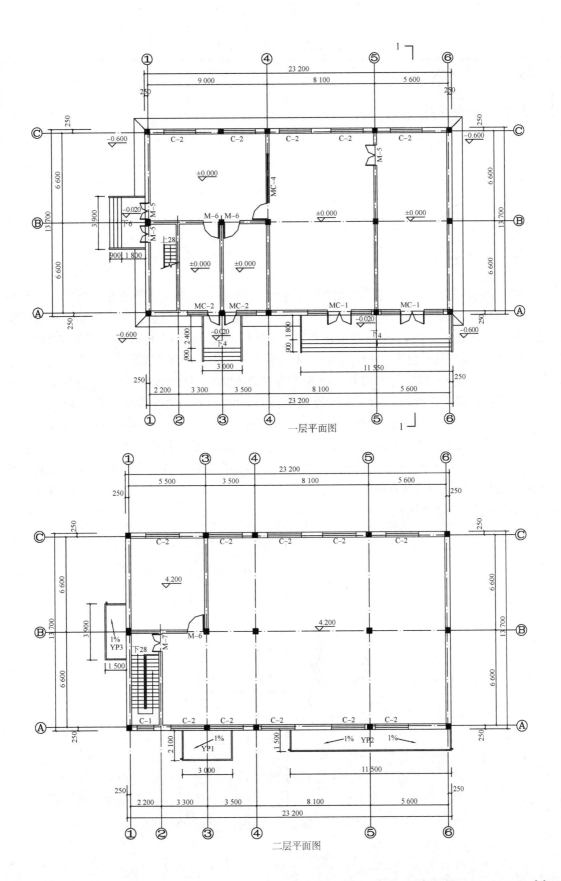

一层平面图

二层平面图

建筑面积和工程量计算表

序号	项目名称	计算公式

二、(本题 25 分)

　　某单独招标打桩工程，断面及示意如图所示，设计静力压预应力圆形管桩 75 根，设计桩长 18 m（9 m+9 m），桩外径 400 mm，壁厚 35 mm，自然地面标高 −0.45 m，桩顶标高 −2.1 m，螺栓加焊接接桩，管桩接桩接点周边设计用钢板，根据当地地质条件不需要使用桩尖，成品管桩市场信息价为 2 500 元/m³。本工程人工单价、除成品管桩外其他材料单价、机械台班单价按计价定额执行不调整，企业管理费费率 7%，利润费率 5%，机械进退场费为6 500 元，检验试验费费率 0.2%，临时设施费费率 1.0%，安全文明施工措施费按 1.8%，工程排污费费率 1‰，社会保险费费率 1.2%，住房公积金费率 0.22%，税金费率 3.44%，其他未列项目暂不计取，应建设单位要求管桩场内运输按定额考虑。请根据上述条件按 "13 计量规范" 列出工程量清单（桩计量单位按 "根"），并根据工程量清单按江苏省 2014 计价定额和 2014 费用定额的规定计算打桩工程总造价（π 取值 3.14；按计价表规则计算送桩工程量时，需扣除管桩空心体积）。

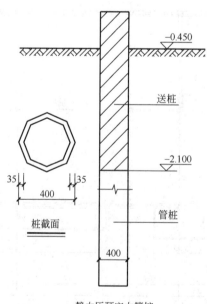

静力压预应力管桩

（一）分部分项工程量清单

清单编码	项目名称	项目特征	计量单位	数量

（二）计价表工程量计算表

序号	项目名称	计算公式	计量单位	数量

（三）分部分项工程量清单综合单价分析表

项目编码		项目名称	计量单位	工程数量	综合单价	合价
清单综合单价组成	定额号	子目名称	单位	数量	单价	合价

（四）工程造价计价程序表

序号	费用名称	计算公式	金额
一	分部分项工程费		
二	措施项目费		

序号	费用名称	计算公式	金额
三	其他项目费		
四	规费		
五	税金		
六	工程造价		

续表

三、(本题 25 分)

某办公楼，为三类工程，其地下室如图。设计室外地坪标高为-0.30 m，地下室的室内地坪标高为-1.50 m。现某土建单位投标该办公楼土建工程。已知该工程采用满堂基础，C30钢筋混凝土，垫层为C10素混凝土，垫层底标高为-1.90 m。垫层施工前原土打夯，所有混凝土均采用泵送商品混凝土。地下室墙外壁做防水层。施工组织设计确定用人工平整场地，反铲挖掘机（斗容量1 m³）挖土，深度超过1.5 m起放坡，放坡系数为1：0.33，土壤为四类干土，机械挖土坑上作业，不装车，人工修边坡按总挖方量的10%计算。

1. 按江苏省2014计价定额规则计算该工程土方的挖土和回填土工程量。

2. 按《房屋建筑与装饰工程工程量计算规范》（2013）、《江苏省建设工程费用定额》（2014）及江苏省2014计价定额（人工、机械、材料单价按2014计价定额不调整）的规定，计算该满堂基础混凝土和垫层混凝土部分的分部分项工程量清单综合单价（模板不考虑）。

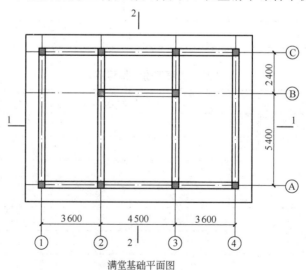

满堂基础平面图

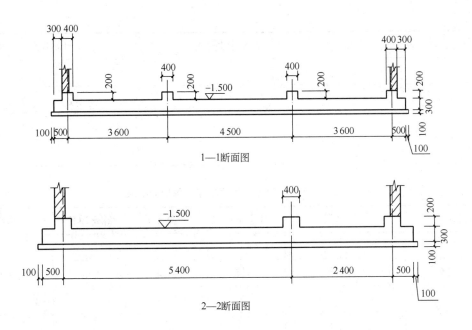

1—1断面图

2—2断面图

（一）分部分项清单工程量计算表

序号	项目名称	工程量计算式	计量单位	数量

（二）计价表工程量计算表

序号	项目名称	工程量计算式	计量单位	数量

序号	项目名称	工程量计算式	计量单位	数量

（三）分部分项工程量清单综合单价分析表

项目编码		项目名称	计量单位	工程数量	综合单价	合价
清单综合单价组成	定额号	子目名称	单位	数量	单价	合价

四、（本题 25 分）

根据下表提供的子目名称及做法，请按 2014 计价定额填写所列子目的计价表编号和综合单价，其他未说明的，按计价定额执行（人工、材料、机械单价和管理费费率、利润费率按计价表子目不做调整，材料需换算的单价按照计价表附录单价换算。项目未注明的均位于标高 20 m 以下，混凝土未注明的均为非泵送现场自拌混凝土）。

计价表编号	子目名称及做法	单位	综合单价有换算的列简要换算过程	综合单价
	人工挖 3 m<底宽≤7 m 沟槽土方，四类干土，挖土深度 6.1 m			
	振动沉管灌注砂桩（桩长 9 m）的空沉管			
	M10 水泥砂浆砌标准砖 1 砖圆形水池（容积为 6 m³）			
	C30 泵送商品混凝土现浇直形楼梯			
	檩木上钉椽子及挂瓦条（椽子刨光，断面尺寸为 45 mm×45 mm）			

计价表编号	子目名称及做法	单位	综合单价有换算的列简要换算过程	综合单价
	屋面氰凝防水涂料两布三涂			
	现浇 150 mm 厚混凝土体育看台板的复合木模板			

五、（本题 30 分）

如图，某地上三层带地下一层现浇框架柱平法施工图的一部分，结构层高均为 3.50 m，混凝土框架设计抗震等级为三级。已知柱混凝土强度等级为 C25，整板基础厚度为 800 mm，每层的框架梁高均为 400 mm。柱中纵向钢筋均采用闪光对焊接头，每层均分两批接头。请根据下图及《江苏省建筑与装饰工程计价定额》（2014）有关规定，计算一根边柱 KZ2（如图）的钢筋用量（箍筋为 HPB235 普通钢筋，其余均为 HRB335 普通螺纹钢筋；$l_a = 34\,d$，$l_{aE} = 35\,d$，钢筋保护层 30 mm；主筋伸入整板基础距板底 100 mm 处，在基础内水平弯折 200 mm，基础内箍筋 2 根；其余未知条件执行《16G101-1 规范》）。注：长度计算时保留三位小数；重量保留两位小数。

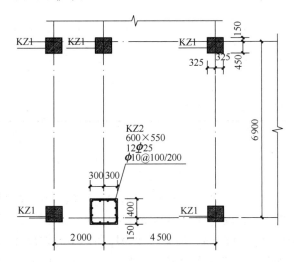

理论重量：

序号	直径	理论重量/(kg·m⁻¹)
1	25	3.85
2	10	0.617

屋面	10.47	
3	6.97	3.5
2	3.47	3.5
1	-0.03	3.5
-1	-3.53	3.5
层号	标高/mm	层高/m

钢筋计算表

编号	级别规格	简图	单根长度计算式/m	单根长度/m	根数	总长度/m	重量/kg

箍筋根数计算表

层数	标高范围/m	计算式	根数
基础	$-4.33 \sim -3.53$		
负一层	$-3.53 \sim -0.03$		
一层	$-0.03 \sim 3.47$		
二层	$3.47 \sim 6.97$		
三层	$6.97 \sim 10.47$		

六、（本题 40 分）

某加油库如图示，三类工程，全现浇框架结构，柱、梁、板混凝土均为非泵送现场搅拌，C25 混凝土，模板采用复合木模板（柱：500 mm×500 mm，L1 梁：300 mm×550 mm，L2 梁：300 mm×500 mm；现浇板厚：100 mm。轴线尺寸为柱和梁中心线尺寸）。要求：

1. 按《房屋建筑与装饰工程工程量清单计算规范》（2013）编制柱、梁、板的混凝土分部分项工程量清单，以及模板、脚手架措施项目清单。

2. 按 2013 计价规范和江苏省 2014 计价定额计算柱、梁、板的混凝土、模板（按接触面积）和浇捣脚手架的清单综合单价（人工、材料、机械单价均按 2014 计价定额中的价格取定，不调整，属于高支模的模板按定额价计算）。其他未说明的，按计价定额执行。

3. 已知暂估价中材料暂估价合计为 5 000 元，环境保护费率 0.1%，安全文明施工措施费率按省级文明工地标准足额计取，社会保险费率、住房公积金费率执行 2014 费用定额，税金费率 3.44%，请按 2014 费用定额计价程序计算工程预算造价（其他未列项目不计取）。

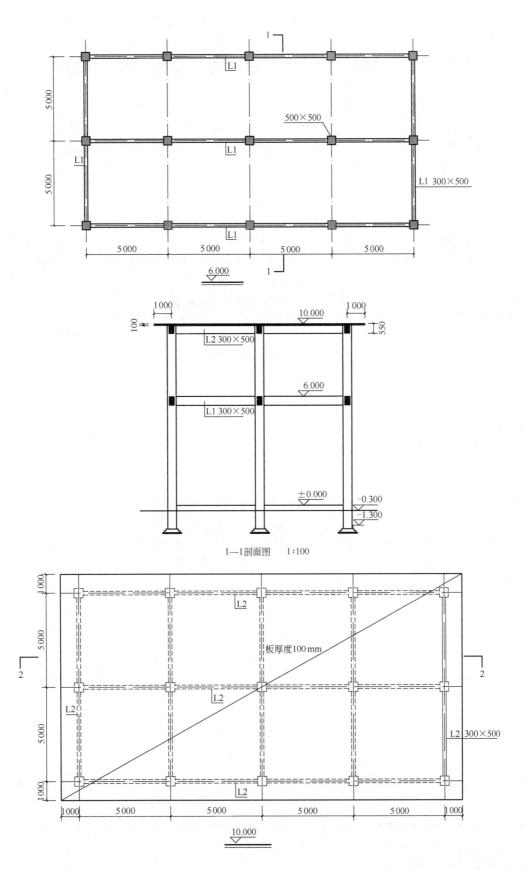

1—1剖面图　1:100

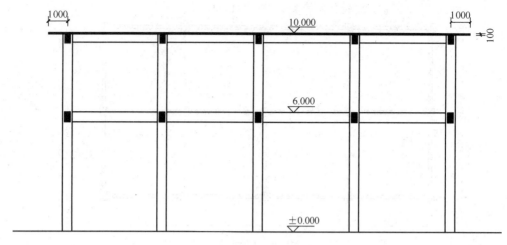

2—2剖面图　1:100

（一）分部分项清单工程量计算表

序号	项目名称	计算公式	计量单位	数量

（二）分部分项工程量清单

序号	项目编码	项目名称	项目特征描述	计量单位	工程量

（三）措施项目清单列项表

序号	单价措施项目	计量单位	数量

（四）计价表工程量计算表

序号	项目名称	计算公式	计量单位	工程量

（五）分部分项工程量清单综合单价分析表

项目编码		项目名称	计量单位	工程数量	综合单价	合价
清单综合单价组成	定额号	子目名称	单位	数量	单价	合价

项目编码		项目名称	计量单位	工程数量	综合单价	合价
清单综合单价组成	定额号	子目名称	单位	数量	单价	合价

项目编码	项目名称	计量单位	工程数量	综合单价	合价

清单综合单价组成	定额号	子目名称	单位	数量	单价	合价

（六）单价措施项目工程量清单综合单价分析表

项目名称	计量单位	工程数量	综合单价	合价

清单综合单价组成	定额号	子目名称	单位	数量	单价	合价

（七）工程造价计价程序表

序号	费用名称	计算公式	金额/元

七、（本题 25 分）

某政府投资工程通过公开招标确定一中标单位，招标文件规定以固定总价形式确定工程造价，工程的竣工结算价＝中标价＋设计变更＋签证＋索赔，2017 年 10 月 20 日签定合同，合同约定 2017 年 10 月 25 日开工，2018 年 6 月 10 日竣工。

（一）施工过程中发包人提出部分窗玻璃增加贴太阳隔热膜，原清单中无该项目。而 2014 年江苏省计价定额中也无相应子目可以套用，经发承包双方协商，同意由承包人编制一次性补充定额，并报工程所在地造价管理机构备案。

承包人对现场进行了测算，贴太阳隔热膜需要完成工作为玻璃清洁、贴膜、清洗窗框等。测算数据如下。

a. 人工：每铺贴 10 m² 太阳隔热膜（实际铺贴面积）的基本工作时间为 3 h（含 100 m 内的材料水平运输），辅助工作时间、准备与结束时间、不可避免中断时间和休息时间分别占工作延续时间的比例为 3%、5%、2% 和 10%，人工幅度差为 10%。每个工日按 8 工时计算，每工日人工单价按二类工，为 44 元/工日。

b. 材料：太阳隔热膜的单价为 90 元/m²，专用安装液的单价为 20 元/kg，清洁剂的单价为 10 元/kg；经测算，实际铺贴面积为 500 m²，共用太阳隔热膜 575 m²，专用安装液 12.5 kg，清洁剂 15 kg，其他材料费 75 元。

c. 机械：无。

d. 管理费：费率为 15%。计费基础为人工费加机械费。

e. 利润：费率为 5%。计费基础为人工费加机械费。

请作为承包人根据上述资料编制一次性补充定额。

工程量计算书（有计算过程的请写出具体过程）

| |
| |
| |
| |
| |
| |
| |
| |
| |
| |
| |
| |

建筑太阳隔热膜一次性补充定额

工作内容：

计量单位：10 m²实际铺贴面积

定额编号			补1	
项目	单位	单价	建筑太阳隔热膜安装	
			数量	合价
综合单价		元		
其中	人工费	元		
	材料费	元		
	机械费	元		
	管理费	元		
	利润	元		
材料	二类工	工日		
机械				

（二）结算时，承包人提出，投标报价基准日时的政策人工工资为40元/工日；而2018年2月19日政府发布文件，实行政策性人工工资调整，新标准从2018年4月1日起执行，调整为44元/工日，要求调整人工工资，已知2018年4月1日后完成的人工工日为5 000工日，承包人投标报价中的人工单价为36元/工日，发承包双方在施工合同中未约定政策性调整是否调整。作为发包人，应如何处理承包人要求的人工工资调整？请详细说明。

答：

（三）当工程施工至第五层框架柱钢筋制安时，因业主提供的钢筋未到，使该项作业从2018年3月20日至3月28日停工（该项作业的总时差为零）。为此，承包商于2018年3月

25 日向工程师提交了一份索赔意向书，并于 2018 年 3 月 30 日送交了一份工期、费用索赔计算书以及索赔依据的详细资料。其计算书如下。

1. 工期索赔：2018 年 3 月 20 日至 2018 年 3 月 28 日停工：计 9 天
2. 费用索赔：
a. 窝工机械费：
一台塔式起重机（6 t）：9×259.06 = 2 331.54 元
三台交流电焊机（30 kV·A）：9×3×111.25 = 3 003.75 元
两台钢筋弯曲机（ϕ40 mm）：9×2×22.13 = 398.34 元
小计：5 733.63 元
b. 窝工人工费：9×60 人×36 = 19 440 元
c. 管理费增加：（5 733.63+19 440）×15% = 3 776.04 元
d. 利润：（5 733.63+19 440）×5% = 1 258.68 元
经济索赔合计：30 208.35 元

已知承包商的窝工机械费是按投标时钢筋制安项目中的人工和机械台班单价计取，管理费和利润口径同投标时钢筋制安项目的费率。后经双方协商一致，窝工人工和机械台班单价按原投标时标准的 65% 计取。

作为发包人，最后认可的索赔应该是哪些？请说明原因，并给出经济补偿的金额。

答：

参考答案

一、（本题 25 分）

建筑面积工程量计算表

序号	项目名称	计算公式
1	一层	23.2×13.7 = 317.84 m²
2	二层	23.2×13.7 = 317.84 m²
3	坡屋面	（4.24−2.1）×2×2×23.2+1/2×（2.1−1.2）×2×23.2 = 240.35 m²
4	雨篷	2.1×3×1/2 = 3.15 m²
5	该工程建筑面积	879.18 m²

工程预算表

序号	定额编号	项目名称	计量单位	数量	综合单价
1	20-1	檐高在 12 m 内层高在 3.6 m 内综合脚手架	m²	240.35	17.99
2	20-2	檐高在 12 m 内层高在 5 m 内综合脚手架	m²	638.83	58.30

二、(本题 25 分)

(一) 分部分项工程量清单

清单编码	项目名称	项目特征	计量单位	数量
010301002001	预制钢筋混凝土成品管桩	1. 地层情况：二类土厚 8~10 m，三类土厚 10~12 m 2. 送桩深度、桩长：1.65 m、18 m 3. 桩外径、壁厚：400 mm、35 mm 4. 沉管方法：静力压桩 5. 桩尖类型：不使用桩尖	根	75

(二) 计价表工程量计算表

序号	项目名称	计算公式	计量单位	数量
1	压桩	3.14×(0.2×0.2-0.165×0.165)×18×75	m³	54.153
2	送桩	(2.1-0.45+0.5)×3.14×(0.2×0.2-0.165×0.165)×75	m³	6.468
3	接桩		个（根）	75
4	成品管桩	3.14×(0.2×0.2-0.165×0.165)×18×75	m³	54.153

(三) 分部分项工程量清单综合单价分析

项目编码		项目名称	计量单位	工程数量	综合单价	合价
010301002001		预制钢筋混凝土桩	根	75	2 303.80	172 784.81
清单综合单价组成	定额号	子目名称	单位	数量	单价	合价
	3-9 换	静力压预制离心管桩桩	m³	54.153	356.25	19 293.63
	3-11	送桩	m³	6.468	348.32	2 252.93
	材料费	成品管桩	m³	54.153	2 500	135 382.50
	3-27	接桩	个	75	211.41	15 855.75

注：3-9 换：344.28+0.01×(2 500-1 300)=356.25 元/m³

（四）工程造价计价程序表

序号	费用名称			计算公式	金额
一	分部分项工程费			172 784.81	172 784.81
二	措施项目费				11 519.98
1	其中	单价措施项目费	机械进退场费	6 500	6 500
2		总价措施项目费	安全文明施工措施费	(17 2784.81+6 500)×1.8%	3 227.13
3			临时设施费	(172 784.81+6 500)×1%	1 792.85
三	其他项目费				0
四	规费				2 801.43
1	环境保护费			[（一）+（二）+（三）]×1‰	184.30
3	社会保险费			[（一）+（二）+（三）]×1.2%	2 211.66
4	住房公积金			[（一）+（二）+（三）]×0.22%	405.47
五	税金			[（一）+（二）+（三）+（四）]×3.44%	6 436.45
六	工程造价			（一）+（二）+（三）+（四）+（五）	193 542.67

三、（本题 25 分）

（一）分部分项清单工程量计算表

序号	项目名称	工程量计算式	计量单位	数量
1	基础垫层	(3.6×2+4.5+0.6×2)×(5.4+2.4+0.6×2)×0.1=12.9×9×0.1=11.610	m^3	11.610
2	满堂基础底板	(3.6×2+4.5+0.5×2)×(5.4+2.4+0.5×2)×0.3=12.7×8.8×0.3=33.528	m^3	33.528
3	反梁	0.4×0.2×[（11.7+7.8）×2+（7.4×2+4.1）]=4.632	m^3	4.632

（二）计价表工程量计算表

序号	项目名称	工程量计算式	计量单位	数量
1	挖掘机挖土	下底：长边 a=12.7−2×0.3+2×1=14.1 m 短边 b=8.8−2×0.3+2×1=10.2 m 上底：长边 A=14.1+2×0.67×1.6=16.244 m 短边 B=10.2+2×0.67×1.6=12.344 m 挖土总体积 V=1.6/6×[14.1×10.2+（14.1+16.244）×（10.2+12.344）+16.244×12.344]=274.24 m^3 机械挖土体积 274.24×0.9=246.82 m^3	m^3	246.82

序号	项目名称	工程量计算式	计量单位	数量
2	人工挖土方	人工挖土体积 274.24×0.1＝27.42m³	m³	27.42
3	基础回填土	274.24－室内－底板－垫层＝274.24－12.1×8.2×1.2－33.528－11.61＝110.04	m³	110.04
4	基础垫层	同清单量	m³	11.610
5	基坑原土打底夯	14.1×10.2＝143.82	10 m²	14.382
6	满堂基础底板	同清单量	m³	33.528
7	反梁	同清单量	m³	4.632

（三）分部分项工程量清单综合单价分析

	项目编码	项目名称	计量单位	工程数量	综合单价	合价
	010501001001	满堂基础垫层	m³	11.610	427.78	4 966.53
清单综合单价组成	定额号	子目名称	单位	数量	单价	合价
	6-178	C10 商品混凝土泵送无筋垫层	m³	11.610	409.10	4 749.65
	1-100	基坑原土打底夯	10 m²	14.382	15.08	216.88
	6-184 换	C30 泵送商品混凝土满堂基础有梁式	m³	38.160	425.10	16 221.82

注：6-184 换：404.70－348.84＋1.02×362.00＝425.10 元/m³

四、（本题 25 分）

计价表编号	子目名称及做法	单位	综合单价有换算的列简要换算过程	综合单价
1-8 换	人工挖 3 m＜底宽≤7 m 沟槽土方，四类干土，挖土深度 6.1 m	m³	49.58＋25.32＋7.39＝82.29	82.29
3-59 换	振动沉管灌注砂桩（桩长 9 m）的空沉管	m³	329.65－117.66－（78.54×0.7＋17.48）×1.18＝126.49	126.49
4-36 换	M10 水泥砂浆砌标准砖 1 砖圆形水池（容积为 6 m³）	m³	477.59－45.16＋44.82＝477.25	477.25

计价表编号	子目名称及做法	单位	综合单价有换算的列简要 换算过程	综合单价
6-213 换	C30 泵送商品混凝土现浇直形楼梯	10 m² 水平投影面积	995.07−707.94+362×2.07 = 1 036.47	1036.47
9-52 换	檩木上钉椽子及挂瓦条（椽子刨光，断面尺寸为45 mm×45 mm）	斜面积	174.09+0.12×82×1.37−124.80+（45×45）÷（40×50）×124.72 = 189.05	189.05
10-101 换	屋面氰凝防水涂料两布三涂	10 m²	188.89+74.33+52.14×2 = 367.50	367.50
21-59 换	现浇厚 150 mm 混凝土体育看台板的复合木模板	10 m²	567.37+239.44×0.2×1.37+（8.83+29.08）×0.1 = 636.77	636.77

五、（本题 30 分）

钢筋计算表

编号	级别规格	简图	单根长度计算式/m	单根长度/m	根数	总长度/m	重量/kg
1	25	[	$0.2+(0.8-0.1)+(3.5×4-0.4)+1.5×l_{aE}$	15.813	4	63.252	243.52
2	25	[	$0.2+(0.8-0.1)+(3.5×4-0.4)+(H_{梁}-保护层)+12d$	15.170	8	121.36	467.24
3	10	□	$(0.55-2×0.03+2×0.01)×2+(0.6-2×0.03+2×0.01)×2+24×0.01$	2.380	112	266.56	164.47

箍筋根数计算表

层数	标高范围/m	计算式	根数
基础	−4.23 ~ −3.23	已知	2
负一层	−3.23 ~ −0.03	$[(3.5-0.4)/3+0.4+0.6]/0.1+[3.5-2.033]/0.2+1$	29
一层	−0.03 ~ 3.17	$[0.4+0.6×2]/0.1+[3.5-1.6]/0.2+1$	27
二层	3.17 ~ 6.37	同一层	27
三层	6.37 ~ 9.57	同一层	27

六、(本题 40 分)

(一) 分部分项清单工程量计算表

序号	项目名称	计算公式	计量单位	数量
1	矩形柱	$0.5×0.5×(10.00+1.30)×15=42.375$	m³	42.375
2	矩形梁	L1 梁：$0.3×0.55×4.50×16=11.88$	m³	11.88
3	有梁板	L2 梁：$0.3×0.4×4.5×22=11.88$ 板：$(20+1.00×2)×(10+1.00×2)×0.1=26.40$	m³	38.28

(二) 分部分项工程量清单列项表

序号	项目编码	项目名称	项目特征描述	计量单位	工程量
1	010502001001	矩形柱	1. 混凝土种类：非泵送现场搅拌 2. 混凝土强度等级：C25	m³	42.375
2	010503002001	矩形梁	1. 混凝土种类：非泵送现场搅拌 2. 混凝土强度等级：C25	m³	11.88
3	010505001001	有梁板	1. 混凝土种类：非泵送现场搅拌 2. 混凝土强度等级：C25	m³	38.28

(三) 措施项目清单列项表

序号	专业工程措施项目	计量单位	数量
1	浇捣脚手架	m²	1

(四) 计价表工程量计算表

序号	项目名称	计算公式	计量单位	数量
1	矩形柱	同清单量	m³	42.375
2	矩形梁	同清单量	m³	11.88
3	有梁板	同清单量	m³	38.28

序号	项目名称	计算公式	计量单位	数量
1	矩形柱模板	$4×0.5×(9.90+1.30)×15=336.00$ 扣除： L1 梁头：$0.3×0.55×(2×13+3×2)=-5.28$ 或 $0.3×0.55×16×2=-5.28$ L2 梁头：$0.3×0.4×(2×4+3×8+4×3)=-5.28$ 或 $0.3×0.4×22×2=-5.28$	m²	325.44
2	矩形梁模板	L1 梁：$(0.3+2×0.55)×4.50×16=100.80$	m²	100.80

序号	项目名称	计算公式	计量单位	数量
3	有梁板模板	**计算方法1：** L2梁：（0.3+2×0.4）×4.50×22=108.90 板底：12.00×22.00=264 板边：（12.00+22.00）×2×0.10=6.80 扣除：梁 0.3×4.50×22=−29.70 柱：0.5×0.5×15=−3.75 **计算方法2：** L2梁：2×0.4×4.50×22=79.20 板底：12.00×22.00=264 板边：（12.00+22.00）×2×0.10=6.80 扣除：柱：0.5×0.5×15=−3.75	m²	346.25
4	框架浇捣脚手	10.00×20.00=200	m²	200

（五）分部分项工程量清单综合单价分析表

项目编码	项目名称	计量单位	工程数量	综合单价	合价
010502001001	矩形柱	m³	42.375	1 015.34	43 025.09
清单综合单价组成	定额号	子目名称	单位	数量	单价	合价
	6-14 换	矩形柱	m³	42.375	542.00	22 967.25
	21-27	矩形柱模板	10 m²	32.544	616.33	20 057.84

注：6-14 换：506.05−261.01+258.14+0.18×157.44×1.37=542.00 元/m³

项目编码	项目名称	计量单位	工程数量	综合单价	合价
010403002001	矩形梁	m³	11.88	1 236.84	14 693.69
清单综合单价	定额号	子目名称	单位	数量	单价	合价
	6-19 换	矩形梁	m³	11.88	445.58	5 293.49
	21-36 换	矩形梁模板	10 m²	10.08	932.56	9 400.20

注：6-19 换：448.53−268.95+266.00=445.58 元/m³

21-36 换：684.59+0.15×（8.10+27.36）+0.6×295.20×1.37=932.56 元/10 m²

项目编码	项目名称	计量单位	工程数量	综合单价	合价
010505001003	有梁板	m³	38.28	905.47	34 661.34
清单综合单价组成	定额号	子目名称	单位	数量	单价	合价
	6-32 换	有梁板	m³	38.28	449.98	17 225.23
	21-57	有梁板模板	10 m²	34.625	503.57	17 436.11

注：6-32 换：430.43−276.61+273.51+0.18×91.84×1.37=449.98 元/m³

（六）单价措施项目工程量清单综合单价分析表

项目名称			计量单位	工程数量	综合单价	合价
脚手架			m²	200	7.24	1 448.00
清单综合单价组成	定额号	子目名称	单位	数量	单价	合价
	20-21×0.3	满堂脚手架	10 m²	20.00	59.04	1 180.80
	20-22×0.3	满堂脚手架增2 m	10 m²	20.00	13.36	267.20

（七）工程造价计价程序表

序号	费用名称		计算公式	金额/元
一	分部分项工程费		43 025.09+14 693.69+34 661.34	92 380.12
二	措施项目费			4 919.64
1	单价措施项目费	脚手架工程	1 448.00	1 448.00
2	总价措施费	安全文明施工措施费	(92 380.12+1 448.00)×3.7%	3 471.64
三	其他项目费			
1	材料暂定价		5 000	5 000
四	规费			3 726.58
1	环境保护费0.1%		[（一）+（二）+（三）]×0.1%	97.30
2	社会保险费3.2%		[（一）+（二）+（三）]×3.2%	3 113.59
3	住房公积金0.53%		[（一）+（二）+（三）]×0.53%	515.69
五	税金		[（一）+（二）+（三）+（四）]×3.44%	3 475.31
六	工程造价		（一）+（二）+（三）+（四）+（五）	104 501.65

七、（本题25分）

（一）：　　　　工程量计算书（有计算过程的请写出具体过程）

人工：工作延续时间=3÷[1-（3%+5%+2%+10%）]=3.75 工时
时间定额=3.75÷8=0.469 工日/10 m²
定额人工含量=0.469×1.1=0.52 工日/10 m²
材料：太阳隔热膜：575÷500×10=11.50　　90×11.5=1 035 元
专用安装液：12.5÷500×10=0.25　　0.25×20=5 元
专用清洁剂：15÷500×10=0.3　　0.3×10=3 元
其他材料费：75÷500×10=1.5
管理费：44×0.52×0.15=3.43　利润：44×0.52×0.05=1.14

建筑太阳隔热膜一次性补充定额

工作内容：玻璃清洁、贴膜、清洗窗框等。

计量单位：10 m² 实际铺贴面积

定额编号			补1	
项目	单位	单价	建筑太阳隔热膜安装	
			数量	合价
综合单价	元		1 062.31	
其中	人工费	元	22.88	
	材料费	元	1 044.50	
	机械费	元	0.00	
	管理费	元	3.43	
	利润	元	1.14	
二类工	工日	44.00	0.52	22.88
定额编号			补1	
材料	建筑专用膜	m²	90.00	11.500	1 035.00
	安装液	kg	20.00	0.250	5.00
	清洁剂	kg	10.00	0.300	3.00
	其他材料费	元	1.00	1.500	1.50
机械					

（二）：

答：1. 因合同未约定政策性调整是否可调，作为可以调整处理。

2. 考虑投标人在投标时有让利，因此人工工资虽然要按照新标准执行，但原让利应扣除。

3. 新的人工工资标准应调整为 36+（44-40）=40 元/工日

4. 调增的人工费应进入基价，取费。

（三）：

答：1. 由于钢筋制安工作的总时差为 0，该项工作为关键线路，并且是发包人责任造成的，因此工期应补偿，时间为 9 天。

2. 窝工机械费和人工费为：

（5 733.63+19 440）×65%＝16 362.86 元

所以经济补偿按照成本补偿的原则，应为 16 362.86 元。

13.4 二〇一一年江苏省建设工程造价员资格考试试题及参考答案

试题

本卷为案例分析题,初级做一~四题,共四题,总分100分;中级做三~六题,共四题,总分120分;高级做四~七题,共四题,总分120分;多做和漏做的题均不得分。除注明外,人工工资单价、材料单价和施工机械台班单价全部以2014年计价定额中价格为准;文字与图形不同时,以文字说明为准;要求分析合理,结论正确,并简要写出计算过程。

一、(本题25分,初级做)

某接待室,为三类工程,其基础平面图、剖面图如图所示。基础为C20钢筋混凝土条形基础,C10素混凝土垫层,±0.000 m以下墙身采用混凝土标准砖砌筑,设计室外地坪为-0.150 m。

根据地质勘察报告,土壤类别为三类土,无地下水。该工程采用人工挖土,从垫层下表面起放坡,放坡系数为1:0.33,工作面从垫层边到地槽边为200 mm,混凝土采用泵送商品混凝土。

请按以上施工方案以及江苏省2014计价定额计算土方开挖、混凝土垫层以及混凝土基础的计价表工程量和综合单价。

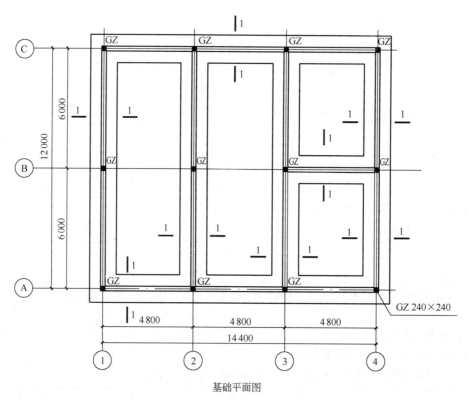

基础平面图

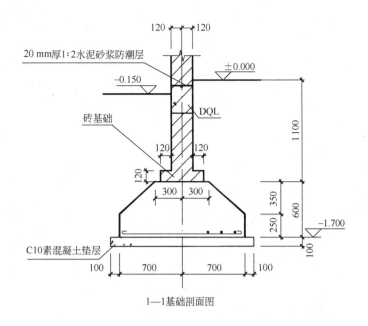

20 mm厚1:2水泥砂浆防潮层

±0.000

−0.150

砖基础

DQL

C10素混凝土垫层

1—1基础剖面图

（一）计价表工程量计算表

序号	项目名称	计算公式	计量单位	数量

（二）套用计价表子目综合单价计算表

定额号	子目名称	单位	数量	单价	合价

二、（本题25分，初级做）

根据下表提供的子目名称及做法，请按江苏省2014年计价定额填写计价表编号、单位和综合单价，综合单价有换算的列简要换算过程。其他未说明的，按计价表执行（管理费、利润费率标准按计价表子目不做调整，材料、机械需换算单价的按照计价表附录单价或给定条件换算）。

计价表编号	子目名称及做法	单位	综合单价有换算的列简要换算过程	综合单价/元
	正铲挖掘机挖湿土（装车，斗容量 1 m³，湿土含水率 30%）			
	振动沉管灌注混凝土桩（单打，现浇自拌 C30 混凝土，碎石最大粒径 40 mm，42.5 水泥，桩长16 m，充盈系数 1.3）			
	M5 混合砂浆砌 KP1 砖墙（240 mm 厚，弧形墙）			
	肋梁混凝土（现浇 C20 泵送商品混凝土）			
	预制混凝土吊车梁安装（安装点高度 25 m）			
	屋面板制作（20 mm 厚，一面刨光，平口）			
	现浇 110 mm 厚有梁板复合木模板（框架结构，层高 4.5 m）			

三、（本题 15 分，初、中级做）

某打桩工程，设计桩型为 T-PHC-AB700-650（110）-13、13a，管桩数量 250 根，断面及示意如图所示，桩外径 700 mm，壁厚 110 mm，自然地面标高-0.3 m，桩顶标高-3.6 m，螺栓加焊接接桩，管桩接桩接点周边设计用钢板，该型号管桩成品价为 1 800 元/m³，a 型空心桩尖市场价 180 元/个。采用静力压桩施工方法，管桩场内运输按 250 m 考虑。本工程人工单价、除成品桩外其他材料单价、机械台班单价、管理费、利润费率标准等按计价表执行不调整。请根据上述条件按江苏省 2014 计价定额的规定计算该打桩工程分部分项工程费（π 取值 3.14；按计价表规则计算送桩工程量时，需扣除管桩空心体积；填表时成品桩、桩尖单独列项；小数点后保留两位小数）。

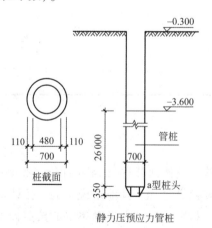

静力压预应力管桩

（一）计价表工程量计算表

序号	项目名称	计算公式	计量单位	数量
1	压桩			
2	接桩			
3	送桩			
4	成品桩			
5	a型桩尖			

（二）套用计价表子目综合单价计算表

计价表编号	子目名称	单位	数量	综合单价（列简要计算过程）/元	合价/元
分部分项工程费合价/元					

四、（本题 35 分，初、中、高级均做）

某一层接待室为三类工程，平、剖面图如图所示。墙体中 C20 构造柱体积为 3.6 m³（含马牙槎），墙体中 C20 圈梁断面为 240 mm×300 mm，体积为 1.99 m³，屋面板混凝土强度等级 C20，厚100 mm，门窗洞口上方设置混凝土过梁，体积为 0.54 m³，窗下设 C20 窗台板，体积为 0.14 m³，−0.06 m 处设水泥砂浆防潮层，防潮层以上墙体为 MU5KP1 烧结多孔砖 240 mm×115 mm×90 mm，M5 混合砂浆砌筑，防潮层以下为混凝土标准砖，门窗为彩色铝合金材质，尺寸见门窗表。

1. 请按《建设工程工程量清单计价规范》（GB 50500—2013）编制 KP1 烧结多孔砖墙体分部分项工程量清单（内墙高度算至屋面板底）。

2. 请按江苏省 2014 计价定额计算 KP1 烧结多孔砖墙体分部分项工程量清单综合单价（管理费、利润费率等按计价定额执行不调整，其他未说明的，按计价定额执行）。

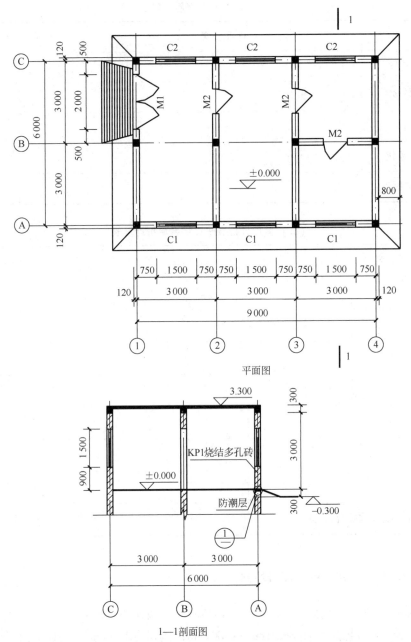

平面图

1—1剖面图

3. 请按 2014 费用定额计价程序计算 KP1 烧结多孔砖墙体工程预算造价。已知本墙体工程中材料暂估价为 2 000 元，专业工程暂估价为业主拟单独发包的门窗，其中门按 320 元/m² ，窗按 300 元/m² 暂列。建设方要求创建市级文明工地，安全文明施工措施费现场考评费暂足额计取，脚手架费按 500 元计算，临时设施费费率 2% ，环境保护费费率 0.1% ，税金费率 3.48% ，社会保障费、公积金按 2014 费用定额相应费率执行（其他未列项目不计取）。

门窗表

名称	编号	洞口尺寸/mm		数量
		宽	高	
门	M-1	2 000	2 400	1
	M-2	900	2 400	3
窗	C-1	1 500	1 500	3
	C-2	1 500	1 500	3

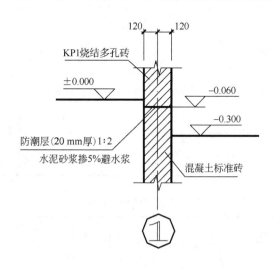

（一）分部分项清单工程量计算表

序号	项目名称	计算公式	计量单位	数量

（二）分部分项工程量清单

序号	项目编码	项目名称	项目特征描述	计量单位	工程量

（三）分部分项工程量清单综合单价分析表

项目编码	项目名称	计量单位	工程数量	综合单价	合价

	定额号	子目名称	单位	数量	单价	合价
清单综合单价组成						

（四）工程造价计价程序表

序号	费用名称	计算公式	金额/元

五、（本题 30 分，中级、高级做）

某现浇 C25 混凝土有梁板楼板平面配筋图（如图 1 所示），请根据《混凝土结构施工图平面整体表示方法制图规则和构造详图（现浇混凝土框架、剪力墙、梁、板）》（国家建筑标准设计图集 22G101-1）有关构造要求（如图 2、图 3 所示），以及本题给定条件，计算该楼面板钢筋总用量，其中板厚 100 mm，钢筋保护层厚度 15 mm，钢筋锚固长度 $l_{ab} = 35\,d$；板底部设置双向受力筋，板支座上部非贯通纵筋原位标注值为支座中线向跨内的伸出长度；板受力筋排列根数 = [(L-100 mm)/设计间距]+1，其中 L 为梁间板净长；分布筋长度为轴线间距离，分布筋根数为布筋范围除以板筋间距。板筋计算根数时如有小数时，均为向上取整计算根数（如 4.1 取 5 根）。钢筋长度计算保留三位小数；重量保留两位小数。温度筋、马凳筋等不计。

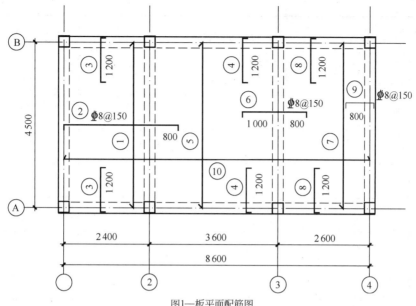

图1—板平面配筋图

说明：1.板底筋、负筋受力筋未注明均为ϕ8@150

2.未注明梁宽均为250 mm，高600 mm

3.未注明板支座负筋分布钢筋为ϕ6@200

钢筋理论重量：ϕ6=0.222 kg/m，ϕ8=0.395 kg/m

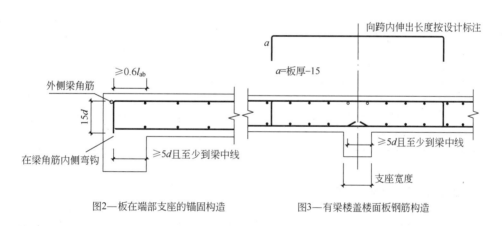

图2—板在端部支座的锚固构造　　　图3—有梁楼盖楼面板钢筋构造

钢筋用量计算表

钢筋编号	钢筋名称	规格	单根长度计算式	单根长度/m	根数	总长度/m	重量/kg
1号							
2号							
	分布筋						

钢筋编号	钢筋名称	规格	单根长度计算式	单根长度/m	根数	总长度/m	重量/kg
3 号							
	分布筋						
4 号							
	分布筋						
5 号							
6 号							
	分布筋						
7 号							
8 号							
	分布筋						
9 号							
	分布筋						
10 号							

六、(本题 40 分,中级、高级做)

某工业厂房±0.00～3.27 m 结构图如图所示,柱、剪力墙混凝土为 C30,梁、板混凝土为 C30,柱和剪力墙底标高-2.5 m(基础顶面标高),室外设计标高-0.3 m,板厚均为 120 mm。请按江苏省 2014 计价定额计算:

1. 柱、梁、板、剪力墙混凝土工程量;

2. 按接触面积计算 KZ1、KZ2 柱和梁、板模板工程量;

3. 对计算出的以上工程量套用计价表子目并计算综合单价(π 取值 3.14;柱、剪力墙混凝土工程量从基础顶面标高起算;柱模板工程量从基础顶面标高起算;施工时柱分两次浇筑;混凝土采用商品混凝土泵送;模板施工采用复合木模板;小数点后保留两位小数)。

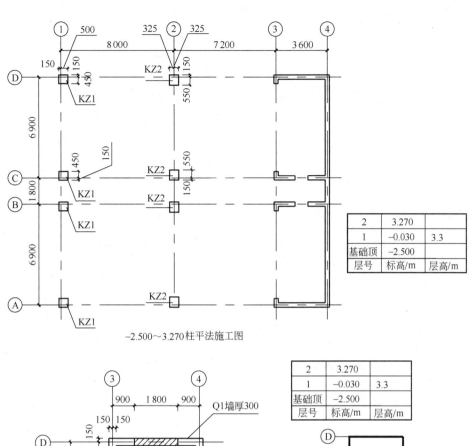

−2.500～3.270柱平法施工图

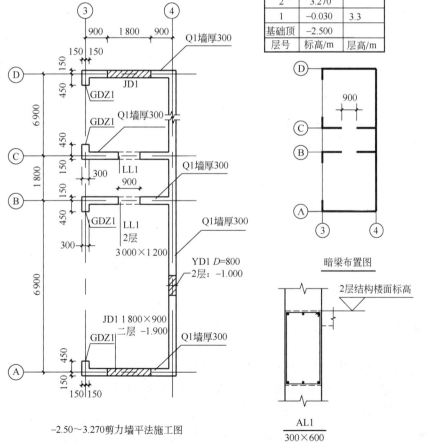

−2.50～3.270剪力墙平法施工图

AL1
300×600

暗梁布置图

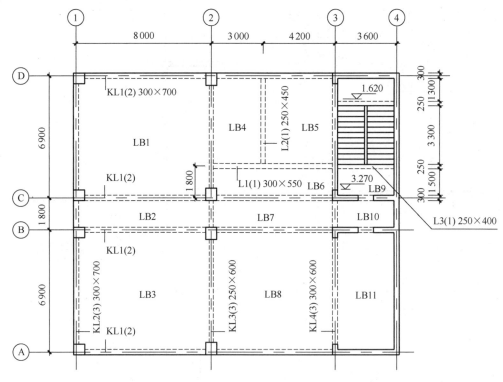

3.270结构层梁平法施工图

（一）计价表工程量计算表

序号	项目名称	计算公式	计量单位	数量

（二）套用计价表子目综合单价计算表

计价表编号	子目名称	单位	数量	综合单价（列简要计算过程）/元	合价/元

七、（本题 15 分，高级做）

某公开招标土建项目，框架结构办公楼，建筑面积 6 000 m²。使用 1999 年建设工程施工合同示范文本。施工合同专用条款中关于价款调整的条款签订如下：

23.2 本合同价款采用 固定单价合同 方式确定。

采用固定单价合同，合同价款中包括的风险范围：完成本工程应该计入投标报价中的费用以及各类建材的合理市场风险。

风险费用的计算方法：____/____。

风险范围以外合同价款调整方法：

1. 施工期内主要材料的市场价格波动调整按照《关于加强建筑材料价格风险控制的指导意见》[苏建价（2008）67号文]执行；2. 原投标文件中没有相同或相似项目的新增清单项目，综合单价按照2004年江苏省计价表，并且让利10%；3. 合同外可能增加的其他零星工程、人工工资、材料价格、费率等执行投标时的报价标准，另行计算。

除此外，工程变更、工程量确认、索赔等条款均按通用条款执行。

已知该工程投标截止日为2010年8月1日9点整，2010年8月15日签订施工合同，合同约定2010年9月1日开工，2011年4月1日竣工。实际2010年9月1日开工，2011年3月10日竣工。该工程施工前后及期间的造价管理机构发布的钢筋综合指导价及发包人认可的钢筋用量如下：

时间	钢筋（综合）指导价	施工期间钢筋用量/t
2010年6月	4 344	0
2010年7月	4 201	0
2010年8月	4 387	0
2010年9月	4 760	20
2010年10月	4 686	60
2010年11月	4 995	150
2010年12月	5 030	60
2011年1月	5 119	60
2011年2月	5 256	20
2011年3月	5 096	0
2011年4月	5 351	0

问题（一）：根据施工合同，发包人将承担的钢材价差为多少？请说明理由。

问题（二）：工程结算时，承包人除材料价格外，还提出以下调整要求，请问是否合理？简要说明理由。

1. 2010年11月1日以后完成的工程量部分人工工资单价按《关于调整建筑、装饰、安装、市政、修缮加固、仿古建筑及园林工程预算工资单价的通知》（苏建价[2010]494号）调整。

2. 该项目中由于部分混凝土结构支模高度大于10 m，需要搭设高支模。施工中按专家认证后的方案进行了搭设。按专家方案支模费用远远大于施工企业原投标时按计价表的套价。承包人要求补差。

3. 该项目为机械大开挖，清单列项中应有"挖基础土方"。但发包人招标时提供的清单中仅有"挖土方"清单，没有"挖基础土方"清单。因此，施工企业将"挖基础土方"部分费用报入"挖土方"项目，并按"挖土方"项目的工程量计算规则组价，综合单价中未包括工作面和放坡因素，报价为 12 元/m³。

承包人要求：或者按"挖土方"综合单价执行，清单工程量计算时要放工作面和放坡；或者按照"挖基础土方"重新组价，清单综合单价中考虑工作面和放坡因素。

4. 由于发包人工程款支付不到位，2011 年 2 月 1 日前仅支付到应付部分的 50%。2011 年 2 月 1 日以后税金标准调整了，承包人要求 2011 年 2 月 1 日以后支付价款部分税金应按新标准调整。

参考答案

一、(条形基础，25 分，初级做)

(一) 计价表工程量计算表

序号	项目名称	计算公式	计量单位	数量
1	挖基槽土方	下底 $a = 1.4 + 2 \times 0.3$	m³	2
		上底 $A = 2 + 1.65 \times 0.33 \times 2$		3.09
		$S = 1/2 \times (2 + 3.09) \times 1.65$		4.2
		外墙长 $L = (14.4 + 12) \times 2$		52.8
		内墙长 $L = (12 - 2) \times 2 + 4.8 - 2$		22.8
		$V = 4.2 \times (52.8 + 22.8)$		317.52
2	带形无梁基础		m³	
	下部	外墙长 52.8		
		内墙长 $L = (12 - 1.4) \times 2 + 4.8 - 1.4$		24.6
		$V_1 = 0.25 \times 1.4 \times (52.8 + 24.6)$		27.09
	上部	外墙长 52.8		
		内墙长 $L = (12 - 0.3 \times 2 - 0.2 \times 2) \times 2 + 4.8 - 0.3 \times 2 - 0.2 \times 2$		25.8
		$V_2 = 1/2 \times (0.6 + 1.4) \times (52.8 + 25.8) \times 0.35$		27.51
		$V = V_1 + V_2 = 27.09 + 27.51$		54.6
3	混凝土垫层	外墙长 $L = 52.8$	m³	
		内墙长 $L = (12 - 1.4 - 0.1 \times 2) \times 2 + 4.8 - 1.4 - 0.1 \times 2$		24
		$V = (52.8 + 24) \times 0.1 \times 1.6$		12.29

（二）套用计价表子目综合单价计算表

清单综合单价组成	定额号	子目名称	单位	数量	单价	合价
	1—28	挖地槽土方	m³	317.52	53.80	17 082.58
	6—180	条形无梁混凝土基础	m³	54.6	407.65	22 257.69
	6—178	泵送商品混凝土垫层	m³	12.29	409.10	5 027.84

二、（换算题，25分，初级做）

计价表编号	子目名称及做法	单位	综合单价有换算的列简要换算过程	综合单价/元
1—202 换	正铲挖掘机挖湿土（装车，斗容量 1 m³，湿土含水率30%）	1 000 m³	4 443.06×1.15＝5 109.52	5 109.52
3—55 换	振动沉管灌注混凝土桩（单打，现浇自拌 C30 混凝土，碎石最大粒径 40 mm，42.5 水泥，桩长 16 m，充盈系数 1.3）	m³	579.60－334.44＋251.84×1.3×1.015＝577.46	577.46
4—28 换	M5 混合砂浆砌 KP1 砖墙（240 mm 厚，弧形墙）	m³	311.14＋97.58×0.15×1.37＋(6.3＋127.68)×0.05＝323.25	323.25
6—207	肋梁混凝土（现浇 C20 泵送商品混凝土）	m³	461.46－369.24＋1.02×342.00	441.06
8—69 换	预制混凝土吊车梁安装（安装点高度 25 m）	m³	192.01＋(58.22＋55.55)×0.2×1.37＝223.18	223.18
9—46＋9—48×2	屋面板制作（20 mm 厚，一面刨光，平口）	10 m²	396.35＋16×2＝428.35	428.35
21—59 换	现浇 110 mm 厚有梁板复合木模板（框架结构，层高 4.5 m）	10 m²	567.37＋(8.83＋29.08)×0.07＋239.44×0.3×1.37＝668.43	668.43

三、（管桩题，15分，初、中级做）

（一）计价表工程量计算表（8分）

序号	项目名称	计算公式	计量单位	数量
1	压桩	3.14×(0.35²－0.24²)×26.35×250	m³	1 342.44
2	接桩	250	个	250

序号	项目名称	计算公式	计量单位	数量
3	送桩	$3.14 \times (0.35^2 - 0.24^2) \times (3.6 - 0.3 + 0.5) \times 250$	m³	193.60
4	成品桩	$3.14 \times (0.35^2 - 0.24^2) \times 26 \times 250$	m³	1 324.61
5	a 型桩尖	250	个	250

（二）套用计价表子目综合单价计算表（7 分）

计价表编号	子目名称	单位	数量	综合单价（列简要计算过程）/元	合价/元
3-22 换	压桩	m³	1 342.44	$379.18 + 0.01 \times (1\,800 - 1\,300) = 384.18$	515 738.60
3-27 换	接桩	个	250	$55.91 + 9.64 \times (1 + 7\% + 5\%) = 66.67$	16 667.50
3-24	送桩	m³	193.60	458.47	55 759.79
	成品桩	m³	1 324.61	1 800（已知）	2 384 298
	a 型桩尖	个	250	180（已知）	45 000
分部分项工程费合计				3 017 463.89	

四、（35 分，初、中、高级均做）

（一）分部分项清单工程量计算表（11 分）

序号	项目名称	计算公式	计量单位	数量
1	彩铝门窗			
	门	$2 \times 2.4 + 0.9 \times 2.4 \times 3$	m²	11.28
	窗	$1.5 \times 1.5 \times 6$	m²	13.5
2	KP1 烧结多孔砖	外墙长 $L = (9 + 6) \times 2$	m²	30
		内墙长 $L = (6 - 0.24) \times 2 + 3 - 0.24$	m²	14.28
		$S = (30 + 14.28) \times (3.3 - 0.1 + 0.06) - (11.28 + 13.5)$	m²	119.57
		$V = 119.57 \times 0.24 - 0.54 - 0.14 - 3.6 - 1.99$	m²	22.43

（二）分部分项工程量清单（4 分）

序号	项目编码	项目名称	项目特征描述	计量单位	工程量
1	010401004001	空心砖墙	1. 墙体类型：内外墙 2. 砖品种、规格、强度等级：MU5KP1 烧结多孔砖、240×115×90 3. 砂浆强度等级、配合比：M5 混合砂浆	m³	22.43

（三）分部分项工程量清单综合单价分析表（4分）

项目编码	项目名称	计量单位	工程数量	综合单价	合价
010401004001	多孔砖1砖墙	m³	22.43	311.14	6 978.87
清单综合单组成	定额号	子目名称	单位	数量	单价	合价
	4-28（1）	M5KP1 烧结多孔 240×115×1 砖墙（0.5）	m³	22.43	311.14	6 978.87

（四）工程造价计价程序表（16分）

序号	费用名称		计算公式	金额/元
一	分部分项工程费			6 978.87
二	措施项目费			910.59
2.1	单价措施项目费	脚手架	500	500
2.2	总价措施项目费	安全文明施工措施费	（一+2.1）×3.49%	261.01
		临时设施费	（一+2.1）×2%	149.58
三	其他项目费			7 659.6
3.1	材料暂估价		2 000	
3.2	专业工程暂估价			7 659.6
3.2.1	彩色铝合金门		11.28×320	3 609.6
3.2.2	彩色铝合金窗		13.5×300	4 050
四	规费			559.77
4.1	环境保护费		［（一）+（二）+（三）］×0.1%	15.55
4.2	社会保障费		［（一）+（二）+（三）］×3%	466.47
4.3	住房公积金		［（一）+（二）+（三）］×0.5%	77.75
五	税金		［（一）+（二）+（三）+（四）］×3.48%	560.59
六	工程造价		（一）+（二）+（三）+（四）+（五）	16 669.42

五、（钢筋题，30分，中、高级做）

计算过程：

1号筋：φ8@200 底筋

长度：4 500 mm A-B 轴线距离

根数：（2 400 1-2轴线距离-125×2 梁宽-100 起步距离）/200+1=12 根

2号筋：φ8@200 负筋受力筋

长度：2 400 1-2 轴线距离-125 梁宽+0.6l_{ab}+15d 端支座锚固长度+800 延伸长度+100-15 板厚弯钩=3 448 mm

根数：(4 500 mm A-B 轴线距离-125×2 梁宽-100 起步距离)/150+1=29 根

ϕ6@200 分布筋 1

长度：4 500 mm A-B 轴线距离

根数：(2 400 1-2 轴线距离-250 梁宽)/200=11 根

ϕ6@200 分布筋 2

长度：4 500 mm A-B 轴线距离

根数：(800 延伸长度-125 梁宽)/200=4 根

3 号筋：ϕ8@200 端支座负筋

长度：1 200 延伸长度-125 梁宽+0.6l_{ab}+15 d 端支座锚固长度+100-15 板厚弯钩=1 448 mm

根数：[(2 400 1-2 轴线距离-125×2 梁宽-100 起步距离)/200+1]×2=24 根

ϕ6@200 分布筋

用 2 号筋代替，不计

4 号筋：ϕ8@200 支座负筋

长度：1 200 延伸长度-125 梁宽+0.6l_{ab}+15d 端支座锚固长度+100-15 板厚弯钩=1 448 mm

根数：[(3 600 2-3 轴线距离-125×2 梁宽-100 起步距离)/200+1]×2=36 根

ϕ6@200 分布筋

长度：3 600 mm 2-3 轴线距离

根数：(1 200-125 梁宽)/200×2=12 根

5 号筋：ϕ8@200 底筋

长度：4 500 mm A-B 轴线距离

根数：(3 600 2-3 轴线距离-125×2 梁宽-100 起步距离)/200+1=18 根

6 号筋：ϕ8@150 支座负筋

长度：1 000+800 延伸长度+(100-15)×2 板厚弯钩=1 970 mm

根数：(4 500 mm A-B 轴线距离-125×2 梁宽-100 起步距离)/150+1=29 根

ϕ6@200 分布筋 1

长度：4 500 mm A-B 轴线距离

根数：(1 000-125 梁宽)/200=5 根

ϕ6@200 分布筋 2

长度：4 500 mm A-B 轴线距离

根数：(800-125 梁宽)/200=4 根

7 号筋：ϕ8@200 底筋

长度：4 500 mm A-B 轴线距离

根数：(2 600 3-4 轴线距离-125×2 梁宽-100 起步距离)/200+1=13 根

8 号筋：ϕ8@200 支座负筋

长度：1 200 延伸长度+-125 梁宽+0.6l_{ab}+15d 端支座锚固长度+100-15 板厚弯钩=1 448 mm

根数：[(2 600 3-4 轴线距离-125×2 梁宽-100 起步距离)/200+1]×2=26 根

$\phi6@200$ 分布筋

长度：2 600 mm 3-4 轴线距离

根数：[（1200-125）/200]×2＝12 根

9 号筋：$\phi8@150$ 支座负筋

长度：800 延伸长度-125 梁宽+$0.6l_{ab}$+15d+端支座锚固长度+100-15 板厚弯钩＝1 048 mm

根数：（4 500 A-B 轴线距离-125×2 梁宽-100 起步距离）/150+1＝29 根

$\phi6@200$ 分布筋

长度：4 500 mm A-B 轴线距离

根数：（800-125 梁宽）/200＝4 根

10 号筋：$\phi8@200$ 底筋

长度：2 400+3 600+2 600＝8 600 mm 1-4 轴线距离

根数：（4 500 A-B 轴线距离-125×2 梁宽-100 起步距离）/200+1＝22 根

钢筋用量计算表

钢筋编号	钢筋名称	规格	单根长度计算式	单根长度/m	根数	总长度/m	重量/kg
1 号	底筋	8	长度：4 500 mm 根数：（2 400-125×2-100）/200+1＝12 根	4.500	12	54.000	
2 号	负筋受力筋	8	长度：2 400-125+288+800+85＝3 448 mm 根数：（4 500-125×2-100）/150+1＝29 根	3.448	29	99.992	
	分布筋	6	长度：4 500 mm 根数：（2 400-250）/200＝11 根 根数：（800-125）/200＝4 根	4.500	15	67.500	
3 号	端支座负筋	8	长度：1 200-125+288+85＝1 448 mm 根数：[（2 400-125×2-100）/200+1]×2＝24 根	1.448	24	34.752	
	分布筋	6	用 2 号筋代替，不计	无			
4 号	端支座负筋	8	长度：1 200-125+288+85＝1 448 mm 根数：[（3 600-125×2-100）/200+1]×2＝36 根	1.448	36	52.128	
	分布筋	6	长度：3 600 mm 根数：（1 200-125）/200＝6×2＝12 根	3.600	12	43.200	
5 号	底筋	8	长度：4 500 mm 根数：（3 600-125×2-100）/200+1＝18 根	4.500	18	81.000	
6 号	中间支座负筋	8	长度：1 000+800+（100-15）×2＝1 970 mm 根数：（4 500-125×2-100）/150+1＝29 根	1.970	29	57.130	
	分布筋1	6	长度：4 500 mm 根数：（1 000-125）/200＝5 根 根数：（800-125）/200＝4 根	4.500	9	40.500	

钢筋编号	钢筋名称	规格	单根长度计算式	单根长度/m	根数	总长度/m	重量/kg
7号	底筋	8	长度：4 500 mm 根数：(2 600−125×2−100)/200+1＝13 根	4.500	13	58.500	
8号	端支座负筋	8	长度：1 200−125+288+85＝1 448 mm 根数：[(2 600−125×2−100)/200+1]×2＝26 根	1.448	26	37.648	
	分布筋	6	长度：2 600 mm 根数：[(1 200−125)/200]×2＝12 根	2.600	12	31.200	
9号	端支座负筋	8	长度：800−125+288+85＝1 048 mm 根数：(4 500−125×2−100)/150+1＝29 根	1.048	29	30.392	
10号	底筋	8	长度：2 400+3 600+2 600＝8 600 mm 根数：(4 500−125×2−100)/200+1＝22 根	8.600	22	189.200	
	小计	8	54.000+99.992+34.752+52.128+81.000+ 57.130+58.500+37.648+30.392+189.200			694.742	274.42
		6	67.500+43.200+40.500+31.200+18.000			200.400	44.49
	合计						318.91

六、（40分，中、高级做）

（一）计价表工程量计算表（33分）

序号	项目名称	计算公式	计量单位	数量
1	柱混凝土	KZ1：0.65×0.6×（2.5+3.27−0.12）×4	m³	8.81
		KZ2：0.65×0.7×（2.5+3.27−0.12）×4	m³	10.28
		小计	m³	19.09
2	剪力墙混凝土	[(15.6+3.6×2+3.45×2+0.45×4)×(2.5+3.27−0.12)−1.8×0.9×2− 3.14×0.4²−0.9×2.1×2]×0.3+(3.6+5.1)×0.3×0.12	m³	51.45
3	梁混凝土	KL1：0.3×0.58×(8+7.2−0.5−0.65−0.15)×4	m³	9.67
		KL2：0.3×0.58×(6.9×2+1.8−0.45×2−0.6×2)	m³	2.35
		KL3：0.25×0.48×(6.9×2+1.8−0.55×2−0.7×2)	m³	1.57
		KL4：0.3×0.48×(6.9×2+1.8−0.45×2−0.6×2)	m³	1.94
		L1：0.3×0.43×(7.2−0.15−0.125)	m³	0.89
		L2：0.25×0.33×(6.9−1.8−0.15×2)	m³	0.40
		小计		16.82
4	板混凝土	[(15.6+0.3)×(8+7.2+0.3)+(6.9+1.8+1.5+0.3)×3.6]×0.12	m³	34.11

序号	项目名称	计算公式	计量单位	数量
5	柱模板	KZ1：（0.65+0.6）×2×（2.5+3.27-0.12）×4 扣梁头 0.3×0.58×10 个 =-1.74	m²	54.76
		KZ2：（0.65+0.7）×2×（2.5+3.27-0.12）×4 扣梁头 0.3×0.58×8+0.25×0.48×6=-2.11	m²	58.91
		小计	m²	113.67
6	梁、板 模板	**方法 1：梁底模在板中算** （15.6+0.3）×（8+7.2+0.3）+（6.9+1.8+1.5+0.3）×3.6=284.25 扣柱顶：0.65×0.6×4+0.65×0.7×4=-3.38 扣剪力墙顶：（0.6+3.45×3+0.45×3+10.5）×0.3=-6.84 梁侧： KL1：0.58×2×（8+7.2-0.5-0.65-0.15）×4=64.5 KL2：0.58×2×（6.9×2+1.8-0.45×2-0.6×2）=15.66 KL3：0.48×2×（6.9×2+1.8-0.55×2-0.7×2）=12.58 KL4：0.48×2×（6.9×2+1.8-0.45×2-0.6×2）=12.96 L1：0.43×2×（7.2-0.15-0.125）=5.96 L2：0.33×2×（6.9-1.8-0.15×2）=3.17 扣梁头：0.3×0.43×2+0.25×0.33×2+0.25×0.28=-0.49 板侧：（15.9+19.1+10.5+4.85+15.5）×0.12=7.90 **方法 2：梁底模在梁中算** 梁模板： KL1：（0.58×2+0.3）×（8+7.2-0.5-0.65-0.15）×4=81.18 KL2：（0.58×2+0.3）×（6.9×2+1.8-0.45×2-0.6×2）=19.71 KL3：（0.48×2+0.25）×（6.9×2+1.8-0.55×2-0.7×2）=15.85 KL4：（0.48×2+0.3）×（6.9×2+1.8-0.45×2-0.6×2）=17.01 L1：（0.43×2+0.3）×（7.2-0.15-0.125）=8.03 L2：（0.33×2+0.25）×（6.9-1.8-0.15×2）=4.37 小计：146.15 板底模： LB1：（8-0.15-0.125）×（6.9-0.3）-0.35×0.3×2-0.4×0.175×2=50.64 LB2：（8-0.15-0.125）×（1.8-0.3）=11.59 LB3：同 LB1　　50.64 LB4：（3-0.125×2）×（6.9-1.8-0.3）-0.4×0.175=13.13 LB5：（4.2-0.15-0.125）×（6.9-1.8-0.3）=18.84 LB6：（7.2-0.15-0.125）×（1.8-0.3）-0.4×0.175=10.32 LB7：（7.2-0.15-0.125）×（1.8-0.3）=10.39 LB8：（7.2-0.15-0.125）×（6.9-0.3）-0.4×0.175×2=45.57 LB9：1.5×（3.6-0.3）=4.95 LB10：（1.8-0.3）×（3.6-0.3）=4.95 LB11：（3.6-0.3）×（6.9-0.3）=21.78 小计：242.8 扣梁头：0.3×0.43×2+0.25×0.33×2+0.25×0.28=-0.49 板侧：（15.9+19.1+10.5+4.85+15.5）×0.12=7.90	m²	
		小计	m²	396.27 （396.36）

计价表编号	子目名称	单位	数量	综合单价（列简要计算过程)/元	合价/元
6-190	矩形柱	m³	19.09	488.12	9 318.21
6-202	直形墙	m³	51.45	473.65	24 369.29
6-207	有梁板	m³	50.93	461.46	23 502.16
21-27	柱模板	10 m²	11.37	616.33	7 007.67
21-59	现浇板模板	10 m²	39.63	567.37	22 484.87

七、(15分，中、高级做)

问题（一）:

答：钢筋基准期价格为投标截止日前28天，应取2010年7月份的钢筋（综合）指导价，为4 201元/t。

施工期间钢筋加权平均指导价格为(4 760×20+4 686×60+4 995×150+5 030×60+5 119×60+5 256×20)÷(20+60+150+60+60+20)=1 839 670÷370=4 972.08 元

(4 972.08-4 201)÷4 201=18.35%>5%

根据苏建价（2008）67号文，钢筋占单位工程费比例超过10%，为第二类主要材料，施工企业应承担的价格风险为5%。

发包人应承担的钢筋价差为：1 839 670-4 201×1.05×370= 207 581.5 元

问题（二）:

1. 调价要求合理。人工工资调整属于政策性调整，原合同中对政策性调整没有约定。根据苏建价〔2010〕494号文规定，2010年11月1日以后完成的工程量部分人工工资单价调整。

2. 调价要求不合理。施工企业作为有经验的承包商，应该考虑合理的施工方案，并在投标时结合报价，而不是完全按定额进行报价。模板费用属于措施项目费，调整的前提应是设计变更和施工条件变更，所以不应调价。

3. 第二种调价要求合理。发包人招标时提供的清单中仅有"挖土方"清单，可以认为发包人清单中漏项，没有"挖基础土方"子目。"挖基础土方"子目作为新增项目，可以根据合同规定的组价原则组价，由发包人认可后执行。但是，施工企业在招标答疑时未及时提出，也负有一定责任。

4. 调价要求合理。税金调整属于政策性调整，不应由施工企业承担。发包人工程款支付不到位造成的税金增加应由发包人承担。根据税金征收的政策，2011年2月1日以后开票按新标准执行，因此2011年2月1日以后支付的价款按新的税金标准调整。

13.5 二〇一四年江苏省建设工程造价员考试试题及参考答案

试题

本卷为案例分析题，初级做一~三题，共三题，其中第三题做第（一）部分，总分100分；中、高级做一、三和四题，其中第三题做第（二）部分，共三题，总分120分；多做和漏做的题均不得分。除注明外，管理费费率、利润费率、人工工资单价、材料单价和施工机械台班单价、题中未给出的条件全部以《江苏省建筑与装饰工程计价定额》（2014版）（以下简称2014年计价定额）为准；文字与图形不同时，以文字说明为准。除选择题外，案例题要求写出简要计算过程。题中π取3.14。

一、（本题为单项选择题，共20题，每题2分，共40分，初级、中级、高级均做）

1. 某两坡坡屋顶剖面如图所示，已知该坡屋顶内的空间设计可利用，平行于屋脊方向的外墙的结构外边线长度为40 m，且外墙无保温层。按《建筑工程建筑面积计算规范》（GB/T 50353—2013）计算该坡屋顶内空间的建筑面积为（　　）。

    A. 120 m²   B. 180 m²

    C. 240 m²   D. 280 m²

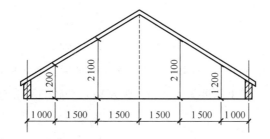

2. 按《建筑工程建筑面积计算规范》（GB/T 50353—2013）计算建筑面积时，下列走廊中，（　　）不是按其结构底板水平投影面积计算1/2面积。

    A. 无围护结构，有栏杆，且结构层高2.2 m的室外走廊

    B. 无围护结构，无顶盖，有栏杆的建筑物间架走廊

    C. 无围护结构，有顶盖，有栏杆，且结构层高2.2 m的建筑物间架空走廊

    D. 大厅内设置的有栏杆，且结构层高2.2 m的回廊

3. 按《建筑工程建筑面积计算规范》（GB/T 50353—2013）计算建筑面积时，下列飘窗中，（　　）应按其围护结构外围水平面积计算1/2面积。

    A. 窗台与室内楼面高差0.3 m，飘窗结构净高2.4 m

    B. 窗台与室内楼面高差0.3 m，飘窗结构净高1.8 m

    C. 窗台与室内楼面高差0.6 m，飘窗结构净高2.4 m

    D. 窗台与室内楼面高差0.6 m，飘窗结构净高1.8 m

4. 下列建筑工程中，（　　）的工程类别不是建筑工程二类标准。

    A. 檐高 30 m，地上层数 10 层，无地下室的办公楼

    B. 檐高 30 m，地上层数 10 层，有地下室的办公楼

    C. 檐高 30 m，地上层数 10 层，无地下室的住宅

    D. 檐高 30 m，地上层数 10 层，有地下室的住宅

5. 某桩基工程，工需打 500 根预制管桩，其中设计桩长 40 m 的桩 100 根，35 m 的桩 60 根，25 m 桩的 340 根，则该打桩工程类别为（　　）。

    A. 一类

    B. 二类

    C. 三类

    D. 应分不同的桩长，分别计算工程类别

6. 某建筑工程编制招标控制价。已知无工程设备，分部分项工程费 400 万元，单价措施项目费 32 万元，总价措施项目费 18 万元，其他项目费中暂列金额 10 万元，暂估材料 15 万元，专业工程暂估价 20 万元，总承包服务费 2 万元，计日工费用为 0；则该工程的社会保险费应为（　　）。

    A. 13.8 万元

    B. 13.86 万元

    C. 14.46 万元

    D. 14.91 万元

7. 某建筑工程，无工程设备。已知招标文件中要求创建省级建筑安全文明施工标准化工地，在投标时，该工程投标价中分部分项工程费 4 200 万元，单价措施项目费 300 万元，则投标价中安全文明施工措施费应为（　　）。

    A. 166.5 万元

    B. 135 万元

    C. 155.4 万元

    D. 126 万元

8. 某独立基础挖土方，按施工方案考虑工作面和放坡后，基坑底面尺寸为 1.6 m×1.2 m，上口尺寸为 2.8 m×2.4 m，挖土深度为 1.8 m，则该独立基础的基坑挖土方工程量为（　　）。

    A. 4.08 m³

    B. 5.18 m³

    C. 7.34 m³

    D. 7.78 m³

9. 某人工挖基坑，基坑底面积 4 m²，挖土深度 2 m，三类干土，按 2014 年计价定额，该挖土子目的定额综合单价为（　　）。

    A. 32.70 元/m³

    B. 36.92 元/m³

    C. 56.61 元/m³

    D. 62.24 元/m³

10. 某自卸汽车外运土方，正铲挖掘机装车，装车运距为 48 km，不考虑挖土装车费用，按 2014 年计价定额，该外运土方子目的定额综合单价为（　　）。

    A. 76 953.59 元/100 m³

    B. 117 745.75 元/1 000 m³

    C. 127 200.14 元/1 000 m³

    D. 132 783.07 元/1 000 m³

11. 某静压管桩工程，共 300 根桩，设计桩长为 20 m，外直径为 500 mm，壁厚为 100 m，按 2014 年计价定额，该工程静力压管桩子目的定额工程量为（　　）。

    A. 753.60 m³

    B. 3 014.40 m³

    C. 429.30 m³

    D. 1 695.60 m³

12. 在计算墙体工程砌筑子目定额工程量时,( )所占体积应扣除。

    A. 板头   B. 砖垛   C. 铁件   D. 管槽

13. M5 水泥砂浆砌筑直形标准砖基础,基础深度自设计室外地面至砖基础底表面超过 1.5 m,按 2014 年计价定额。该直形基础砌筑子目的定额综合单价为 ( )。

    A. 409.61 元/m³   B. 410.02 元/m³

    C. 410.45 元/m³   D. 410.86 元/m³

14. 已知某工程编制招标控制价,其中地砖楼面清单项目特征为 20 mm 厚 1∶3 水泥砂浆找平层,5 mm 厚 1∶1 水泥砂浆结合层,400 mm×400 mm 同质地砖,白色,白水泥擦缝。该地砖楼面的清单综合单价为 ( )。

    A. 980.99 元   B. 98.10 元

    C. 986.04 元   D. 98.60 元

15. 根据 2014 年计价定额,下列关于建筑物超高增加费说法正确的是 ( )。

    A. 对于坡屋面内空间设计加以利用的,计算超高费时,檐口高度应从设计室外地面算至坡屋面山尖 1/2 处

    B. 建筑物层高超过 3.6 m 时,应按超高费章节相应子目计算层高超高费

    C. 超高费中不包括含垂直运输机械的降效费用

    D. 对于自然地面标高低于设计室外标高的情况,在计算超高费时,檐口高度应从自然地面标高起算

16. 某住宅工程,6 层,无地下室,檐口高度 21 m。从设计室外地面到第六层楼面高度为 18 m,从设计室外地面到第六层楼顶面高度为 21 m。已知第六层的建筑面积为 800 m²,则按 2014 年计价定额,该住宅工程超高费为 ( )。

    A. 4 688.00 元   B. 7 788.00 元

    C. 14 064.00 元   D. 23 364.00 元

17. 某住宅工程,3 层,无地下室,檐高 11.05 m,建筑面积为 2 000 m²,层高均在 3.6 m 以内,按 2014 年计价定额,则该工程的综合脚手架费用应为 ( )。

    A. 42 820.00 元   B. 35 980.00 元

    C. 32 660.00 元   D. 29 040.00 元

18. 某工业厂房中,已知抹灰脚手架塔设高度为 13 m,按 2014 年计价定额,该抹灰脚手架的定额综合单价为 ( )。

    A. 95.08 元/10 m²   B. 123.88 元/10 m²

    C. 130.07 元/10 m²   D. 136.27 元/10 m²

19. 已知某工程中,现浇混凝土矩形柱截面尺寸为 600 mm×600 mm,且该尺寸矩形柱合计混凝土工程量为 25.00 m³,根据 2014 年计价定额中《混凝土及钢筋混凝土构件模板、钢筋含量表》中的含模量计算,该尺寸矩形柱的模板合计工程量为 ( )。

    A. 333.25 m²   B. 200.00 m²

    C. 139.00 m²   D. 97.25 m²

20. 某办公楼，现浇框架结构，檐口高度 35 m，层数 8 层，为二类工程。施工方案中垂直运输机械仅配置自升式塔式起重机 1 台。根据 2014 年计价定额，考虑工程类别对管理费、利润费率影响，按该施工方案，该办公楼的垂直运输费的定额综合单价为（   ）。

A. 732.30 元/天
B. 727.65 元/天
C. 712.05 元/天
D. 509.11 元/天

二、（本题 30 分，初级做）

某单层框架结构办公用房如图所示，柱、梁、板均为现浇混凝土。外墙厚 190 mm，采用页岩模数多孔砖（190 mm×240 mm×90 mm）；内墙厚 200 m，采用蒸压灰加气混凝土砌块，属于无水房间、底无混凝土坎台。砌筑所用页岩模数多孔砖、蒸压灰加气混凝土砌块的强度等级均满足国家相关质量规范要求。内外墙均采用 M5 混合砂浆砌筑。外墙体中 C20 混凝土构造柱体积为 0.56 m³（含马牙槎），C20 混凝土圈梁体积为 1.2 m³。内墙体中 C20 混凝土构造柱体积为 0.4 m³（含马牙槎），C20 混凝土圈梁体积为 0.42 m³。圈梁兼做门窗过梁。基础与墙身使用不同材料，分界线位置为设计室内地面，标高为±0.000 m。已知门窗尺寸为 M1：1 200 mm×2 200 mm，M2：1 000 mm×2 200 mm，C1：1 200 mm×1 500 mm。

1. 分别按《房屋建筑与装饰工程工程量计算规范》（GB 50854—2013）和 2014 年计价定额计算外墙砌筑、内墙砌筑的清单工程量和定额工程量；

2. 根据《房屋建筑与装饰工程工程量计算规范》（GB 50854—2013）列出外墙砌筑、内墙砌筑的工程量清单；

3. 根据 2014 年计价定额组架，计算外墙砌筑、内墙砌筑的工程量清单的综合单价和合价。

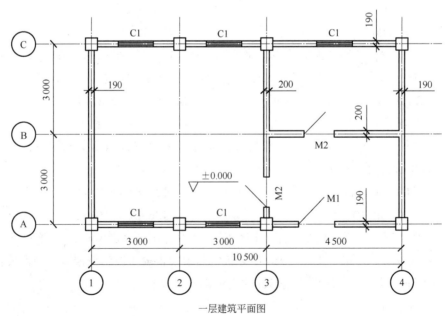

一层建筑平面图

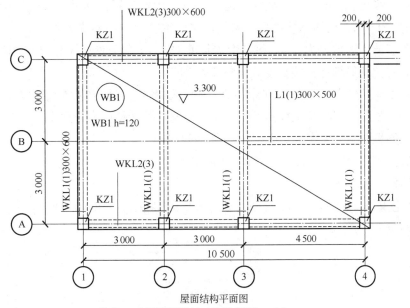

屋面结构平面图

说明：1. 本层屋面板标高未注明者均为 H=3.3 m。
2. 本层梁顶标高未注明者均为 H=3.3 m。
3. 梁、柱定位未注明者均关于轴线居中设置。

三、(本题第（一）部分 30 分，初级做；本题第（二）部分 50 分，中、高级做)

某工业建筑，全现浇框架结构，地下一层，地上三层。柱、梁、板均采用非泵送预拌 C30 混凝土，模板采用复合木模板。其中二层楼面结构如图所示。已知柱截面尺寸均为 600 mm×600 mm；一层楼面结构标高 -0.030 m；二层楼面结构标高 4.470 m，现浇楼板厚 120 mm；轴线尺寸为柱中心线尺寸（要求管理费费率、利润费标准按建筑工程三类标准执行）。

第（一）部分（初级做）

1. 分别按《房屋建筑与装饰工程工程量计算规范》（GB 50854—2013）和 2014 年计价定额要求计算一层柱及二层楼面梁、板的混凝土工程量；

2. 按《房屋建筑与装饰工程工程量计算规范》（GB 50854—2013）要求，编制一层柱及二层楼面梁、板的混凝土分部分项工程量清单；

3. 按 2014 年计价定额计算一层柱及二层楼面梁、板清单综合单价。

第（二）部分（中级、高级做）

1. 按 2014 年计价定额计算一层柱及二层楼面梁、板的混凝土和模板（按混凝土与模板的接触面积计算）的定额工程量；

2. 按 2014 年计价定额计算一层柱及二层楼面梁、板混凝土的定额合价和模板的定额合价；

3. 根据图示构造要求（依据国家建筑标准设计图集 22G101-1）及本题给定要求，计算 C 轴框架梁 KL3 钢筋总用量。

已知设计三级抗震，框架梁赶紧保护层 20 mm（为最外层钢筋外边缘至混凝土表面的距离），钢筋定尺为 9 m，钢筋连接均采用绑扎连接。抗震受拉钢筋锚固长度 $l_{aE}=37d$，上下部纵筋及支座负筋伸入边柱内为 $0.4l_{aE}$ 另加弯折长度 $15d$，下部非贯通纵筋伸入中间支架长度为 l_{aE}。纵向抗震受拉钢筋绑扎搭接长度 $l_{lE}=51.8d$。

梁箍筋长度 =（梁高−2×保护层厚度+梁宽−2×保护层厚度）×2+25×箍筋直径

箍筋加密区长度为本框架梁梁高的 1.5 倍。箍筋根数计算公式分别为：

加密区箍筋根数 =（加密区长度−50）/加密间距+1

非加密区箍筋根数 =（非加密区长度/非加密间距−1）

其余钢筋构造要求不予考虑。

（钢筋理论重量：$\phi25=3.850$ kg/m，$\phi20=2.466$ kg/m，$\phi8=0.395$ kg/m，计算结果保留小数点后两位）

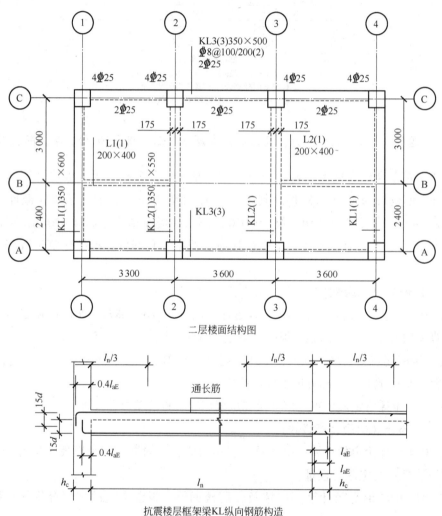

二层楼面结构图

抗震楼层框架梁KL纵向钢筋构造

四、(本题 30 分，中、高级做)

某桩基工程，地勘资料显示从室外地面至持力范围均为三类黏土。根据打桩记录，实际完成钻孔灌注桩数量为 201 根，采用 C35 预拌泵送混凝土，桩顶设计标高为 -5.0 m，柱底标高 -23.0 m，柱径 700 mm，场地自然地秤标高为 -0.45 m，如图所示。打桩过程中以自身黏土及灌入自来水进行护壁，砖砌泥浆池按桩体积 2 元/m³ 计算，泥浆外运距离为 15 km，现场打桩采用回旋钻机，每根桩设置两根 $\phi32$ mm×2.5 mm 无缝钢管进行柱底后注浆。已知该打桩工程实际灌入混凝土总量为 1772.55 m³（该混凝土量中未计入操作损耗），每根桩的后注浆用量为 42.5 级水泥 1.8 t。施工合同约定桩混凝土充盈系数按实际灌入量调整。凿桩头和钢筋笼不考虑。

1. 按《房屋建筑与装饰工程工程量计算规范》（GB 50854—2013）和 2014 年计价定额计算规则分别计算该桩基工程的定额工程量和清单工程量。要求桩清单工程量以 m³ 为计量单位。

2. 按《房屋建筑与装饰工程工程量计算规范》（GB 50854—2013）列出工程量清单。

3. 按 2014 年计价定额组价，计算该桩基工程的清单综合单价和合价。C35 预拌泵送混凝土单价按 375 元/m³ 取定。泥浆外运仅考虑运输费用。管理费费率按 14%，利润费率按 8% 计取（计算结果保留小数点后两位）。

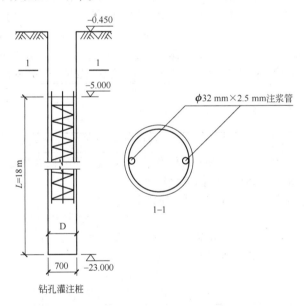

钻孔灌注桩

参考答案

一、(本题为单项选择题，共 20 题，每题 2 分，共 40 分，初级、中级、高级均做)

题号	1	2	3	4	5	6	7	8	9	10
答案	B	D	A	C	A	C	A	C	D	D
题号	11	12	13	14	15	16	17	18	19	20
答案	A	D	D	B	C	A	B	C	B	B

1. 工程量计算表（12 分）

序号	项目名称	计算公式	计量单位	数量
1	外墙页岩模数砖	外墙面积 = [(10.5-0.4×3)+(6-0.4)]×2×(3.3-0.6)-1.2×1.5×5(扣 C1)-1.2×2.2(扣 M1)= 29.80【1 分】×2.70【1 分】-11.64(口门窗)【1 分】= 80.46-9-2.64 = 68.82m²	m²	68.82
		外墙体积 = 68.82×0.19【1 分】-0.56(扣外墙构造柱)【0.5 分】-1.2(扣外墙上的圈梁)【0.5 分】= 13.08-0.56-1.2 = 11.32m³【1 分】	m²	11.32

注：外墙周长 29.80 计算正确计 1 分、高度 2.70 计算正确计 1 分，正确扣除门窗 11.64 计 1 分，外墙厚度 0.19 计算正确计 1 分，正确扣除外墙构造柱 0.56 计 0.5 分，正确扣除外墙圈梁 1.20 计 0.5 分，外墙工程量 11.32 计算正确计 1 分，小计 6 分

序号	项目名称	计算公式	计量单位	数量
2	内墙加气混凝土砌块墙	内墙面积 = [(6-0.4)【0.5 分】×(3.3-0.6)【0.5 分】]+[(4.5-0.2÷2-0.19÷2)【1】×(3.3-0.5)【0.5 分】]-2×1×2.2(扣 M2)【0.5 分】= 27.17-4.4 = 22.77m²	m²	22.77
		内墙体积 = 22.77×0.2【1 分】-0.4(扣内墙中的构造柱)【0.5 分】-0.42(扣内墙中的圈梁)【0.5 分】= 3.73 m³【1 分】	m²	3.73

注：3 轴线内墙长度 3.60 计算正确计 0.5 分，高度 2.70 计算正确计 0.5 分；B 轴线内墙长度 4.31 计算正确计 1 分，高度 2.80 计算正确计 0.5 分，正确扣减门窗 4.40 计 0.5 分；墙厚计算 0.20 正确计 1 分，正确扣除内墙构造柱 0.4 计 0.5 分，正确扣除内墙圈梁 0.42 计 0.5 分，内墙工程量 3.73 正确计 1 分，小计 6 分

2. 分部分项工程量清单（8 分）

序号	项目编码	项目名称	项目特征描述	计量单位	工程量
1	010401004001【1 分】	多孔砖墙【1 分】	1. 砖品种、规格、强度等级：页岩模数砖 190×240×0.9【0.5 分】 2. 墙体类型：外墙【0.5 分】 3. 砂浆强度等级、配合比：混合砂浆 M5【0.5 分】	m³【0.5 分】	11.32
2	0104021101001【1 分】	砌块墙【1 分】	1. 砌块品种、规格、强度等级：蒸压加气混凝土砌块 200 厚【0.5 分】 2. 墙体类型：内墙【0.5 分】 3. 砂浆强度等级：M5 混合砂浆【0.5 分】	m³【0.5 分】	3.73

注：项目编码正确计 1 分，项目名称正确计 1 分，项目特征描述内容各计 0.5 分，计量单位正确计 0.5 分，小计 8 分

3. 套用定额子目综合单价计算表（10 分）

项目编码	项目名称	计量单位	工程数量	综合单价	合价
010401004001	多孔砖墙	m³	11.32	440.54【0.5 分；符合综合单价计算逻辑计算关系计 0.5 分】	4 986.91

项目编码		项目名称	计量单位	工程数量	综合单价	合价
清单综合单价组成	定额号	子目名称	单价	数量	单价	合价
	4-32【1分】	页岩模数多孔砖墙厚190（M5混合砂浆）【0.5分】	m³【0.5分】	【1分】注：同试卷清单计算量即计1分	440.54【1分：同标准答案即计1分】	4 986.91【0.5分：同标准答案即计0.5分】

项目编码		项目名称	计量单位	工程数量	综合单价	合价
010402001001		砌块墙	m³	3.73	359.41【0.5分；符合综合单价计算逻辑计算关系计0.5分】	1 340.6
清单综合单价组成	定额号	子目名称	单价	数量	单价	合价
	4-7【1分】	（M5混合砂浆）普通砂浆砌筑加气混凝土砌块墙200厚（用于无水房间，底无混凝土坎台）【1分】	m³【0.5分】	【1分】注：同试卷清单计算量即计1分	359.41【1分：同标准答案即计1分】	1 340.6【0.5分：同标准答案即计0.5分】

三、（本题第（一）部分30分，初级做；本题第（二）部分50分，中、高级）

第（一）部分（初级做）

1. 工程量计算表（16分）

序号	项目名称	计算公式	计量单位	数量
	清单			
1	柱	0.6×0.6【0.5分】×(4.47+0.03)【1分】×8【0.5分】	m³	12.96【0.5分】
	截面计算正确0.36计0.5分，高度计算正确4.50计1分，根据计算正确8计0.5分，数量汇总正确计0.5分，小计2.5分			
2	有梁板			
	KL1	0.35×(0.6-0.12)×(2.4+3-0.6)×2【1分】	m³	1.61【0.5分】
	KL2	0.35×(0.55-0.12)×(2.4+3-0.6)×2【1分】	m³	1.44【0.5分】
	KL3	0.35×(0.5-0.12)×(3.3+3.6+3.6-0.6×3)×2【1.5分】	m³	2.31【0.5分】
	L1	0.2×(0.4-0.12)×(3.3-0.05-0.175)【1分】	m³	0.17【0.5分】
	L2	0.2×(0.4-0.12)×(3.6-0.05-0.175)【1分】	m³	0.19【0.5分】

除 KL3 外，其余肋梁计算公式正确计 1 分，计算结果正确计 0.5 分；KL3 计算公式正确计 1.5 分，计算结果正确计 0.5 分，小计 8 分					
	板	(3.3+3.6×2+0.6)×(2.4+3+0.6)×0.12【1 分】	m³	7.99【0.5 分】	
	扣柱头	-0.6×0.6×0.12×8【2.5 分】	m³	-0.35【0.5 分】	
板水平面积及厚度计算公式正确计 1 分，计算结果正确计 0.5 分；扣柱头计算公式正确计 2.5 分，计算结果正确计 0.5 分，小计 4.5 分					
	合计		m³	13.36【1 分】	
有梁板工程量合计正确计 1 分。小计 2.5+8+4=16 分					

注：若计算为整体公式，但最终结果不正确，则仅给公式分数

2. 分部分项工程量清单（6 分）

序号	项目编码	项目名称	项目特征描述	计量单位	工程量
1	010502001001【1 分】	矩形柱	1. 非泵送混凝土 2. 混凝土强度 C30【1 分】	m³【1 分】	12.96
2	010505001001【1 分】	有梁板	1. 非泵送混凝土 2. 混凝土强度 C30【1 分】	m³【1 分】	13.36

注：项目编码正确计 1 分，项目特征描述计 1 分，计量单位正确计 1 分，小计 6 分

3. 工程量清单综合单价分析表（8 分）

项目编码		项目名称	计量单位	工程数量	综合单价	合价
010502001001		矩形柱	m³	12.96	498.23【1：符合综合单价计算逻辑 1 分】	6 457.06
清单综合单价组成	定额号	子目名称	单位	数量	单价	合价
	6-313【1 分】	矩形柱	m³	12.96 或 1	498.23【1 分】	6 457.06 或 498.23【1 分】
					单价、合价符合标准答案分别计 1 分	

项目编码		项目名称	计量单位	工程数量	综合单价	合价
010505001001		有梁板	m³	13.36	452.21【1：符合综合单价计算逻辑 1 分】	6 041.53
清单综合单价组成	定额号	子目名称	单位	数量	单价	合价
	6-313【1 分】	有梁板	m³	13.36 或 1	452.21【1 分】	6 041.53 或 452.21【1 分】
					单价、合价符合标准答案分别计 1 分	

第 (二) 部分 (中、高级做)

1. 计价定额工程量计算表 (24分)

序号	项目名称	计算公式	计量单位	数量
	混凝土	0.6×0.6×(4.47+0.03)×8		
1	柱	0.6×0.6×(4.47+0.03)×8	m³	12.96【1分】
2	有梁板			
	KL1	0.35×(0.6−0.12)×(2.4+3−0.6)×2	m³	1.61【1分】
	KL2	0.35×(0.55−0.12)×(2.4+3−0.6)×2	m³	1.44【1分】
	KL3	0.35×(0.5−0.12)×(3.3+3.6−0.6×3)×2	m³	2.31【1分】
	L1	0.2×(0.4−0.12)×(3.3−0.05−0.175)×2	m³	0.17【1分】
	L2	0.2×(0.4−0.12)×(3.6−0.05−0.175)	m³	0.19【1分】
	板	(3.3+3.6×2+0.6)×(2.4+3+0.6)×0.12	m³	7.99【1分】
	扣柱头	−0.6×0.6×0.12×8	m³	−0.35【2分】
	小计		m³	13.36
	模板			
1	柱	0.6×4×(4.47+0.03−0.12)×8	m³	84.10【1分】
	扣梁头	−(0.35×0.48×4+0.35×0.43×4+0.35×0.38×12)	m³	−2.87【2分】
	小计			81.23
2	有梁板			
	KL1	(0.6−0.12)×2×(2.4+3−0.6)×2	m³	9.22【1分】
	KL2	(0.55−0.12)×2×(2.4+3−0.6)×2	m³	8.26【1分】
	L1	(0.4−0.12)×2×(3.3−0.05−0.175)	m³	1.72【1分】
	L2	(0.4−0.12)×2×(3.6−0.05−0.175)	m³	1.89【1分】
	板底	(3.3+3.6×2+0.6)×(2.4+3+0.6)	m³	66.60【1分】
	板侧	(3.3+3.6×2+0.6+2.4+3+0.6)×2×0.12	m³	4.10【2分】
	扣柱头	−0.6×0.6×8	m²	−2.88【2分】
	扣梁头	−0.2×0.28×4	m²	−0.22【2分】
各计算结果正确分别按标准计分,若计算式正确,最终结果不正确仅计一半分,小计24分				

2. 套用计价定额子目综合单价计算表（6 分）

定额号	子目名称	单位	数量	单价	合价
6-313【0.5 分】	矩形柱	m³	12.96	498.23【0.5 分】	6 457.06
6-331【0.5 分】	有梁板	m³	13.36	452.21【0.5 分】	6 041.53
21-27 换【1 分】	矩形柱模板	10 m³	8.12	735.26【1 分】	5 970.31
单价换算	616.33+285.36×0.3×1.37+（14.96+8.64）×0.07＝735.26。定额号正确但不写换仅计 0.5 分，综合单价换算正确计 1 分				
21-59 换【1 分】	有梁板模板	10 m³	8.12	735.26【1 分】	5 970.31
单价换算	567.37+239.44×0.3×1.37+（29.08+8.83）×0.07＝668.43。定额号正确但不写换仅计 0.5 分，综合单价换算正确计 1 分				

3. 钢筋长度计算表（20 分）

编号	直径	简图	单根计算式及长度/m	根数	数量/m
梁上部纵筋					
1	C25		3.3+3.6+3.6-0.6（总净跨）+0.4×37×0.025×2+15×0.025×2 端支座锚固（11.39 考虑 1 各绑扎搭接接头）+51.8×0.025 搭接长度＝12.69【1 分】	2【1 分】	25.38
梁支座负筋					
2	C25		支座 1 第一排（支座间净跨 3.3-0.6）/3+0.4×37×0.025+15×0.025 端支座锚固＝1.65【1 分】	2【1 分】	3.30
3	C25		支座 2 第一排 2×（支座间净跨 3.6-0.6）/3+0.6 柱宽度＝2.6【1 分】	2【1 分】	5.20
4	C25		支座 3 第一排 2×（支座间净跨 3.6-0.6）/3+0.6 柱宽度＝2.6【1 分】	2【1 分】	5.20
梁上部纵筋					
5	C25		支座 4 第一排（支座间净跨 3.6-0.6）/3+0.4×37×0.025+15×0.025 端支座锚固＝1.75【1 分】	2【1 分】	3.50
梁下部纵筋					
6	C25		第一跨（支座间净跨 3.3-0.6）+0.4×0.37×0.025+15×0.25 端支座锚固+ 37×0.025 中间支座锚固＝4.37【1 分】	2【1 分】	8.74
7	C25		第二跨（支座间净跨 3.6-0.6）+37×0.020×2 中间支座锚固＝4.48【1 分】	2【1 分】	8.96
8	C25		第三跨（支座间净跨 3.6-0.6）+0.4×37×0.025+15×0.025 端支座锚+37×0.025 中间支座锚固＝4.67【1 分】	2【1 分】	9.34

编号	直径	简图	单根计算式及长度/m	根数	数量/m
箍筋					
9	C8		长度计算：(0.35-0.02×2+0.5-0.02×2)×2+24×0.008=1.73【1分】 根数计算：加密区长度为1.50×0.5=0.75 加密区根数：(0.75-0.05)/0.1+1=8根，8×6=48根【1分】 非加密区根数计算：第一一跨：(3.3-0.6-0.75×2)/0.2-1=5根；第二跨：(3.6-0.6-0.75×2)/0.2-1=7根【1分】 合计：48+5+7+7=67根	67	115.91

钢筋重量计算表

序号	直径	总长度/m	理论重量/(kg/m)	总重量/kg
1	8	115.91	0.395	45.78
2	20	8.96	2.466	22.10
3	25	60.66	3.850	233.54
合计：				301.45 kg【1分】

注：本题钢筋部分共2分，单根长度计算正确1分，根数计算正确1分，箍筋加密区和非加密区根数计算正确分别得1分，能有正确汇总钢筋总重量计算结果得1分，小计20分。本题中高级合计50分

四、(本题30分，中、高级做)

清单工程量计算表 (共2分)

序号	项目名称	计算公式	计量单位	数量
1	泥浆护壁成孔灌注桩	3.14×0.35×0.35×18×201	m³	1 391.66【1分】
2	灌注桩后压浆	201×2	孔	402.00【1分】

注：工程量计算正确分别计1分，小计2分

计价定额工程量计算表 (6分)

序号	项目名称	计算公式	计量单位	数量
1	钻土孔直径700 mm以内	3.14×0.35×0.35×(18+5-0.45)×201	m³	1 743.45【1分】
2	泥浆池费用	3.14×0.35×0.35×(18+0.7)×201	m³	1 445.78【1分】
3	土孔泵送预拌混凝土	3.14×0.35×0.35×(18+0.7)×201	m³	1 445.78【1分】
4	泥浆运输	3.14×0.35×0.35×(18+5-0.45)×201	m³	1 743.45【1分】
5	注浆管理设	(18+5-0.45+0.2)×201×2	100 m	91.46【1分】
6	柱底后注浆	1.8×201	t	361.80【1分】

注：工程量计算正确分别计1分，小计6分

分部分项工程量清单与计价表（8.5分）

序号	项目编号	项目名称	项目特征描述	计量单位	工程量	金额/元 综合单价	金额/元 合价
1	010302001001 【1分】	泥浆护壁成孔灌注桩	1. 底层情况：三类黏土【0.5分】 2. 孔桩长度、桩长：4.55 m、18 m【1分】 3. 桩径：ϕ700 mm【0.5分】 4. 成孔方法：回旋钻机成孔【0.5分】 5. 混凝土种类、强度等级：泵送商品混凝土，C35【0.5分】 6. 泥浆外运距离：15 km	m³【0.5分】	1 391.66	1 101.77（1 097.88）或 1 101.93（1 098.03）	1 533 295.15（1 527 873.48）或 1 533 511.90（1 528 084.43）
2	010302007001 【1分】	灌注桩后压浆	1. 注浆导管材质、规格；无缝钢管ϕ32×2.5 m【0.5分】 2. 注浆导管长度：22.75 m【0.5分】 3. 单孔注浆量：0.9 t【1分】 4. 水泥强度等级：42.5级【0.5分】	孔【0.5分】	402	1 364.94或 1 365.76	5 478 705.17或 549 035.52
	小计		8.5分				2 082 000.32（2 076 578.65）或 2 082 547.45（2 077 119.9）

综合单价分析表（9.5分）

项目编码		项目名称	计量单位	工程数量	综合单价	合价
010302001001		泥浆护壁成孔灌注桩	m³	1 391.66	1 101.77（1 097.88）或 1 101.93（1 098.03）【符合标准答案计0.5分】	1 533 295.15（1 527 873.48）或 1 533 511.90（1 528 084.43）
清单综合单价组成	定额编号	子目名称	单位	数量	单价（有换算的请写出简要换算过程）	合价
	3-28换【0.5分】	钻土孔直径700 mm以内	m³	1 743.45或1.253	300.96【0.5分】	524 708.71或377.10
		泥浆池费用【0.5分】	m³	1 445.78或1.039	2	2 891.56【符合标准答案计0.5分】或2.078

续表

项目编码		项目名称	计量单位	工程数量	综合单价	合价
	定额编号	子目名称	单位	数量	单价（有换算的请写出简要换算过程）	合价
清单综合单价组成	3-43 换【0.5 分】	土孔泵送预拌混凝土	m³	1 445.78 或 1.039	混凝土含量换算：1 772.55×1.02÷1 445.78 = 1.25【1.5 分】或（混凝土含量换算：1 772.55×1.015）÷1 445.78 = 1.24【正确运用冲盈系数换算混凝土含量结果正确计 1.5 分】 标号换算：1.25×375 − 443.09 + 492.78 = 518.45【1.5 分】或 1.25 × 375 − 443.09 + 492.79 = 514.70【有正确计算混凝土标号换算过程计 1.5 分】	749 564.64【符合标准答案计 0.5 分】（744 142.97）或 538.67（534.77）
	3-41【0.5 分】	泥浆运输距离 5 km 以内	m³	1 743.45 或 1.253	112.21【0.5 分】	195 632.52 或 140.60【符合标准答案计 0.5 分】
	3-42 换【0.5 分】	泥浆运输距离每增加 1 km	m³	1 743.45 或 1.253	3.47×10 = 34.7【符合标准答案计 0.5 分】	60 497.72 或 43.48【符合标准答案计 0.5 分】

综合单价分析表（4 分）

项目编码		项目名称	计量单位	工程数量	综合单价	合价
010302007001		灌注桩后压浆	孔	402	1 364.94 或 1 365.76【符合标准答案计 0.5 分】	548 705.17 或 549 035.52
清单综合单价组成	定额编号	子目名称	单位	数量	单价（有换算的请写出简要换算过程）	合价
	3-82【1 分】	注浆管埋设	100 m	91.46 或 0.228	1 690.80【0.5 分】	154 574.72 或 385.34
	3-84 换【1 分】	柱底后注浆	t	361.8 或 0.9	(0.35×1 000−310)+1 049.36 = 1 089.36【符合标准答案计 1 分】	394 130.45 或 980.42

13.6 二〇一五年江苏省建设工程造价员考试试题及参考答案

试题

本卷为案例分析题，初级做一到三题，其中第三题做第（一）部分，共 100 分；中、高级做一、三、四题，其中第三题做第（二）部分，共 120 分；多做和漏做的题均不得分。除注明外，管理费费率、利润费率、人工工资单价、材料单价和施工机械台班单价、题中未给出的条件全部以《江苏省建筑与装饰工程计价定额》（2014 版）（以下简称 2014 年计价定额）为准；文字与图形不同时，以文字说明为准。除选择题外，案例题要求写出简要计算过程。题中 π 取 3.14。

一、（本题为单项选择题，共 20 题，每题 2 分，共 40 分，初级、中级、高级均做）

1. 在计算建筑面积时，当无围护结构，有围护设施，并且结构层高在 2.2 m 以上时，（ ）按其结构底板水平投影计算 1/2 建筑面积。

    A. 立体车库　　　　　　　　　　B. 室外挑廊

    C. 悬挑看台　　　　　　　　　　D. 阳台

2. 某单层宿舍，平面为长方形，外墙的结构外边线平面尺寸为 33.8 m×7.4 m。已知外墙外侧面做法为：20 mm 厚 1∶3 水泥砂浆找平层，3 mm 厚胶粘剂，20 mm 厚硬泡聚氨酯复合板，5 mm 厚抹面胶浆。则该单层宿舍的建筑面积为（ ）。

    A. 251.77 m²　　　　　　　　　　B. 252.43 m²

    C. 253.67 m²　　　　　　　　　　D. 254.08 m²

3. 在计算建筑面积时，（ ）不应计算建筑面积。

    A. 室外台阶　　　　　　　　　　B. 观光电梯

    C. 玻璃幕墙　　　　　　　　　　D. 空调搁板

4. 下列建筑工程，当檐高为 16 m，且无地下室时，（ ）的工程类别应是建筑工程二类。

    A. 住宅　　　　　　　　　　　　B. 单层厂房

    C. 多层厂房　　　　　　　　　　D. 公共建筑

5. 某办公楼，檐口高度 20 m，层数 6 层，有 2 层共 2 000 m² 地下室。现编制招标控制价，已知该工程挖土工程量 6 000 m³，灰土回填工程量 800 m³。则灰土回填部分的管理费费率应为（ ）。

    A. 6%　　　　B. 25%　　　　C. 28%　　　　D. 31%

6. 某钢结构工程，加工厂制作，现场安装。无省市级标化工地创建要求。已知该工程分部分项工程费为 8 000 万元，单价措施项目费为 240 万元。总价措施项目费中投标人计列了冬雨季施工增加费，费率 0.5%；临时设施费，费率 1%；安全文明施工措施费，费率按我省规定费率；其他未列。则该投标价中的措施项目费为（ ）。

    A. 232.00 万元　　　　　　　　　B. 238.96 万元

    C. 472.00 万元　　　　　　　　　D. 478.96 万元

7. 某市区内建筑工程，编制招标控制价。已知分部分项工程费为 380 万元，措施项目费

42 万元，其他项目费 30 万元，规费按规定计取，其中工程排污费费率暂按 0.1% 计列，税金费率按 3.48% 计取，则该工程的工程造价应为（　　）。

    A. 483.8 万元　　　　　　　　　　　B. 484.0 万元

    C. 484.4 万元　　　　　　　　　　　D. 484.6 万元

8. 某住宅工程，无地下室，无外保温。已知首层平面为长方形，外墙的结构外边线平面尺寸为 42 m×18 m，则该工程平整场地的清单工程量为（　　）。

    A. 756 m^2　　　　　　　　　　　B. 880 m^2

    C. 1012 m^2　　　　　　　　　　　D. 条件不全，无法确定

9. 按 2014 年计价定额，以下子目的定额工程量，（　　）不是按天然密实体积计算。

    A. 人工挖基坑　　　　　　　　　　B. 机械挖土

    C. 土方回填　　　　　　　　　　　D. 土方外运

10. 某建筑工程中人工挖塔式起重机基础土方，已知所挖基坑底面积 4.5 m×4.5 m，挖土深度 2.8 m，三类干土，按 2014 年计价定额，该人工挖土子目的定额综合单价为（　　）。

    A. 36.92 元/m^3　　　　　　　　　B. 42.19 元/m^3

    C. 43.25 元/m^3　　　　　　　　　D. 48.52 元/m^3

11. 某静力压管桩工程，设计桩长 25 m，外直径为 500 mm，壁厚为 125 mm，共 100 根。设计桩顶标高 -2.5 m，室外自然地面标高 -0.30 m，按 2014 年计价定额，该管桩工程送桩的定额工程量为（　　）。

    A. 39.74 m^3　　　　　　　　　　B. 40.48 m^3

    C. 49.68 m^3　　　　　　　　　　D. 52.99 m^3

12. 某投标工程，C30 泵送商品混凝土钻孔灌注桩，钻土孔。已知混凝土损耗率 2%，充盈系数按 1.30 考虑，管理费费率为 8%，利润费率为 3%，其余按 2014 年计价定额。则该桩的混凝土购入及泵送子目的定额综合单价为（　　）。

    A. 527.36 元/m^3　　　　　　　　B. 520.39 元/m^3

    C. 515.42 元/m^3　　　　　　　　D. 525.27 元/m^3

13. 某建筑工程，卫生间采用蒸压加气混凝土砌块，100 厚，预拌散装 DMM5.0 砂浆砌筑，预拌砂浆材料预算单价 310 元/t。现编制招标控制价，则该砌块砌筑工程的定额综合单价中材料费为（　　）。

    A. 246.10 元/m^3　　　　　　　　B. 265.86 元/m^3

    C. 265.98 元/m^3　　　　　　　　D. 270.47 元/m^3

14. 某板式雨篷，水平投影面积为 20 m^2，混凝土清单工程量为 2.4 m^3，C20 泵送商品混凝土，则现浇混凝土工程中该板式雨篷的清单综合单价为（　　）。

    A. 378.88 元/m^3　　　　　　　　B. 498.01 元/m^3

    C. 556.92 元/m^3　　　　　　　　D. 597.61 元/m^3

15. 在计算抹灰的定额工程量时，按 2014 年计价定额，下面说法正确的是（　　）。

    A. 内外墙抹灰都不扣除 0.3 m^2 以内的孔洞

B. 内墙面门窗洞口侧壁并入墙面工程量计算

C. 单面凸出墙面的柱抹灰并入墙面工程量计算

D. 混凝土线条抹灰工程量按延长米计算

16. 在按 2014 年计价定额计算水泥砂浆地面整体面层定额工程量时，下列（　　）所占面积应扣除。

  A. 间壁墙   B. 墙面抹灰层

  C. 地沟   D. 柱

17. 某单层厂房，建筑面积 2 000 m²。檐口标高 28.00 m，设计室外地面标高−0.30 m，设计室内地面标高±0.00 m。则按 2014 年计价定额，该厂房的超高费为（　　）。

  A. 58 600 元   B. 90 244 元

  C. 93 760 元   D. 97 276 元

18. 某综合楼工程，地上 4 层，无地下室。檐高 14 m，地上每层建筑面积均为 800 m²，第一层层高 5 m，其余各层层高均为 3 m。按 2014 年计价定额，则该工程的综合脚手架费用应为（　　）。

  A. 42 820.00 元   B. 82 620.00 元

  C. 89 816.00 元   D. 102 600.00 元

19. 某项目施工降水采用轻型井点降水，共布置降水管 68 根，降水周期为 20 天。则按 2014 年计价定额，该工程的施工降水措施费为（　　）。

  A. 14 912.40 元   B. 17 553.38 元

  C. 22 325.35 元   D. 22 543.38 元

20. 按 2014 年计价定额，在计算垂直运输费时，以下说法中正确的是（　　）。

  A. 当实际使用垂直运输机械与定额型号不同时，应换算

  B. 一个工程有两个檐口高度，使用不同垂直运输机械时，应分别计算

  C. 当建筑物配置垂直运输机械与定额数量不同时，按定额不调整

  D. 在计算垂直运输费时，根据工程实际，可按合同工期计算工程量

二、（本题 30 分，初级做）

某单层建筑，其一层建筑平面、屋面结构平面如图所示，设计室内标高±0.00，层高 3.0 m，柱、梁、板均采用 C30 预拌泵送混凝土。柱基础上表面标高为−1.2 m，外墙采用 190 mm 厚 KM1 空心砖（190 mm×190 mm×90 mm），内墙采用 190 mm 厚六孔砖（多孔砖，190 mm×190 mm× 140 mm），砌筑所用 KM1 砖、六孔砖的强度等级均满足国家相关质量规范要求，内外墙体均采用 M5 混合砂浆砌筑，砖基与墙体材料不同，砖基与墙身以±0.00 标高处为分界。外墙体中构造柱体积 0.28 m³，圈过梁体积 0.32 m³；内墙体中圈过梁体积 0.06 m³；门窗尺寸为 M1：1 200 mm×2 200 mm，M2：1 000 mm×2 100 mm，C1：1 800 mm× 1 500 mm，C2：1 500 mm×1 500 mm（注：图中，墙、柱、梁均以轴线为中心线）。

1. 分别按《房屋建筑与装饰工程工程量计算规范》（GB 50854—2013）和 2014 年计价定额计算柱混凝土、内外墙体砌筑的分部分项清单工程量和定额工程量；

2. 根据《房屋建筑与装饰工程工程量计算规范》（GB 50854—2013）编制柱混凝土、外

墙砌体、内墙砌体的分部分项工程量清单；

　　3. 根据 2014 年计价定额组价，计算柱混凝土、外墙砌体、内墙砌体的分部分项工程量清单的综合单价和合价（要求管理费费率、利润费率标准按建筑工程三类标准执行）。

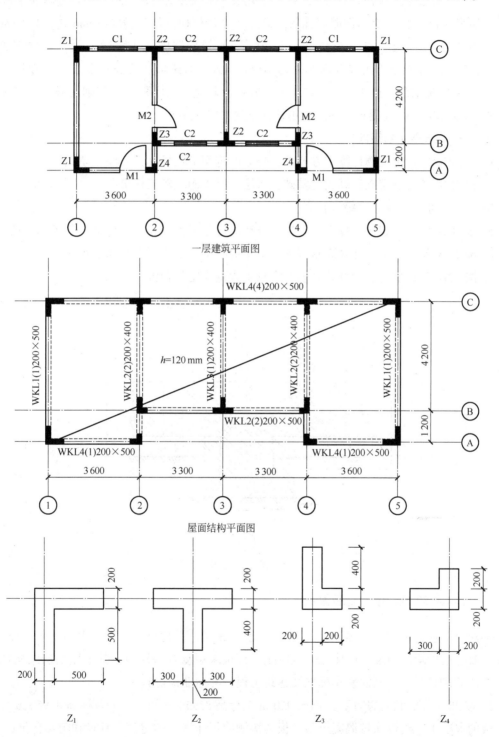

一层建筑平面图

屋面结构平面图

三、（本题 30 分，第（一）部分初级做；第（二）部分中、高级做）

某工程满堂整板基础如图所示，垫层采用支模浇筑，底板、基础梁采用标准半砖侧模（M5 混合砂浆砌筑，1：2 水泥砂浆抹灰）施工，半砖侧模（厚度按 115 mm 计算）砌筑在垫层上。土壤类别四类土，地下常水位为-2.70 m，反铲挖掘机（斗容量 1 m³）坑内作业，挖土装车，机械开挖的土方由自卸汽车外运 10 km，人工修边坡、清底的土方（工程量按基坑总挖方量的 10% 计算）和基础梁土方（人工开挖）坑边堆放不外运。基础混凝土采用预拌防水 P6（泵送型）C30 混凝土，垫层采用预拌泵送 C15 混凝土。

第（一）部分（初级做）

1. 按 2014 年计价定额计算土方开挖、外运的定额工程量（不考虑回填）；

2. 按 2014 年计价定额计算满堂基础、垫层混凝土的定额工程量。

第（二）部分（中、高级做）

1. 按 2014 年计价定额计算土方开挖、外运的定额工程量和定额合价（不考虑回填）；

2. 按 2014 年计价定额计算满堂基础、垫层混凝土的定额工程量和定额合价；

3. 按 2014 年计价定额计算砖侧模的定额工程量和定额合价。

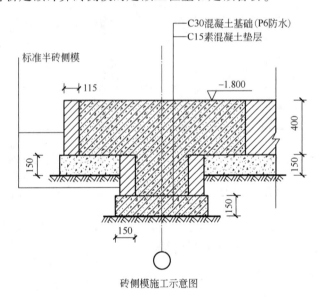

砖侧模施工示意图

四、（本题 50 分，中、高级做）

某建筑工程，全现浇框架剪力墙结构，地上 3 层，无地下室，独立基础。柱、梁、墙、板等混凝土结构均采用泵送预拌 C30 混凝土，模板采用复合木模板。其中屋面层结构如图所示（要求管理费费率、利润费率标准按建筑工程三类标准执行）。

1. 按 2014 年计价定额计算标高 5.950 m 至标高 8.950 m 间柱、墙及标高 8.950 m 屋面的梁、板的混凝土、模板（按混凝土与模板的接触面积计算）的定额工程量和定额合价；

2. 按《房屋建筑与装饰工程工程量计算规范》（GB 50854—2013）和 2014 年计价定额，

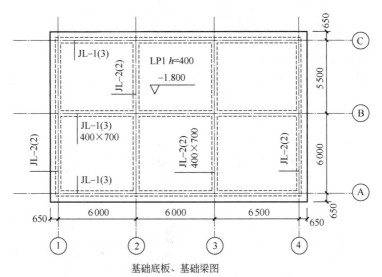

基础底板、基础梁图

注：1.设计室外地坪标高为-0.3 m。
2.除特别注明外，基础梁均以轴线为中心线。
3.基础梁顶标高均为-1.8 m，基础底板LP1顶面与梁顶平。
4.基础底板LP1、基础梁JL-1、JL-2底均设150 mm厚C15素混凝土垫层，
　垫层每边伸出基础、梁边150 mm。

编制标高8.950 m屋面的梁、板的分部分项工程量清单，并计算清单综合单价；

3. 根据国家建筑标准设计图集（11G101-1、2、3等）及本题给定要求，计算该工程 A 轴和 1 轴相交处框架柱 KZ-1 的钢筋用量。

已知设计三级抗震，框架柱、梁钢筋保护层厚度为 20 mm、独立基础钢筋保护层厚度为 40 mm，钢筋定尺 9 m，柱钢筋连接均采用电渣压力焊，抗震受拉钢筋锚固长度 $l_{aE}=37d$，各层柱、梁、板结构尺寸同标高 8.950 m 结构平面图。独立基础高度为 800 mm，独立基础底板设置双向受力配筋，钢筋直径均为 25 mm。本工程框架柱嵌固部位为独立基础顶面，独立基础顶面标高为-1.500 m。

柱筋插至独立基础底部并支在底板钢筋网上，弯折长度为 150 mm（基础内柱纵筋长度为基础高度-基础保护层厚度-2×基础纵筋直径+弯折长度）。柱在基础内箍筋为 3 根。

顶层角柱纵筋采用"梁包柱"式构造，梁纵筋与柱外侧钢筋竖向搭接为 $1.7l_{aE}$，柱外侧纵筋钢筋计算长度为伸至柱顶截断，柱内侧纵筋钢筋计算长度为伸至柱顶后弯折 12d。同时，根据平法规范要求，在柱宽范围内的柱箍筋内侧设置 4 根 φ10 角部附加钢筋。

柱外侧箍筋长度=（柱边长-2×保护层厚度+柱边长-2×保护层厚度）×2+24×箍筋直径

柱内侧箍筋长度=[（柱边长-2×保护层厚度-2×箍筋直径-柱纵筋直径）/3+柱纵筋直径+2×箍筋直径+（柱边长-2×保护层厚度）]×2+24×箍筋直径

柱嵌固部位基础顶面箍筋加密区长度为 1/3Hn（Hn 为所在楼层的柱净高），柱上部及柱下部加密区长度为 max（Hn/6，500，柱长边尺寸）。

箍筋根数计算逢小数进位取整，按结构楼层分别计算并汇总，其公式分别为：

柱加密区箍筋根数=加密区长度/加密间距+1

梁高范围加密区箍筋根数=（梁高-保护层厚度）/加密间距

非加密区箍筋根数=非加密区长度/非加密间距-1

其余钢筋构造要求不予考虑。

（钢筋理论重量：$\phi 25 = 3.850$ kg/m，$\phi 20 = 2.466$ kg/m，$\phi 8 = 0.395$ kg/m，$\phi 10 = 0.617$ kg/m，计算结果保留小数点后两位）

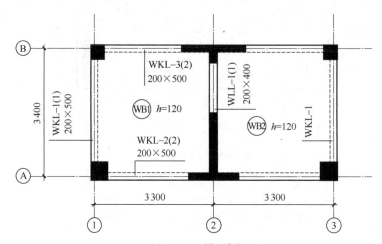

标高8.950 m梁平法施工图

注：除特别注明外，本层梁梁顶标高为8.950 m。

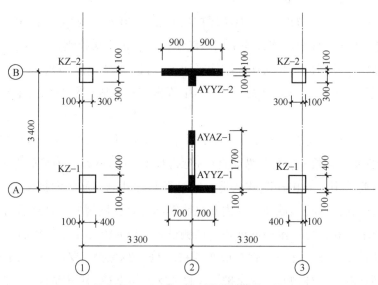

基础顶~8.950 m剪刀墙、框架柱平法施工图

注：1. 除特别注明外，混凝土墙体一般厚度为2 500。

　　2. 除特别注明外，图中混凝土墙体均以轴线为中心线。

　　3. 除特别注明外，图中混凝土墙体上没有门窗、孔洞。

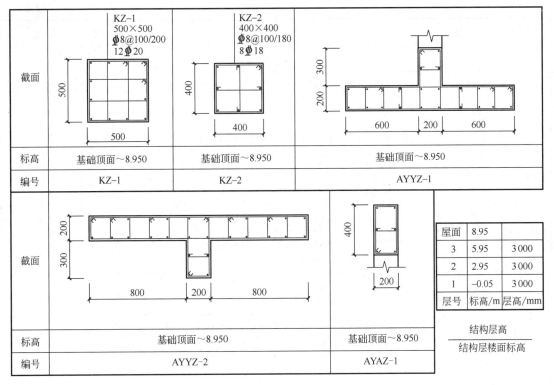

截面	KZ-1 500×500 φ8@100/200 12φ20 500 500	KZ-2 400×400 φ8@100/180 8φ18 400 400	300 200 600 200 600
标高	基础顶面~8.950	基础顶面~8.950	基础顶面~8.950
编号	KZ-1	KZ-2	AYYZ-1

截面	200 300 800 200 800	400 200	屋面 8.95 / 3 5.95 3000 / 2 2.95 3000 / 1 -0.05 3000 / 层号 标高/m 层高/mm 结构层高 / 结构层楼面标高
标高	基础顶面~8.950	基础顶面~8.950	
编号	AYYZ-2	AYAZ-1	

参考答案

一、(本题为单项选择题,共20题,每题2分,共40分,初级、中级、高级均做)

题号	1	2	3	4	5	6	7	8	9	10
答案	B	A	A	B	C或A	D	D	A或D	C	B
题号	11	12	13	14	15	16	17	18	19	20
答案	A	D	C	B	A	C	D	D	C	B

二、(本题30分,初级做)

1. 工程量计算表(9.5分)

序号	项目名称	计算公式	计量单位	数量
1	混凝土异性柱			
	Z1	(0.5+0.7)×0.2×(3.0+1.2)×4【0.5分】	m³	4.03
	Z2	(0.4+0.3+0.2+0.3)×0.2×(3.0+1.2)×4【0.5分】	m³	4.03
	Z3	(0.2+0.2+0.4)×0.2×(3.0+1.2)×2【0.5分】	m³	1.34

序号	项目名称	计算公式	计量单位	数量
	Z4	(0.2+0.2+0.3)×0.2×(3.0+1.2)×2【0.5分】	m³	1.18
	小计	说明：构造柱工程量不需计算，不计分	m³	10.58【0.5分】
2	KM1 砖外墙			
	1 轴	(1.2+4.2-0.6-0.6)×(3.0-0.5)×0.19【0.5分】	m³	2.0
	2 轴	(1.2-0.3-0.1)×(3.0-0.4)×0.19【0.5分】	m³	0.4
	4 轴	(1.2-0.3-0.1)×(3.0-0.4)×0.19【0.5分】	m³	0.4
	5 轴	(1.2+4.2-0.6-0.6)×(3.0-0.5)×0.19【0.5分】	m³	2.0
	A 轴	[(3.6-0.6-0.4)×(3.0-0.5)-1.2×2.2(扣 M1)]×0.19×2【0.5分】	m³	1.47
	B 轴	[(3.3-0.3-0.4)×(3.0-0.5)-1.2×2.2(扣 C2)]×0.19×2【0.5分】	m³	1.62
	C 轴	[(3.6+3.3+3.3+3.6-0.6×2-0.8)×(3.0-0.5)-1.8×1.5×2(扣 C1)]-1.5×1.5×2（扣 C2)×0.19【0.5分】	m³	3.34
	扣构造柱、圈过梁	-0.32-0.27【0.5分】	m³	-0.6
	小计		m³	10.63【0.5分】
3	六孔砖内墙			
	2 轴	[(4.2-0.5-0.5)×(3.0-0.4)-1.0×2.1(扣 M2)]×0.19【0.5分】	m³	1.18
	3 轴	(4.2-0.5-0.5)×(3.0-0.4)×0.19【0.5分】	m³	1.58
	4 轴	[(4.2-0.5-0.5)×(3.0-0.4)-1.0×2.1(扣 M2)]×0.19【0.5分】	m³	1.18
	扣圈过梁	-0.06【0.5分】	m³	-0.06
	小计		m³	3.88【0.5分】

2. 分部分项工程量清单（11.5 分）

序号	项目编码	项目名称	项目特征描述	计量单位	工程量
1	010401004001【1分】	多孔砖墙	1. 砖品种、规格、强度等级：190 mm×190 mm×140mm、六孔砖【0.5分】 2. 墙体类型：内墙【0.5分】 3. 砂浆强度等级、配合比：M5 混合砂浆【0.5分】	m²【0.5分】	3.88【0.5分】

序号	项目编码	项目名称	项目特征描述	计量单位	工程量
2	010401005001 【1分】	空心砖墙	1. 砖品种、规格、强度等级：190 mm×190 mm×140mm、KM1 砖【0.5分】 2. 墙体类型：外墙【0.5分】 3. 砂浆强度等级、配合比：M5 混合砂浆【0.5分】	m² 【0.5分】	10.63 【0.5分】
3	010502003001 【2分】	异性柱	1. 柱形状：L 形、T 形【0.5分】 2. 混凝土种类：泵送商品混凝土【0.5分】 3. 混凝土强度等级：C30【0.5分】	m² 【0.5分】	10.58 【0.5分】

说明：构造柱清单列出不计分

3. 工程量清单综合单价分析表（9分）

项目编号		项目名称	计量单位	工程数量	综合单价	合价
010401004001		多孔砖墙	m³	3.88	311.26【0.5分】	1 207.69【0.5分】
清单综合单价组成	定额号	子目名称	单位	数量	单价	合价
	4-25 【1分】	六孔砖	m³	3.88 或 1.0 【0.5分】	311.26【0.5分】	1 207.69 或 311.26

项目编号		项目名称	计量单位	工程数量	综合单价	合价
010401005001		空心砖墙	m³	10.63	375.72【0.5分】	3 993.90【0.5分】
清单综合单价组成	定额号	子目名称	单价	数量	单价	合价
	4-30 【1分】	KM1 空心砖	m³	10.63 或 1.0 【0.5分】	375.72【0.5分】	3 993.90 或 375.72

项目编码		项目名称	计量单位	工程数量	综合单价	合价
010502003001		异形柱	m³	10.58	503.10【0.5分】	5 322.80【0.5分】
清单综合单价组成	定额号	子目名称	单位	数量	单价	合价
	6-192 【1分】	L、T、+型柱	m³	10.58 或 1.0 【0.5分】	503.10【0.5分】	5 322.80 或 503.10

（一）初级

1. 土方定额工程计算表（12 分）

序号	项目	计算公式	计算单位	数量
一	整板基础土方			
	挖土深度	$-0.3-(-1.8-0.4-0.15)=2.05$ m【1分】		
1	放坡系数	机械坑内开挖，四类干土，根据定位规定，放坡系数为 $1:0.1$【1分】		
2	工作面	混凝土基础垫层支模板，每边增加工作面：330 mm【1分】（不需单独列出，计算式中见即得分）		
3	基坑下口	长度 $a=6+6.5+0.65\times2+0.15\times2+0.32\times2$【0.5分】	m	20.70
		宽度 $b=5.5+6+0.65\times2+0.15\times2+0.3\times2$【0.5分】	m	13.70
4	基坑上口	长度 $A=20.7+2.05\times0.1\times2$【0.5分】	m	21.11
		宽度 $B=13.7+2.05\times0.1\times2$【0.5分】	m	14.11
5	挖土体积	$V=1/6\times H[a\times b+(A+a)\times(B+b)+A\times B]=1/6\times2.05\times[20.7\times13.7+(20.7+21.11)\times(13.7+14.11)+21.11\times14.11]$【1分】	m^3	595.93【0.5分】
		其中：人工清底为：$595.93\times10\%$【0.5分】	m^3	59.59
		机械挖土为：m^3	m^3	536.34【0.5分】
二	基础梁人工挖土方			
1	挖土深度	$0.7-0.4$【0.5分】	m	0.30
2	工作面	混凝土基础垫层支模板，每边增加工作面：300 mm【0.5分】（不需单独列出，计算式中见即得分）		
3	底宽	$0.4+0.15\times2+0.3\times2=1.3$ m【0.5分】	m	1.30
4	外梁长度	$[(6+6+6.5)+(5.5+6)]\times2=(18.5+11.5)\times2$【0.5分】	m	60.00
5	内梁长度	JL-2：$(11.5-1.3)\times2$【0.5分】	m	20.40
		JL-1：$(18.5-1.3\times3)$【0.5分】	m	14.60
6	挖土体积	$V=(60+20.4+14.6)\times0.3\times1.3$【1分】	m^3	37.05
7	机械挖土方外运	536.34【0.5分】	m^3	536.34

2. （18 分）

混凝土满堂基础、垫层定额工程量计算表

序号	项目名称	计算公式	计量单位	数量
1	板下垫层	长边＝（18.5+0.65×2+0.15×2）【0.5 分】	m	20.10
		短边＝（11.5+0.65×2+0.15×2）【0.5 分】	m	13.10
		$V_1 = 20.1×13.1×0.15$【1 分】	m³	39.50
2		扣基础梁部分		
	底宽	0.4+0.115×2【0.5 分】	m	0.63
	外墙长度	60【0.5 分】	m	
	内墙长度	JL-2：（11.5-0.63）×2【0.5 分】	m	21.74
		JL-2：（18.5-0.63×3）【0.5 分】	m	16.61
		$V_2 = 0.63×(60+21.74+16.61)×0.15$【1 分】	m³	9.29
3		基础梁部分垫层		
	底宽	0.4+0.15×2【0.5 分】	m	0.70
	外垫层长度	60【0.5 分】	m	
	内垫层	JL-2：（11.5-0.7）×2【1 分】	m	21.60
		JL-1：（18.5-0.7×3）【1 分】	m	16.40
		$V_2 = 0.63×(60+21.74+16.61)×0.15$【1 分】	m³	10.29
4	垫层合计	$V_{垫层} = V_1 - V_2 + V_3 = 39.5-9.29+10.29$【1 分】	m³	40.49
5	整板基础			
	长边	18.5+0.65×2【1 分】	m	19.80
	短边	11.5+0.65×2【1 分】	m	12.80
		$V_1 = 19.8×12.8×0.4$【1 分】	m³	101.38
6	基础梁部分	底宽 0.4 m，高 0.3 m【0.5 分】 （不需要单独列出，计算式中见即得分）		
	外梁长度	60【0.5 分】	m	
	内梁长度	JL-2：（11.5-0.4）×2【1 分】	m	21.40
		JL-1：（18.5-0.4×2）【1 分】	m	17.30
		$V_3 = 0.4×0.3×(60+22.2+17.3)$【1 分】	m³	11.84
7	整板基础合计	$V_1 + V_2 = 101.38+11.84$【1 分】	m³	113.22

说明：阅卷时应注意不同计算顺序

（二）中级、高级

1．（12分）

（1）土方定额工程量计算表（7分）

序号	项目	计算公式	计量单位	数量
一	整板基础土方			
	挖土深度	$-0.3-(-1.8-0.4-0.15)=2.05$ m		
1	放坡系数	机械坑内开挖，四类干土，根据定额规定，放坡系数为 $1:0.1$【0.5分】 （不需单独列出，计算式中见即得分）		
2	工作面	混凝土基础垫层支模板，每边增加工作面：300 mm		
3	基坑下口	长度 $a=6+6+6.5+0.65×2+0.15×2+0.3×3$【0.5分】	m	20.70
		宽度 $a=5.5+6+0.65×2+0.15×2+0.3×2$【0.5分】	m	13.70
		底面积$=20.7×13.7=283$ m$^2>150$ m^2，故为挖一般土方		
4	基坑上口	长度 $A=20.7+2.05×0.1×2$【0.5分】	m	21.11
		宽度 $B=13.7+2.05×0.1×2$【0.5分】	m	14.11
5	挖土体积	$V=1/6×H[a×b+(A+a)×(B+b)+A×B]=1/6×2.05×$ $[20.7×13.7+(20.7+21.11)×(13.7+14.11)+21.11×$ $14.11]$【0.5分】	m^3	595.93
		其中：人工清底为：595.93×10%【0.5分】	m^3	59.59
		机械挖土为：536.34	m^3	536.34【0.5分】
二	基础梁人工挖土方			
1	底宽	$0.4+0.15×2+0.3×2=1.3$ m【0.5分】	m	1.3
2	外梁长度	$[(6+6+6.5)+(5.5+6)]×2=(18.5+11.5)×2$【0.5分】	m	60
3	内梁长度	JL-2：$(11.5-1.3)×2$【0.5分】	m	20.4
		JL-1：$(18.5-1.3×3)$【0.5分】	m	14.6
4	挖土面积	$V=(60+20.4+14.6)×0.3×1.3$【0.5分】	m^3	37.05
5	机械挖土方外运	536.34	m^3	536.34【0.5分】

（2）土方套用计价定额子目综合单价计算表（5分）

定额号	子目名称	单位	数量	单价	合价
1-204 换【0.5分】	挖掘机挖土	1 000 m^3	0.54	6 288.84	3 395.97
单价换算	$(3\,457.97×1.14+231)×(1+25\%+12\%)×1.1=6\,288.84$（1. 四类土挖掘机挖土要按土壤系数表乘系数；2. 单位工程机械挖方量小于 2 000 m^{3}乘系数）【1分】				

定额号	子目名称	单位	数量	单价	合价
1-4换【0.5分】	自卸汽车外运 10 km	m³	59.59	82.28	4 903.07
单价换算	人工清底按一般土方乘 2【1分】				
1-266换【0.5分】	自卸汽车外运 10 km	1 000 m³	0.54	32 277.77	17 430
单价换算	29 377.48+21 170.01×0.1×(1+25%+12%)= 32 277.77（反铲装车，自卸汽车台班量乘系数 1.1）【0.5分】				
1-32【0.5分】	人工挖深度 3 m 内四类干土	m³	37.05	77.01【0.5分】	2 853.22

说明：1. 人工挖土子目：如有考生按 1-31 "人工挖深度 1.5 m 四类干土" 考虑，也可算对（即：人工挖至槽边，另行使用机械或其他方法转运，转运费此处不考虑）

2. 定额编号中，应写 "换" 而未写的不扣分。未写换算过程，但结果对的得分

2. （12分）

（1）混凝土满堂基础、垫层定额工程量计算表（9分）

序号	项目名称	计算公式	计量单位	数量
1	板下垫层	长边 =（18.5+0.65×2+0.15×2）【0.5分】	m	20.10
		短边 =（11.5+0.65×2+0.15×2）【0.5分】	m	13.10
		V_1=20.1×13.1×0.15【0.5分】	m³	39.50
2		扣基础梁部分		
	底宽	0.4+0.115×2	m	0.63
	外墙长度	60	m	
	内墙长度	JL-2：（11.5-0.63）×2【0.5分】	m	21.74
		JL-1：（18.5-0.63×3）【0.5分】	m	9.29
		V_2= 0.63×（60+21.74+16.61）×0.15【0.5分】	m³	9.23
3		基础梁部分垫层		
	底宽	0.4+0.15×2	m	0.70
	外墙长度	60	m	
	内墙长度	JL-2：（11.5-0.7）×2【0.5分】	m	21.60
		JL-1：（18.5-0.7×3）【0.5分】	m	16.40
		V_3= 0.7×（60+21.6+16.4）×0.15【0.5分】	m³	10.29
4	垫层合计	$V_{垫层}$=V_1-V_2+V_3=39.5-9.29+10.29【0.5分】	m³	40.49
5	整板基础			
	长边	18.5+0.65×2【0.5分】	m	19.80
	短边	11.5+0.65×2【0.5分】	m	12.80

序号	项目名称	计算公式	计量单位	数量
		$V_1 = 19.8 \times 12.8 \times 0.4$【0.5分】	m³	101.38
6	基础梁部分	底宽 0.4 m，高 0.3 m		
	外墙长度	60	m	
	内墙长度	JL-2：$(11.5-0.4) \times 2$【0.5分】	m	22.20
		JL-1：$(18.5-0.4 \times 3)$【0.5分】	m	17.30
		$V_3 = 0.4 \times 0.3 \times (60+22.2+17.3)$【0.5分】	m³	11.94
7	整板基础合计	$V_1+V_2 = 101.38+11.94$【1分】	m³	113.32

（2）混凝土满堂基础、垫层套用计价定额子目综合单价计算表（3分）

定额号	子目名称	单位	数量	单价	合价
6-178 换【0.5分】	C15 素混凝土垫层 150 mm 厚	m³	40.49	412.14	16 687.55
单价换算	409.1-333.94+336.98＝412.14【1分】				
6-184 换【0.5分】	满堂基础-有梁式	m³	113.32	437.34	49 599.37
单价换算	404.7-348.84+374×1.02＝437.34（80212305 预拌防水混凝土 P6C30 泵送）【1分】				

注：定额编号中，应写"换"而未写的不扣分。未写换算过程，但结果对的得分

3.（6分）

（1）砖侧模定工程量计算表

序号	项目名称	计算公式	计量单位	数量
1	底板侧面	高度 400 mm【0.5分】（不需要单独列出，计算式中见即得分）		
	长度	$[(18.5+0.65 \times 2)+(11.5+0.65 \times 2)] \times 2$【0.5分】	m	65.20
	小计面积	0.4×65.2【0.5分】	m²	26.08
2	梁侧面	高度 0.3 m【0.5分】（不需耽误列出，计算式中见即得分）		
	外梁	$[(18.5+0.4+11.5+0.4) \times 2+(18.5-0.4+11.5-0.4) \times 2] \times 0.3$【0.5分】或 $60 \times 2 \times 0.3$ 扣梁头 $0.4 \times 6 \times 0.3$【0.5分】	m²	35.28
	内墙	JL-2：$[(11.5-0.4 \times 2) \times 2 \times 2] \times 0.3$【0.5分】	m²	12.84
		JL-1：$[(18.5-0.4 \times 3) \times 2] \times 0.3$【0.5分】	m²	10.38
	小计面积	35.28+12.84+10.38	m²	58.5【0.5分】
小计	砖侧模	26.08+58.50	m²	84.58【0.5分】

（2）砖侧模套用计价定额子目综合单价计算

定额号	子目名称	单位	数量	单价	合价
21-104【0.5分】	标准半砖侧模	m²	84.58	83.94【0.5分】	7 099.65

四、（本题 50 分，中、高级做）

1. 计价定额工程量计算表（21 分）

序号	项目名称	计算公式	计量单位	数量
		混凝土		
1	矩形柱	KZ1：0.5×0.5×(8.95−5.95)×2 = 1.5 KZ2：0.4×0.4×(8.95−5.95)×2 = 0.96【0.5分】	m³	2.45【0.5分】
2	直形墙	AYYZ-2：(1.8×0.2+0.3×0.2)×(8.95−5.95−0.13) = 1.21【0.5分】 (1.4×0.2+1.6×0.2)×(8.95−5.95−0.13) = 1.72【0.5分】	m³	2.93【0.5分】
3	有梁板			
其中	WKL1	0.2×(0.5−0.12)×(3.4−0.4−0.3) 0.2×(0.5−0.14)×(3.4−0.4−0.3)【0.5分】	m³	0.40【0.5分】
	WKL2	0.2×(0.5−0.12)×(3.4−0.7−0.4)+0.2×(0.5−0.14)×(3.3−0.7−0.4)【0.5分】	m³	0.33【0.5分】
	WKL3	0.2×(0.5−0.12)×(3.3−0.9−0.3)+0.2×(0.5−0.14)×(3.3−0.9−0.3)【0.5分】	m³	0.31【0.5分】
	WLL1	0.2×(0.4−0.13)×(3.4−1.7−0.4)【0.5分】	m³	0.07【0.5分】
	板	(3.3×2+0.2)×(3.4+0.2)×0.13 或 (3.3+0.1)×(3.4+0.2)×0.12+(3.3+0.1)×(3.4+0.2)×0.14【0.5分】	m³	3.18【0.5分】
	合计		m³	4.29【0.5分】
1	柱	0.4×4×(8.95−5.95−0.12) = 4.61 0.4×4×(8.95−5.95−0.14) = 4.58【0.5分】 0.5×4×(8.95−5.95−0.12) = 5.76 0.5×4×(8.95−5.95−0.14) = 5.72【0.5分】	m³	20.67【0.5分】
	扣梁头	−(0.2×0.38×4+0.2×0.36×4)【0.5分】	m³	−0.59【0.5分】
	小计			20.08
2	直形墙	(1.8+0.5)×2×(8.95−5.95−0.13) = 13.20【0.5分】 (1.8+1.4)×2×(8.95−5.95−0.13) = 18.37【0.5分】	m³	31.57【0.5分】
	扣梁头	−(0.2×0.38×2+0.2×0.36×2+0.2×0.27×2)【0.5分】	m³	−0.40【0.5分】
	小计			31.17
3	有梁板			

序号	项目名称	计算公式	计量单位	数量
	WKL1	$(0.5-0.12)\times2\times(3.4-0.4-0.3)=2.05$ $(0.5-0.14)\times2\times(3.4-0.4-0.3)=1.94$【0.5分】	m³	3.99【0.5分】
	WKL2	$(0.5-0.12)\times2\times(3.3-0.7-0.4)+(0.5-0.14)\times2\times(3.4-0.7-0.47)$【0.5分】	m³	3.26【0.5分】
	WKL3	$(0.5-0.12)\times2\times(3.3-0.9-0.3)+(0.5-0.14)\times2\times(3.3-0.9-0.3)$【0.5分】	m³	3.11【0.5分】
	WLL1	$(0.4-0.13)\times2\times(1.7-0.4)$【0.5分】	m³	0.70【0.5分】
	板底	$(3.2\times2+0.2)\times(3.4+0.2)$【0.5分】	m³	24.48【0.5分】
	板侧	$(3.3\times2+0.2+3.4+0.2)\times2\times0.13$ 或 $[(3.3+0.1)\times2+3.4+0.2]\times0.12+[(3.3+0.1)\times2+3.4+0.2]\times0.14$【0.5分】	m³	2.70【0.5分】
	扣柱头	$-(0.4\times0.4\times2+0.5\times0.5\times2)$【0.5分】	m³	-0.82【0.5分】
	扣墙头	$-[(1.8\times0.2+0.3\times0.2)+(1.6\times0.2+1.4\times0.2)]$【0.5分】	m³	-1.02【0.5分】
	小计			36.40

注：由于本题中图左右对称，因此按板平均厚度0.13计算结果一致

2. 套用计价定额子目综合单价计算表（6分）

定额号	子目名称	单位	数量	单价	合价
6-190【0.5分】	矩形柱	m³	2.46	488.12【0.5分】	1 200.78
6-201【0.5分】	地面以上直形墙（200 mm以内）	m³	2.93	503.09【0.5分】	1 474.05
6-207【0.5分】	有梁板	m³	4.29	461.46【0.5分】	1 979.66
21-27【0.5分】	矩形柱模板	10 m²	2.01	616.33【0.5分】	1 238.82
21-50【0.5分】	直形墙模板	10 m²	3.12	469.82【0.5分】	1 465.84
21-59【0.5分】	有梁板模板	m²	3.64	567.37【0.5分】	2 065.23

3. 梁、板工程量计算表（0.5分）

序号	项目名称	计算公式	计量单位	数量
1	有梁板	同定额量	m³	4.29【0.5分】

4. 分部分项工程清单（1分）

序号	项目编码	项目名称	项目特征描述	计量单位	工程量
1	010505001001【0.5分】	有梁板	1. 泵送预拌混凝土 2. 混凝土强度 C30【0.5分】	m³	4.29

5. 工程量清单综合单价分析表（1.5分）

项目编码	项目名称	计量单位	工程数量	综合单价	合价
010505001001	有梁板	m³	4.29	461.46【0.5分】	1 979.66

清单综合单价组成	定额号	子目名称	单位	数量	单价	合价
	6-207【1分】	有梁板	m³	4.29	461.46	1 979.66

6. 钢筋长度计算表（20分）

编号	直径	简图	单根计算式及长度/m	根数	数量/m
纵筋计算					
柱外侧纵筋					
	20		基础高度-基础保护层厚度-2×基础纵筋直径+弯折长度15+地下柱长度+三层纵筋长度（层高）-保护层厚度 　基础内长度 0.8-0.04-2×0.025+0.15=0.86 m【1分】 　三层纵筋长度（层高）-保护层厚度=1.5-0.05+3×3.0-0.02【1分】=10.43 m 　合计：0.86+10.43=11.29 m【0.5分】 （长度结果全对给2.5分，基础内长度和上部长度计算过程分别给1分）	7【1分】	79.03
柱内侧纵筋					
	20		基础高度-基础保护层厚度-2×基础纵筋直径+2×弯折长度15d+地下柱长度+四层纵筋长度（层高）-顶层梁高+梁高-保护层+12d 　基础内长度 0.8-0.04-2×0.25+0.15=0.86 m【1分】 　三层纵筋长度（高层）-顶层梁高+梁高-保护层+12d=1.5-0.05+3×3.0-0.02+12×0.020【1.5分】=10.67 m （长度结果全对给3分，基础内长度和上部长度计算过程正确分别给1分、1.5分）	5【1分】	57.65
附加角筋					
	10		0.3×2=0.6 m【0.5分】	8【0.5分】	4.80
箍筋计算					
柱外侧箍筋长度					

编号	直径	简图	单根计算式及长度/m	根数	数量/m
C8			外侧箍筋长度计算：柱外侧箍筋长度 =（柱边长−2×保护层厚度+ 柱边长−2×保护层厚度）×2+24×箍筋直径 =（0.5−0.02×2+0.5−0.02×2）×2+24×0.08 = 2.03 m【1分】		
柱内侧衡向箍筋长度					
	8		内侧横向箍筋长度计算：〔（柱边长−2×保护层厚度−2×箍筋直径−柱纵筋直径)/3+柱纵筋直径+2×箍筋直径+（柱边长−2×保护层厚度)〕×2+24×箍筋直径 =〔（0.5−2×0.02−+2×0.008−0.02)/3+0.02+2×0.000 8+（0.5−0.02×2)〕×2+24×0.008 5=1.47 m【0.5分】		
柱内侧纵向箍筋长度					
	8		内侧纵向箍筋长度计算：〔（柱边长−2×保护层厚度−2×箍筋直径−柱纵筋直径)/3+柱纵筋直径+2×箍筋直径+（柱边长−2×保护层厚度)〕×2+24×箍筋直径 =〔（0.5−2×0.02−2×0.008−0.02)/3+0.02+2×0.008+（0.5−0.02×2)〕×2+24×0.008=1.47 m【0.5分】 （箍筋计算结果准去方给分，如箍筋计算长度公式完全正确，计算结果因进位因素产生微小误差的也给分）		
基础内箍筋根数					
			基础内根数：小计 3 根【0.5分】		
框架首层箍筋根数（标高−1.5 至 2.95）					
			柱根加密区长度为(1.5+2.95−0.5)/3=1.32 根数：1.32/0.1+1=15 根【1.5分】 梁下部加密区长度 max（Hn/6 500,柱长边尺寸）= max（658,500,500)=0.66 根数 = 0.66/0.1+1=8 根【1分】 梁部位加密区长度：0.5 根数：(0.5−0.02)/0.1=5 根【1分】 非加密区长度=1.5+2.95−15×0.1−8×0.1−5×0.1=1.65 根数：1.65/0.2−1=8 根【1分】 小计 36 根		
框架第 2、3 层箍筋根数（标高 2.95 至 5.95、标高 5.95 至 8.95）					

编号	直径	简图	单根计算式及长度/m	根数	数量/m
			柱根加密区长度为 max($Hn/6$ 500,柱长边尺寸)= max(417,500, 500)= 0.50 　根数：0.5/0.1+1=6 根　　6×2=12 根【1分】 　梁下部加密区长度 max($Hn/6$ 500,柱长边尺寸)= max(417,500, 500)= 0.5 　根数：0.5/0.1+6=6 根　　6×2=12 根【1分】 　梁部位加密区长度：0.5 　根数：(0.5−0.02)/0.1=5 根　　5×2=10 根【1分】 　非加密区长度=3.0−6×0.1−6×0.1−5×0.1=1.3 　根数：1.3/0.2−1=6 根　　6×2=12 根【1分】 　小计：46 根		
			箍筋根数合计：3+36+46=85 根 箍筋长度：(2.03+1.47+1.47)×85=422.45		422.45

7. 钢筋重量计算表

序号	直径	总长度/m	理论重量/(kg·m⁻¹)	总重量/kg
1	8	422.45	0.395	166.87
2	10	4.80	0.617	2.96
3	20	79.03+57.65=136.68	2.466	337.05
合计：506.88【0.5分】				

注：本题钢筋部分共 20 分，外侧纵筋单根长度计算正确得 2.5 分，内侧纵筋单根长度计算正确得 3 分，其中基础内长度、上部长度计算式正确分别得 1 分和 1.5 分，计算结果正确得 0.5 分。纵筋根数计算正确分别得 1 分。箍筋长度计算正确分别得 1 分、0.5 分，附加角筋长度计根数正确各得 0.5 份，箍筋加密区和非加密区根数计算正确分别得 1.5 分、1 分。能有正确汇总重量计算过程得 0.5 分

第14章 编制某传达室工程（土建）招标控制价

一、编制依据

1. 传达室设计图纸（建筑和结构）一套（见图14-1）；
2. 《建设工程工程量清单计价规范（2013年）》；
3. 现行地方建筑与装饰工程计价表（江苏省建筑工程与装饰工程计价表2014）；
4. 现行地方建筑与装饰工程费用计算规则（如江苏省建筑与装饰工程费用计算规则）；
5. 有关工程造价计算软件。

二、设计说明

1. 图纸尺寸除高程以 m 计外，其余均以 mm 为单位。
2. 基础用 MU10 普通砖，M5 水泥砂浆砌筑。
3. 墙基防潮层用 20 厚 1：2 水泥砂浆铺设。
4. 基础垫层为 C10 混凝土
5. 砖墙用 KP1 烧结多孔砖、M5 混合砂浆砌筑，砖墙沿墙高度每隔 1 m 用 2φ6 的通长钢筋加固。
6. 门窗过梁采用现场搅拌 C20 预制钢筋混凝土过梁，过梁长度为相应门窗宽度每边再增加 250。所有门窗洞口宽度小于等于 1 000，过梁高度为 120，内配 2φ14，单支箍 φ6.5@200；大于 1 000 的，过梁高度为 240，内配 4φ14，双支箍 φ6.5@200。
7. 构造柱采用现场搅拌 C20 钢筋混凝土，内配 4φ14，双支箍 φ6.5@200，构造柱从砖基础大放脚顶部开始设置。
8. 屋面板、圈梁（QL）、檐沟、构造柱（GZ）现浇，搁板（YB）现场预制，其用料均为 C20 现场搅拌混凝土，HPB300、HRB400 钢筋。
9. 屋面泛水以③轴线为准，其坡度为 i=3%。
10. 室内地坪：素土夯实，70 厚清水碎石垫层，60 厚现场搅拌 C10 混凝土垫层，20 厚 1：3 水泥砂浆找平层，所有地面面层均为地砖，其中踏步为 300×300 水泥砂浆贴地砖，其余为 400×400 干粉型粘结剂贴地砖。室内均做 150 高地砖踢脚线（水泥砂浆粘贴）。

11. 内粉刷：墙面：15 厚 1：1：6 混合砂浆打底，6 厚 1：0.3：3 混合砂浆罩面，白水泥批腻子刷白乳胶漆两度；

厕所、厨房墙面：水泥砂浆贴 200×300 瓷砖至屋面板底（厕所、厨房墙面不贴踢脚线）。

平顶：混合砂浆抹灰，901 胶混合腻子刷白乳胶漆三度；挑檐底：水泥砂浆抹灰，901 胶混合腻子刷白乳胶漆三度。

12. 外粉刷：

外墙面及窗台：彩色石子干粘石饰面；挑檐板外侧：彩色石子水刷石饰面。

13. 所有铝合金门窗均为现场制作安装。

14. 木门油漆：底油一遍，腻子、调和漆各二遍。

15. 屋面排水：$\phi110$PVC 落水管，$\phi110$PVC 落水斗，玻璃钢落水口。

16. 屋面防水保温做法：现浇水泥珍珠岩保温最薄 2 cm；1：3 水泥砂浆，找平层 20 厚；SBS 改性沥青防水卷材，双层冷贴。

17. 矩形雨水检查井（流槽式）（省标苏 S01-2012）3 座，长×宽×高为 500×500×1 500。

18. 门窗五金：外门（M—l 及 M—312）轻型地弹簧，闭门器；所有门均安装球形执手锁及门阻门吸；铝合金窗五金按常规做法如表 14-1 所示。

表 14-1　门窗一览表

编号	门窗名称	数量	宽×高	备注
M—1	单扇门	1	1 000×2 900	普通铝型材地弹门
	多扇窗	1	2 400×2 000	铝合金推拉窗
M—412	单扇门	1	1 000×2 500	胶合板门制安
M—312	单扇门	1	1 000×2 600	普通铝型材地弹门
M—401	无腰单扇门	2	900×2 100	胶合板门制安
M—417	有腰单扇门	3	1 000×2 100	胶合板门制安
C—1	单扇窗	1	600×600	普通铝合金推拉窗
C—21	双扇窗	4	1 100×1 500	普通铝合金推拉窗
C—22	多扇窗	1	1 500×1 500	普通铝合金推拉窗
C—22′	多扇窗	1	1 500×2 000	普通铝合金推拉窗
C—1′	多扇窗	4	400×650	普通铝合金平开

三、施工条件

1. 本传达室建在市区内某地，建设场地平坦，周围有已建房屋多幢。交通运输较为方便，工地旁有市内主要交通道路通过，施工中所用的主要建筑材料与构件均可经该城市道路直接运进工地。施工中需用的电力和给水，亦可从附近已有的电路和水网中引出。

2. 本工程由某县级集体建筑公司承包施工（包工包料）。施工中拟采用人力挖土，机夯填土，人力车运土，井架吊运材料和构件。土方全部通过人力车运输堆放在现场 50 m 处，余土外运 1 km。

3. 混凝土考虑为现场搅拌，混凝土垫层非原槽浇捣，挖土方边坡不支挡土板。

四、编制要求

1. 根据《建设工程工程量清单计价规范（2013 年）》及现行地方建筑与装饰工程计价表（江苏省建筑工程与装饰工程计价表 2014）规定的"工程量计算规则"计算工程量，详细列出工程量计算表。

2. 编制工程量清单。

3. 根据已编制好的工程量清单及江苏省建筑工程与装饰工程计价表（2014）及江苏省建筑与装饰工程费用计算规则计算预算造价（招标控制价）。

4. 在编制招标控制价内容中要有工、料分析表，进行详细材料分析并加以汇总。

5. 预算书要求编制内容齐全，定额查阅有据，工程量列算式，文字说明扼要，书写端正清楚，并注意科学性与系统性。

6. 钢筋工程和模板工程可按含钢量和含模量计算工程量。如钢筋翻样、模板按接触面积计算工程量，可不计算楼地面工程、墙柱面工程和顶棚工程三部分内容。工程量计算书必须为手算模式，最终成果宜采用计算机打印输出。

附： 工程量计算表如表 14-2 所示。

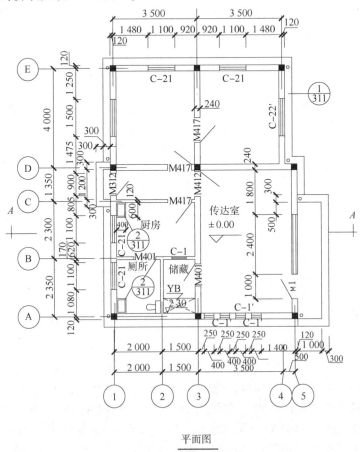

平面图

图 14-1　传达室设计图纸

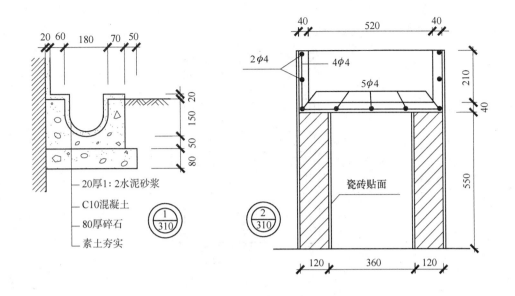

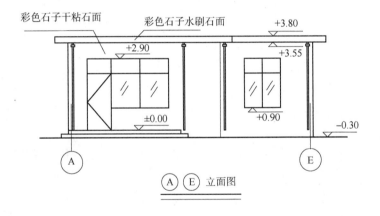

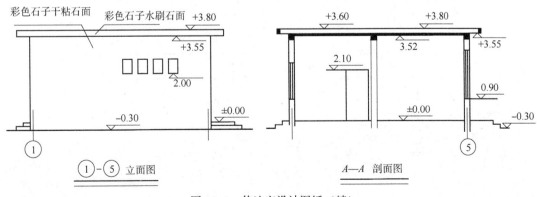

图 14-1 传达室设计图纸（续）

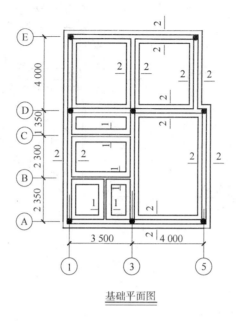

基础平面图

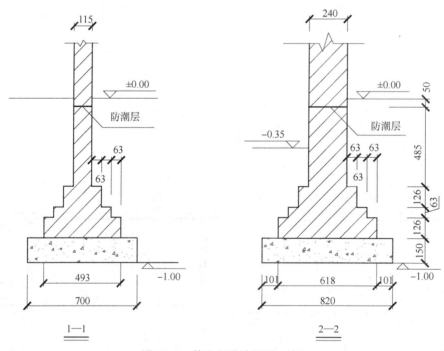

1—1

2—2

图 14-1　传达室设计图纸（续）

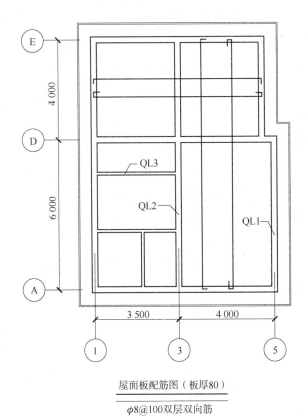

屋面板配筋图（板厚80）

φ8@100双层双向筋

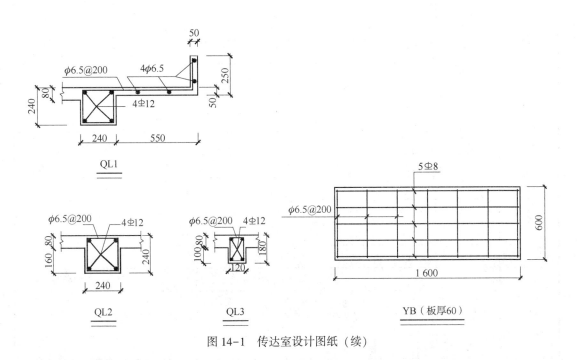

QL1

QL2

QL3

YB（板厚60）

图14-1 传达室设计图纸（续）

表 14-2　工程量计算表

序号	项目编码	项目名称	计量单位	工程数量
一、土石方工程				
1	010101001001	平整场地	m^2	
	计算式			
	1-98	平整场地	10 m^2	
	计算式			
2				
3				
4				
5				
6				
7				
8				

序号	项目编码	项目名称	计量单位	工程数量
9				
10